工业和信息化普通高等教育"十二五"规划教材

湖南省哲学社会科学基金项目（16YBA094）研究成果

21 世纪高等教育计算机规划教材

Access 数据库程序设计与应用教程

Design and Application of Access Database

■ 李勇帆 廖瑞华 主编

■ 胡恩博 王玉辉 副主编

■ 胡英 谢强 张卓林 李俊英 王尧哲 李里程 李兵 参编

U0341422

人 民 邮 电 出 版 社

北 京

图书在版编目（CIP）数据

Access数据库程序设计与应用教程 / 李勇帆，廖瑞
华主编. -- 北京 : 人民邮电出版社，2014.2（2019.1重印）
21世纪高等教育计算机规划教材
ISBN 978-7-115-34146-4

Ⅰ. ①A… Ⅱ. ①李… ②廖… Ⅲ. ①关系数据库系统
－程序设计－高等学校－教材 Ⅳ. ①TP311.138

中国版本图书馆CIP数据核字(2014)第005153号

内 容 提 要

本书是根据教育部高等教育司组织制订的《高等学校计算机课程教学大纲》（2013 年版）、教育部考试中心最新颁布的《全国计算机等级考试 Access 数据库程序设计考试大纲（2013 版）》，结合当前数据库技术的最新发展和"Access 数据库程序设计与应用"课程教学的实际情况编写而成的。

全书内容共分 9 章：数据库基础、Access 2010 数据库及其创建与管理、表操作、查询操作、窗体设计、报表操作、宏操作、VBA 编程、数据库应用系统开发实例。为便于教学以及学生参加各类计算机等级考试，本书配有辅助教材《Access 数据库程序设计上机指导及测试》和教学课件。

本书适合作为高等学校数据库应用技术课程的教材，也可作为各类计算机等级考试培训教材以及不同层次办公人员的自学用书。

◆ 主　　编　李勇帆　廖瑞华
　　副 主 编　胡恩博　王玉辉
　　参　　编　胡 英　谢 强　张卓林　李俊英
　　　　　　　王尧哲　李里程　李 兵
　　责任编辑　邹文波
　　责任印制　彭志环　杨林杰

◆ 人民邮电出版社出版发行　　北京市丰台区成寿寺路 11 号
　　邮编　100164　电子邮件　315@ptpress.com.cn
　　网址　http://www.ptpress.com.cn
　　天津翔远印刷有限公司印刷

◆ 开本：787×1092　1/16
　　印张：17.75　　　　　　　　2014 年 2 月第 1 版
　　字数：462 千字　　　　　　2019 年 1 月天津第 8 次印刷

定价：38.00 元
读者服务热线：(010)81055256　印装质量热线：(010)81055316
反盗版热线：(010)81055315
广告经营许可证：京崇工商广字第 0021 号

前　言

当今数字信息时代是一个以智力资源的占有和配置、知识生产与分配及使用为重要因素的知识经济时代，信息就像空气一样，充塞在人们工作、生活的每个角落，信息数据的管理直接渗透到经济、文化和社会的各个领域，数据库技术迅速改变着人们的工作、生活和社会的结构。因此，社会对大学生的数据库程序设计与应用的能力也有新的、更高的要求，能精通数据库技术，掌握数据库管理系统的基本理论与知识，会设计与开发诸如信息管理系统、客户关系管理系统、电子商务系统、智能信息系统、企业资源计划系统等各类数据库管理系统，是当今知识经济时代大学生应该具备的基本素质。

为了适应新时期大学计算机基础课程——"数据库程序设计与应用"的教学需要，我们认真总结了多年来的教学实践，根据 2016 年湖南省哲学社会科学基金项目——"互联网+"促进城乡基础教育均衡发展的创新机制与路径研究（16YBA094）项目的研究成果组织编写了这套教材。

本套教材是根据教育部高等教育司组织制订的《高等学校计算机课程教学大纲》（2013 年版）、教育部考试中心最新颁布的《全国计算机等级考试 Access 数据库程序设计考试大纲（2013 版）》，结合当前数据库技术的最新发展和"Access 数据库程序设计与应用"课程教学的实际情况编写而成的。本套教材分主教材《Access 数据库程序设计与应用教程》和辅助教材《Access 数据库程序设计上机指导及测试》两本。

主教材共分 9 章：第 1 章为数据库基础，介绍了数据库系统的基本概念、数据管理技术的发展、数据库系统的组成、三级模式结构、数据模型以及关系数据库结构特性、数据库设计的基本流程；第 2 章为 Access 2010 数据库及其创建与管理，在简要介绍 Access 2010 数据库管理系统结构特性的基础上，重点讲解了 Access 2010 的安装、启动与退出，数据库创建，数据库的打开与关闭，数据库窗口的操作，数据库的维护与安全管理；第 3 章为表操作，重点介绍了创建表、表记录的编辑与维护、表间关系的建立及表对象的编辑；第 4 章为查询操作，主要讲解数据库查询功能与视图及如何创建选择查询、参数查询、交叉表查询、汇总查询、操作查询及 SQL 查询等内容；第 5 章为窗体设计，主要讲解窗体的类型与视图及如何快捷创建窗体、利用设计视图创建窗体以及常用的窗体控件、窗体的属性及修饰、创建系统控制窗体；第 6 章为报表操作，重点介绍了报表的概念与视图、快捷创建报表、报表的设计、如何使用计算控件及创建其他报表等；第 7 章为宏操作，主要讲解宏的定义与创建、宏操作、宏的运行与调试、宏与事件、宏组及应用、条件宏等内容；第 8 章为 VBA 编程，在精要介绍 VBA 的编程环境的基础上，详细介绍了面向对象程序设计、VBA 模块、VBA 编程基础、程序控制结构、VBA 过程及 VBA 程序运行错误处理、利用 VBA 进行数据库程序设计等内容；第 9 章为数据库应用系统开发实例，以"教学管理系统"为例，详细介绍了数据库管理系统的需求分析与系统设计、功能模块设计与实现。

辅助教材与主教材紧密配合，由上机实验和基础知识测试题两部分构成。

本套教材力求内容新颖、注重应用，重视操作能力和综合应用能力的培养，理论联系实际，以实际案例为引导，通俗易懂、概念明确，可操作性强，学习者只要按照教材给出的步骤，按图索骥，边学习边上机实践操作，便能很快地掌握数据库管理系统的基本理论与知识，熟悉面向应用的程序开发流程与方法，并能独立地设计与开发实用的数据库管理系统。

本套教材在湖南第一师范学院信息科学与工程系王杰文教授、谢培松教授、肖建华教授、张如健副教授的大力支持下，由享受国务院特殊津贴、首届湖南省普通高等学校教学名师李勇帆教授和廖瑞华副教授担任主编，胡恩博、王玉辉担任副主编，参加编写的有胡英、谢强、李俊英、张卓林、王尧哲、李里程、李兵等，其中，第 1 章由李勇帆和廖瑞华编写，第 2 章由张卓林编写，第 3 章由王玉辉编写，第 4 章由胡英编写；第 5 章由廖瑞华和李兵编写，第 6 章由李俊英编写，第 7 章由王尧哲编写，第 8 章由谢强和李里程编写，第 9 章由胡恩博编写，最后由李勇帆教授统稿并定稿。另外，参加讨论及资料收集的还有洪伟、赵晋琴、王建军、田祖伟、李新国、周克江、杨建良、谭敬德、胡伟、肖杰、曾玢石、肖升、李卫东、朱珏钰、张景贵、黄悦、蒋伟雄、邢志芳、李卫民、傅红普、彭剑、张剑、伍智平、汤希玮、周辉、张燕丽、李科峰、姜华、刘济源、苏静等；同时，在教材的策划和编写过程中，广泛听取了不同地区、不同高校的数据库程序设计与应用课程教育专家、资深教师的意见和建议，在此一并致谢。

由于时间仓促，加之编者水平有限，书中难免存在疏漏和不足之处，敬请广大师生及读者批评指正，以便再版时修订完善。

编　者

2017 年 1 月

目 录

第 1 章　数据库基础 1

1.1　数据库系统概述 1

　　1.1.1　数据、信息与数据处理 1

　　1.1.2　数据管理技术的发展 2

　　1.1.3　数据库系统的组成 4

　　1.1.4　数据库系统的三级模式结构 5

1.2　数据模型 7

　　1.2.1　数据模型概述 7

　　1.2.2　概念模型 8

1.3　关系数据库 11

　　1.3.1　关系数据库的基本术语 11

　　1.3.2　关系的性质 12

　　1.3.3　关系模型的完整性约束 12

　　1.3.4　关系代数 12

1.4　数据库设计 15

　　1.4.1　数据库设计概述 15

　　1.4.2　需求分析 15

　　1.4.3　概念结构设计 17

　　1.4.4　逻辑结构设计 19

　　1.4.5　数据库的物理设计 23

　　1.4.6　数据库的实施 23

　　1.4.7　数据库的运行和维护 24

本章小结 25

思考与练习 25

第 2 章　Access 2010 数据库及其

创建与管理 26

2.1　Access 2010 数据库管理系统概述 26

　　2.1.1　Access 2010 的发展 26

　　2.1.2　Access 2010 的安装、启动与退出 ... 26

　　2.1.3　Access 2010 数据库窗口 28

　　2.1.4　Access 2010 数据库的对象 29

2.2　创建数据库 31

　　2.2.1　创建数据库的方式 31

　　2.2.2　更改默认数据库文件夹 34

　　2.2.3　数据库属性的查看 35

2.3　数据库的打开与关闭 35

2.4　操作数据库窗口 36

　　2.4.1　操作导航窗格 36

　　2.4.2　在导航窗格中操作数据库对象 ... 38

　　2.4.3　切换数据库视图 39

2.5　维护数据库 40

　　2.5.1　备份与还原数据库 40

　　2.5.2　压缩与修复数据库 41

　　2.5.3　拆分数据库 42

2.6　数据库的安全 43

　　2.6.1　设置数据库密码 43

　　2.6.2　数据库的解密 44

　　2.6.3　信任数据库中禁用的内容 44

本章小结 45

思考与练习 45

第 3 章　表操作 46

3.1　创建表 46

　　3.1.1　表的组成 46

　　3.1.2　创建与修改表的结构 47

　　3.1.3　输入表的记录 50

　　3.1.4　字段属性的设置 53

　　3.1.5　建立查阅列表字段 59

3.2　表记录的编辑与维护 61

　　3.2.1　定位、查找与替换表记录 61

　　3.2.2　插入、删除与修改表记录 63

　　3.2.3　排序表记录 64

3.2.4　筛选表记录 65

3.2.5　修饰表记录 68

3.3　建立表间关系 70

3.3.1　表间关系 70

3.3.2　主键 71

3.3.3　索引 71

3.3.4　创建、编辑表间关系 73

3.3.5　使用子数据表 75

3.4　表对象的编辑 77

3.4.1　表的重命名、复制与删除 77

3.4.2　表数据的导入与导出 77

本章小结 83

思考与练习 83

第 4 章　查询操作 84

4.1　查询概述 84

4.1.1　查询的功能 84

4.1.2　查询的类型 85

4.1.3　查询的视图 86

4.1.4　查询的条件 87

4.2　创建选择查询 93

4.2.1　利用查询向导创建 94

4.2.2　利用查询设计视图创建 97

4.2.3　在查询中添加计算字段 100

4.3　创建参数查询 102

4.3.1　单参数查询 102

4.3.2　多参数查询 103

4.4　创建交叉表查询 104

4.4.1　利用查询向导创建 105

4.4.2　利用查询设计视图创建 106

4.5　创建汇总查询 107

4.6　创建操作查询 108

4.6.1　创建生成表查询 108

4.6.2　创建删除查询 109

4.6.3　创建更新查询 110

4.6.4　创建追加表查询 111

4.7　SQL 查询 111

4.7.1　SQL 语言概述 112

4.7.2　在 Access 中使用 SQL 112

4.7.3　使用 SQL 进行数据定义 113

4.7.4　使用 SQL 进行查询 114

4.7.5　使用 SQL 进行数据更新 117

4.8　使用 SQL 创建特定查询 118

本章小结 120

思考与练习 120

第 5 章　窗体设计 122

5.1　窗体概述 122

5.1.1　窗体的类型 122

5.1.2　窗体的视图 124

5.2　快捷创建窗体 125

5.2.1　利用"窗体"工具创建窗体 125

5.2.2　利用窗体向导创建窗体 125

5.2.3　使用"模式对话框"工具

创建窗体 127

5.2.4　使用"空白窗体"按钮

创建窗体 127

5.2.5　创建数据透视图和

数据透视表窗体 128

5.3　利用设计视图创建窗体 129

5.3.1　窗体的设计视图 130

5.3.2　使用设计视图创建窗体的

一般步骤 132

5.4　常用的窗体控件 134

5.4.1　常用窗体控件的分类 134

5.4.2　常用窗体控件的功能 134

5.4.3　操作与布局控件 137

5.4.4　常用控件示例 139

5.5　窗体的属性及修饰 146

5.5.1　窗体的属性 147

5.5.2　窗体的修饰 149

5.6　创建系统控制窗体 151

5.6.1　创建切换面板 151

5.6.2 创建导航窗体 154

5.6.3 设置启动窗体 156

本章小结 156

思考与练习 157

第6章　报表 158

6.1 报表概述 158

6.1.1 报表的概念 158

6.1.2 报表的视图 159

6.2 快捷创建报表 160

6.2.1 利用"报表"工具创建报表 160

6.2.2 利用"报表向导"创建报表 161

6.2.3 利用"空报表"工具创建报表 162

6.3 设计报表 164

6.3.1 报表设计区 165

6.3.2 使用设计视图创建报表 166

6.3.3 报表排序和分组 168

6.3.4 报表布局 171

6.4 使用计算控件 173

6.4.1 添加计算控件 173

6.4.2 报表常用函数 174

6.5 创建其他报表 175

6.5.1 创建标签报表 175

6.5.2 创建图表报表 177

本章小结 179

思考与练习 179

第7章　宏 180

7.1 宏的定义 180

7.2 宏的创建 181

7.2.1 宏的设计窗口 182

7.2.2 宏操作 182

7.2.3 宏的类型 184

7.3 宏的运行与调试 184

7.3.1 宏的运行 184

7.3.2 宏的调试 185

7.4 宏与事件 186

7.4.1 什么是事件 186

7.4.2 通过事件触发宏 186

7.5 宏组 187

7.5.1 什么是宏组 188

7.5.2 创建宏组 188

7.6 条件宏 189

7.6.1 什么是条件宏 189

7.6.2 创建条件宏 189

7.7 宏的应用 190

本章小结 194

思考与练习 194

第8章　VBA 编程 195

8.1 VBA 的编程环境 195

8.1.1 什么是 VBA 195

8.1.2 VBA 编程环境 195

8.2 面向对象程序设计概述 197

8.2.1 类和对象 198

8.2.2 属性和方法 198

8.2.3 事件和事件过程 199

8.2.4 利用 VBA 编写程序的一个例子 200

8.3 VBA 模块 201

8.3.1 类模块 201

8.3.2 标准模块 201

8.3.3 将宏转换为模块 201

8.4 VBA 编程基础 202

8.4.1 变量 202

8.4.2 变量的作用域与生存期 203

8.4.3 常量的补充说明 206

8.4.4 数组 206

8.4.5 VBA 语句的书写规则 207

8.4.6 注释语句与赋值语句 208

8.4.7 输入与输出 209

8.4.8 内置对象 DoCmd 210

8.5 程序控制结构 213

8.5.1 选择结构 213

8.5.2 循环结构 217

8.5.3 Goto 型控制结构 221

8.6　VBA 过程...................................221

  8.6.1　Sub 子过程的创建和调用............221

  8.6.2　Function 子过程的创建和调用.....223

  8.6.3　参数传递...............................224

8.7　VBA 程序运行错误处理..............226

8.8　VBA 数据库编程.......................228

  8.8.1　数据库引擎及其接口...............228

  8.8.2　ADO 对象模型........................229

  8.8.3　利用 ADO 访问数据库..............230

  8.8.4　数据库编程实例.....................238

本章小结..245

思考与练习..245

第 9 章　数据库应用系统开发实例 ——教学管理系统.........246

9.1　需求分析..................................246

9.2　系统设计..................................247

  9.2.1　系统设计概述........................247

  9.2.2　系统功能设计........................247

  9.2.3　数据库设计...........................248

9.3　功能模块设计与实现..................248

  9.3.1　用户登录窗体........................249

  9.3.2　主界面窗体...........................250

  9.3.3　院系信息管理窗体..................253

  9.3.4　专业信息管理窗体..................254

  9.3.5　课程信息管理窗体..................255

  9.3.6　教师信息管理窗体..................257

  9.3.7　班级信息管理窗体..................258

  9.3.8　学生信息管理窗体..................259

  9.3.9　授课信息管理窗体..................260

  9.3.10　成绩录入窗体.......................263

  9.3.11　选课信息管理窗体.................265

  9.3.12　成绩查询窗体.......................270

本章小结..272

思考与练习..272

参考文献.....................................273

第1章
数据库基础

数据库技术是计算机应用领域中最重要的技术之一，是软件学科的一个独立的分支。随着管理信息系统在各行各业中的广泛应用，对于当代大学生来说，应用和开发管理信息系统已经不仅仅是计算机专业的学生必须掌握的技能，对非计算机专业的学生同样重要。而数据库的基础知识正是应用和开发管理信息系统的基础。

本章学习目标：

- 了解数据库管理技术的发展阶段；了解数据库的三级模式和二级映射功能；了解三种数据模型的优缺点；
- 熟悉 E-R 模型的相关知识；初步了解数据库设计方法；
- 掌握数据库系统的相关概念；掌握数据模型的三要素；掌握关系数据模型的相关概念；
- 掌握关系运算的常用操作。

1.1 数据库系统概述

数据库、数据库管理系统、数据库应用系统等仅仅是数据库系统的组成部分。人们对数据管理经历了人工管理、文件系统、数据库系统三个阶段。

1.1.1 数据、信息与数据处理

自 20 世纪 40 年代电子计算机问世以来，人们将十进制数变为计算机能够存储和处理的二进制数，随后将文字编码成位串形式，将图形、图像、声音等多媒体信息数字化。到目前为止，几乎所有信息都可以表示成计算机能识别的字符串和位串，为信息的迅速传播和处理提供了便利，现在的社会已成为信息化的社会。

1. 信息（Information）

信息是对现实世界中各种事物的存在方式、运动状态或事物间联系形式的反映的综合。例如，"友谊商店的邦宝服装在 3 月 8 日打 7.5 折"，这是一条有关商品打折的信息；"湖南第一师范学院需要招聘 2 名图书管理员"，这是有关招聘的信息。信息是可以被感知和存储的，并且可以被加工、传递和再生。

2. 数据（Data）

数据是指保存在存储介质上能够识别的物理符号。也可以说数据是用来记录信息的可识别的符号，它是信息的具体表现形式。数据不只是简单的数字，还包括文字、图形、图像、声音、物

体的运动状态等。数据都可以数字化后存入计算机。

软件中的数据有型（Type）与值(Value)之分，数据的型表示数据表示的类型，例如字符型、日期型、整型等；数据的值表示符合给定型的值，例如日期型"2013/10/3"。

同样的信息可以用不同的数据方式来描述。例如，可以用自然语言来描述这样一条有关学生的信息："刘小颖，女，1991 年 4 月 5 日出生，2010 年入学，该学生的学号为 201001010102，湖南邵阳人"。为了能在计算机中方便地存储和处理学生信息，可以用这样一个记录来描述上述的学生信息：（201001010102，刘小颖，1991-4-5，2010，湖南邵阳）。

综上所述，数据是信息的符号表示，或称载体；信息是数据的内涵，是数据的语义解释。数据的含义称为数据的语义，数据与其语义是不可分的。例如，对于数据"2010"如果不和学生信息联系起来，还可以理解为 2010 个学生、2010 年出生等。值得注意的是，信息和数据这两个概念有时可以不加区别地使用，例如信息处理也可以说成是数据处理。

3. 数据处理

数据处理是将数据转换成信息的过程，包括对数据的收集、存储、加工、检索、传输等一系列活动，其目的是从大量的原始数据中抽取和推导出有价值的信息。数据处理的目的是借助计算机科学地保存和管理复杂的大量的数据，以便用户能方便而充分地利用这些宝贵的信息资源。

可以用一个等式来简单地表示信息、数据与数据处理的关系：信息=数据+数据处理。

1.1.2 数据管理技术的发展

数据管理技术是对数据进行分类、组织、编码、输入、存储、检索、维护和输出的技术。数据管理的水平是和计算机硬件、软件的发展相适应的。随着计算机技术的发展和数据管理规模的扩大，数据管理技术的发展大致经历了三个阶段：人工管理阶段、文件系统阶段和数据库系统阶段。

1. 人工管理阶段（20 世纪 50 年代中期以前）

人工管理阶段的计算机主要用于科学计算。这个阶段没有像磁盘这样的可直接存取的外存储设备，没有操作系统和数据管理方面的软件，数据完全由程序设计人员有针对性地设计程序进行管理，而且在编制应用程序时，要全面考虑数据的定义、存储结构、存取方法和输入方式等，这一阶段数据管理的特点如下。

① 数据不保存。仅仅在计算某一个项目时将数据输入，用完就退出，对数据不做长期保存。

② 应用程序管理数据。数据没有专门的软件进行管理，需要应用程序自己进行管理，应用程序中要规定数据的逻辑结构和设计物理结构（包括存储结构、存取方法、输入/输出方式等）。程序员必须花费大量精力于数据的物理布置上，因此程序员负担很重。

③ 数据无独立性。数据是作为输入程序的组成部分，数据和程序同时提供给计算机运算使用。程序员对存储结构，存取方法及输入/输出的格式有绝对的控制权，要修改数据必须修改程序，因为数据无法独立存在。

④ 数据不能共享。一组数据对应一个程序。不同应用的数据之间是相互独立、彼此无关的。数据不但高度冗余，而且不能共享。

人工管理阶段数据和程序的关系如图 1-1 所示。

2. 文件系统阶段（20 世纪 50 年代中期到 60 年代中期）

在这一阶段，计算机的应用范围从科学计算扩大到信息管理，硬件方面有了磁盘、磁鼓等能对数据进行直接存取的设备；软件方面出现了高级语言和操作系统。操作系统中有了专门的数据管理软件，即文件系统。这一阶段数据管理的特点如下。

① 数据可以长期保存在外存储设备上。计算机需要对数据进行反复地查询、修改、增删等处理，数据长期存储在外存储设备上。

② 由文件系统管理数据。数据放在相互独立的数据文件中，由文件系统统一管理。应用程序通过文件系统对存放在文件中的数据进行操作（数据查询、修改、插入、删除）。程序员可以将更多的精力集中在算法上，而不必过多地考虑物理细节。

③ 数据共享性差，冗余度大。在文件系统中，文件是面向应用的，即一个文件和一个应用程序基本上是一一对应的，这就不便于数据的共享，同时增加了数据的冗余度，浪费了存储空间。

④ 数据独立性差。文件系统中的数据文件依赖于应用程序的存在而存在，程序和数据之间的依赖关系并未根本改变，数据与程序之间仍缺乏独立性。

文件系统阶段程序与数据之间的关系如图 1-2 所示。

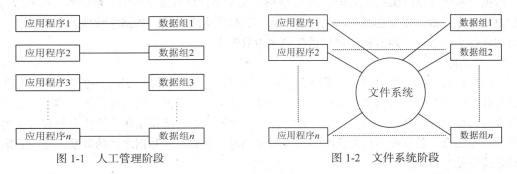

图 1-1　人工管理阶段　　　　　　　图 1-2　文件系统阶段

3. 数据库系统阶段（20 世纪 60 年代后期至今）

在这一阶段，计算机的软硬件得到了进一步的发展，已出现了容量大、速度高的磁盘；需要管理的数据量急剧增加，联机实时处理的要求更多，数据管理技术得到了很大提高，应用程序和数据的联系通过数据库管理系统（DataBase Management System，DBMS）来实现。

数据库系统阶段对数据管理的特点如下。

① 数据结构化。在数据库系统中数据按一定的模式组织与存储，即按一定的数据模型组织数据，最大限度地减小数据的冗余度。

② 数据的共享性高，冗余低，易扩充。数据库从整体的观点来看待和描述数据；面向整个系统，减小了数据的冗余，节约存储空间，缩短存取时间，避免数据之间的不相容和不一致；面向不同的应用，存取相应的数据库的子集。当需求改变或增加时，只要重新选择数据子集或者加上一部分数据，便可以满足更多更新的要求，保证了系统的易扩充性。

③ 数据独立性高。处理数据使用户所面对的是简单的逻辑结构，不涉及具体的物理存储结构，数据的存储和使用数据的程序彼此独立，数据存储结构的变化尽量不影响用户对程序的使用，用户对程序的修改也不要求数据结构做大的改动。

④ 数据的安全性。设置数据的使用权限可以防止数据的非法使用，能防止数据的丢失；当数据库被破坏时，系统可以把数据库恢复到可用的状态。

⑤ 数据的完整性。系统采用一些完整性检验以确定数据符合某些规则，保证数据库中的数据始终是正确的。

数据库能实现有组织地、动态地存储大量有关联的数据，能处理复杂的数据对象和对象之间的关系。

数据库系统阶段程序与数据之间的关系如图 1-3 所示。

图 1-3 数据库系统阶段

1.1.3 数据库系统的组成

数据库系统（DataBase System，简称 DBS）是指在计算机系统中引入数据库后的系统构成，一般由数据库、数据库管理系统及其开发工具、数据库应用系统、数据库管理人员和用户、硬件平台和软件平台组成。通常将数据库系统简称为数据库。

1. 数据库

不论是什么数据，都可以经过数字化后存入计算机。将数据按一定的数据模型组织起来，使其具有较小的冗余度、较高的独立性和易扩展性，并可为一定范围内的各种用户共享。这种数据的集合称为数据库（DataBase，DB）。简而言之，数据库是长期存储在计算机内的有组织的、可共享的数据集合。数据库不仅要反映数据本身的内容，还要反映数据之间的联系。有关数据模型的概念请参见本章 1.2 节。

2. 数据库管理系统

数据库管理系统(DataBase Management System，DBMS)是指负责数据库存取、维护和管理的系统软件，它是数据库系统的核心组成部分。

它的基本功能有：数据定义功能，数据存取功能，数据库的组织，存储和管理，数据库运行管理，数据库的建立和维护，通信功能和数据转换功能等。

（1）数据定义功能

DBMS 提供数据定义语言（Data Definition Language，DDL），用户通过 DDL 可以方便地对数据库中的数据对象进行定义，包括数据结构、数据的完整性约束条件和访问控制条件等。

（2）数据存取功能

DBMS 提供数据操纵语言（Data Manipulation Language，DML）实现对数据库的操作。基本操作包括检索、插入、删除和修改。

（3）数据库的组织、存储和管理

数据库中物理存在的数据包括两部分：一部分是元数据，即描述数据的数据，主要是数据库系统的三级模式，即外模式、模式、内模式（具体参见本章 1.1.4 小节），它们构成数据字典（Data Dictionary，DD）的主体，DD 由 DBMS 管理、使用；另一部分是原始数据，它们构成物理存在的数据库，DBMS 一般提供多种文件组织方法，供数据库设计人员选用。数据一旦按某种组织方法装入数据库，其后对它的检索和更新都由 DBMS 的专门程序完成。

（4）数据库运行管理

数据库运行管理是数据库管理系统的核心部分。如前所述，数据库方法的最大优势在于允许多个用户并发地访问数据库，充分实现共享。相应地，DBMS 必须提供并发控制机制、访问控制机制和数据完整性约束机制，从而避免多个读写操作并发执行可能引起的冲突，数据失密或安全性、完整性被破坏等一系列问题。

（5）数据库的建立和维护

DBMS 一般都要保存工作日志、运行记录等来用于恢复数据，一旦出现故障，使用这些历史和维护信息可将数据库恢复到一致状态。此外，当数据库性能下降，或系统软硬设备变化时也能重新组织或更新数据库。

（6）通信功能和数据转换功能等

DBMS 具有与操作系统的联机处理、分时处理、远程作业输入的相应接口，具有与网络中其他软件的通信功能。此外，DBMS 还具有与其他 DBMS 或文件系统的数据转换功能。

3. 数据库应用系统

数据库应用系统（DataBase Application System，DBAS）是指用户为了解决某一类信息处理的实际需求而利用数据库系统开发的软件系统，如利用 Access 开发的图书管理系统、教务管理系统、工资管理系统等。

4. 数据库管理员和用户

数据库管理员（DataBase Administrator，DBA）是专门人员或者管理机构，负责监督和管理数据库系统。用户是指通过应用程序使用数据库的人员，最终用户无需自己编写应用程序。

5. 硬件平台和软件平台

数据库系统对硬件平台的要求是：计算机要有足够大的内存和外存，有较高的通道能力以保证数据库系统能正常运行。

数据库系统的软件主要包括数据库管理系统、操作系统、具有与数据库接口的高级语言及其编译系统、以数据库管理系统为核心的应用开发工具、数据库应用系统。其中操作系统是支持 DBMS 运行的系统，没有合适的操作系统，DBMS 无法正常运转。数据库管理系统包括 SQL Server、Oracle、Access 等，应用开发工具包括 C++、Java、Visual Basic.NET、Delphi 等，通过这些工具，应用程序开发人员能够开发出合乎用户需求的应用系统。

1.1.4　数据库系统的三级模式结构

数据库系统的数据的高度独立性来自于数据库系统的三级模式结构和二级映像功能。数据库的三级模式为模式、外模式和内模式，与之对应的是三级模式结构，即全局逻辑结构、局部逻辑结构和物理存储结构。数据库系统的三级模式结构如图 1-4 所示。

1. 模式

模式又称概念模式或逻辑模式，对应于概念级。它是数据库中全体数据的逻辑结构和特征的描述，是所有用户的公共数据视图。模式与具体的应用程序无关，也不涉及到数据的物理存储内容。

模式是数据库数据在逻辑级上的视图。数据库模式以某一种数据模式作为基础，综合地考虑了所有用户的需求，同时将这些需求统一起来形成了一个逻辑整体。它是由数据库管理系统提供的数据模式描述语言来描述、定义，体现和反映了数据库系统的整体观，一个数据库只有一个模式。

2. 外模式

外模式又称子模式或用户模式，是用户和程序员看到并使用的局部数据逻辑结构和特征。不同的用户因其需求不同，看待数据的方式不同，因此不同用户的外模式的描述也不相同，一个数据库有若干个外模式。

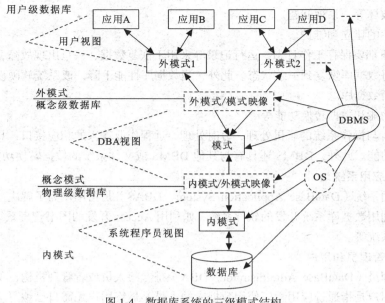

图 1-4　数据库系统的三级模式结构

3．内模式

内模式又称存储模式或物理模式，是对数据物理结构和存储方式的描述，也是数据在存储介质上的保存方式。一个数据库只有一个内模式，是以数据模型为基础的。模式综合考虑所有用户的需求，并将其结合成有机逻辑整体。

在一个数据库系统中，只有唯一的数据库，因而作为定义、描述数据库存储结构的内模式和定义、描述数据库逻辑结构的模式，也是唯一的，但建立在数据库系统之上的应用则是非常广泛、多样的，所以对应的外模式不是也不可能是唯一的。

在数据库的三级模式中，逻辑模式是数据库的中心与关键，它独立于数据库的其他层次，所以在设计数据库模式结构时，应首先确定数据库的逻辑模式。

4．三级模式间的映像

数据库系统的三级模式是对数据的三个抽象级别。它把数据库的具体组织留给了数据库管理系统管理，使用户能够从逻辑上处理数据，而不必关心数据在计算机中的具体表示方式和存储方式。为了实现三个抽象级别的联系和转换，数据库系统在三级模式中提供了两个层次的映像，即"模式/内模式映像"和"外模式/模式映像"。正是这两级映像保证了数据库系统中的数据能够具有较高的逻辑独立性和物理独立性。

（1）模式/内模式映像

模式/内模式映像定义了数据的全局逻辑结构和存储结构的对应关系。当数据库的存储结构发生变化时，由数据库管理员对模式/内模式映像做相应的改变，可以使模式保持不变，从而应用程序不必改变。保证了程序与数据的物理独立性。

（2）外模式/模式映像

外模式/模式映像定义了某一个外模式与模式之间的对应关系。这些映像的定义通常包含在外模式当中。当模式改变时，由数据管理员对各个外模式/模式映像作相应的改变，就可以使外模式不变。应用程序是依据数据的外模式编写的，从而应用程序不必修改，保证了数据与程序的逻辑独立性。

1.2　数　据　模　型

数据库中的数据是有结构的，这种结构反映出事物之间的相互联系。在数据库中，我们用数据模型来抽象、表示和处理现实世界中的数据和信息。数据库系统一般基于某种数据模型，数据模型是数据库系统的数学形式框架，是数据库系统的核心和基础。

1.2.1　数据模型概述

数据模型（Data Model）是用来抽象、表示和处理现实世界中的数据和信息的工具。数据模型应满足 3 个方面的要求：一是能够比较真实地模拟现实世界；二是容易被人理解；三是便于在计算机系统中实现。

数据模型由数据结构、数据操作、数据约束 3 部分组成。

（1）数据结构

数据结构是所研究的对象类型的集合。这些对象是数据库的组成部分，如表、表中的字段、名称等。数据结构分为两类：一类是与数据类型、内容等有关的对象；另一类是与数据之间关系有关的对象。

数据结构是刻画一个数据模型性质最重要的方面，在数据库系统中按照其数据结构的类型来命名数据模型。常用的数据结构有 3 种：层次结构、网状结构和关系结构。这 3 种结构的数据模型分别命名为层次模型、网状模型、关系模型。

（2）数据操作

数据操作是指对数据库中各种对象（型）的实例（值）允许执行的操作的集合，包括操作及有关的操作规则。数据库的操作主要有检索和更新这两大类操作。数据模型必须定义这些操作的确切含义、操作符号、操作规则（如优先级）以及实现操作的语言。

（3）数据约束

数据约束主要描述数据结构内数据间的语法、语义联系，它们之间的制约与依存关系，以及数据动态变化的规则，以保证数据的正确、有效与相容。例如，对于教学管理系统中的教师的"教师编号"属性取值不能出现重复值，教师信息中的"系编号"属性的值必须取自院系信息中的某个具体的系编号。

数据模型按不同的应用层次分成三种类型：概念数据模型、逻辑数据模型、物理数据模型。

概念数据模型又称概念模型，它是一种面向客观世界、面向用户的模型；它与具体的数据库管理系统无关，与具体的计算机平台无关。概念模型着重于对客观世界复杂事物的结构描述以及对它们之间的内在联系的刻画。比较有名的概念模型是 E-R 模型。

逻辑数据模型又称数据模型，它是一种面向数据库系统的模型。概念模型需要转换成数据模型后才能在数据库中表示。目前常见的数据模型有层次模型、网状模型、关系模型、面向对象模型等。

物理数据模型也称为物理模型，它是一种面向计算机物理表示的模型，给出了数据模型在计算机上物理结构的表示。

1.2.2 概念模型

概念模型主要用于数据库的设计阶段，它是数据库设计人员进行数据库设计的有力工具，也是用户和数据库设计人员进行交流的语言。

1. 概念模型的基本概念

① 实体：客观存在并可相互区别的事物称为实体。一个实体是现实世界客观存在的一个事物，可以是一个具体的事物，例如一个学生、一台桌子等，也可以是抽象的事物，如一个想法、一个计划或一个工程项目等。实体由它们自己的属性值表示其特征。

② 属性：实体所具有的某一特性。一个实体可由若干个属性来描述。例如，学生实体可以用学号、姓名、性别、出生日期、民族等属性来描述。

③ 域：一个属性的取值范围。例如，学生的性别只能取"男"或"女"这两个值。

④ 码：唯一标识实体的属性集称为码。例如，学号是学生实体的码。

⑤ 实体型：用实体名及其属性名集合来描述和刻画同类实体，称为实体型。例如，学生（学号、姓名、性别、出生年月、政治面貌）是一个实体型。

⑥ 实体集：同一类型实体的集合称为实体集。例如，某校的全体学生就是一个实体集。

⑦ 联系：实体之间的关联称为联系。实体的联系分为实体内部的联系和实体之间的联系。实体内部的联系通常是组成实体的各属性之间的联系。实体之间的联系是指不同实体集之间的联系。两实体集之间的联系主要有以下 3 类。

- 一对一联系（ $1:1$ ）。如果对于实体集 A 中的每一个实体，实体集 B 中至多有一个实体与之联系，反之亦然，则称实体集 A 与实体集 B 具有一对一联系，记为 $1:1$。例如，实体集班级与实体集班长之间存在一对一联系，意味着一个班长负责一个班，而且一个班也只有一个班长。

- 一对多联系（ $1:n$ ）。如果对于实体集 A 中的每一个实体，实体集 B 中有 n（ $n \geq 0$ ）个实体与之联系，反之，对于实体集 B 中的每一个实体，实体集 A 中至多有一个实体与之联系，则称实体集 A 与实体集 B 具有一对多联系，记为 $1:n$。例如，在本书涉及的教学管理系统中，实体集院系和与实体集教师就是一对多联系。因为一个院系中有若干名教师，而每名教师只属于一个院系。

- 多对多联系（ $m:n$ ）。如果对于实体集 A 中的每一个实体，实体集 B 中有 n（ $n \geq 0$ ）个实体与之联系。反之，对于实体集 B 中的每一个实体，实体集 A 中也有 m（ $m \geq 0$ ）个实体与之联系，则称实体集 A 与实体集 B 具有多对多联系，记为 $m:n$。例如，在教学管理系统中，实体集课程与实体集学生之间的联系是多对多联系（ $m:n$ ）。因为一个课程同时有若干名学生选修，而一个学生可以同时选修多门课程。

以上 3 类联系如图 1-5 所示。

实际上，一对一联系是一对多联系的特例，而一对多联系又是多对多联系的特例。实体集之间这种一对一、一对多和多对多的联系不仅存在于两个实体集之间，也存在于两个以上的实体集之间。

实体集内部也有类似地联系，例如对于教学管理系统中的教师实体集内部有领导与被领导的关系，即某一教师（如教研室主任）"领导"若干名教师，而一个教师仅被另一个教师直接领导。

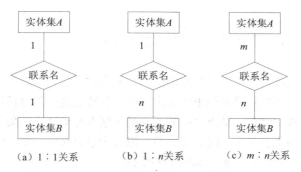

（a）1∶1关系　　　（b）1∶n关系　　　（c）m∶n关系

图 1-5　两个实体集之间的 3 类联系

2. 实体-联系模型

概念模型的表示方法很多，其中最为著名的是 1976 年 P.P.S.Chen 提出的实体-联系方法（Entity- Relationship Approach）。该方法用 E-R 图来描述现实世界的概念模型，称为实体-联系模型，简称 E-R 模型。E-R 图提供了表示实体集、属性和联系的方法。图 1-5 所示的用来描述实体集之间联系的图就是 E-R 图。

在 E-R 图中，用矩形框、椭圆形框、菱形框分别表示实体集、属性、联系。

① 矩形框：表示实体集，矩形框内写明实体名。

② 椭圆形框：表示某实体的属性或者实体间联系的属性，用无向边将其与相应的实体或联系连接起来。

③ 菱形框：表示实体集之间的联系，菱形框内写上关系名，用无向边将菱形分别与有关实体集相连接，在无向边旁标上关系的类型。若实体集之间的关系也具有属性，则把属性和菱形也用无向边连接上。

图 1-6 所示的为教学管理系统中班级实体；图 1-7 所示的为实体集教师内部的联系；图 1-8 所示的为教学管理系统中院系、教师、专业、学生、课程、班级这 6 个实体之间的联系。

图 1-6　班级实体及属性

图 1-7　教师实体集内部的联系

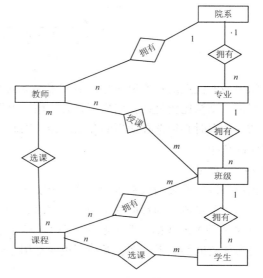

图 1-8　教学管理系统实体集及其联系图

3. 三种数据模型

常见的数据模型有 3 种：层次模型、网状模型和关系模型。

（1）层次模型

层次模型是数据库系统中最早出现的数据模型，采用树型结构来表示实体及实体间的联系的模型。这种模型体现出实体之间只有简单的层次关系，其特点是：①有且仅有一个根结点；②其他结点仅有一个根结点或父结点。结点之间的关系是父结点与子结点的关系，即一对多的关系。如一个学院的数据库结构中，一个学院有多个系，但每个系只对应一个学院；每个系下面有多个教研室，但每个教研室只对应一个系，如图 1-9 所示。

层次模型的优点是：模型本身比较简单；实体间联系是固定的；模型提供了良好的完整性支持。层次模型的缺点是：现实世界中很多联系是非层次性的，只能通过引入冗余数据或创建非自然的数据组织来解决；对插入和删除操作的限制比较多；查询子结点必须通过父结点；结构严密，层次命令趋于程序化。

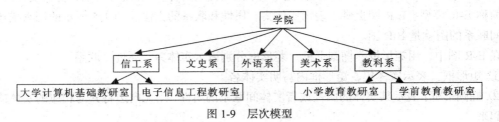

图 1-9　层次模型

（2）网状模型

网状模型以网状结构表示实体与实体之间的联系。网中的每一个结点代表一个记录类型。网状模型可以表示多个从属关系的联系，也可以表示数据间的交叉关系。网状模型的特点是：允许一个以上的结点无双亲；一个结点可以有多于一个的双亲。网状模型可以方便地表示各种类型的联系，但结构复杂，数据处理比较困难。图 1-10 所示的是学生选课情况的网状模型。

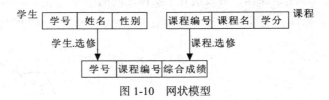

图 1-10　网状模型

网状模型的优点是：能更为直接地描述现实世界，具有良好的性能，存取效率较高。网状模型的缺点是：结构比较复杂，用户不容易使用。由于记录之间联系是通过存取路径实现的，应用程序在访问数据时必须选择适当的存取路径，因此，用户必须了解系统结构的细节，加重了编写应用程序的负担。

（3）关系模型

关系模型以二维表结构来表示实体以及实体之间的联系，是一个"二维表框架"组成的集合。关系模型是目前最流行的数据库模型。支持关系模型的数据库管理系统称为关系数据库管理系统，Access 就是一种关系数据库管理系统。表 1-1 给示出了教学管理系统中的班级实体关系。无论是实体还是实体之间的联系，在关系模型里面都用一张二维表来表示。

表 1-1　　　　　　　　　　　　　　　　　　班级关系

班 级 名 称	专 业 编 号	班 级 人 数	班 长 姓 名
10 对外汉语 1 班	04	45	张浩瀚
10 汉语言文学 1 班	03	52	张勇
10 会计 1 班	01	50	李小红
10 计科 1 班	13	32	李小兰
10 教技 1 班	05	32	王平
10 旅管 1 班	02	47	李贤

关系模型较层次模型和网状模型具有以下优点：关系模型以严格的数学概念作为基石，数据结构比较简单，具有很高的数据独立性。

所以，关系模型诞生以后发展迅速，深受用户的喜爱。当然，关系模型也有缺点。其中最主要的缺点是：由于存取路径对用户透明，查询效率往往不如非关系数据模型。

1.3　关系数据库

关系数据库系统是支持关系数据模型的数据库系统。关系数据库应用数学方法来处理数据库中的数据。最早提出将这类方法用于数据处理的是 1962 年 CODASYL 发表的"信息代数"一文，之后 1968 年由 David Child 在 7090 机上实现了集合论数据结构，但系统而严格地提出关系模型的是美国 IBM 公司的 E.F.Codd。1970 年 E.F.Codd 连续发表了多篇论文，奠定了关系数据库的理论基础。

1.3.1　关系数据库的基本术语

关系数据结构非常简单，在关系数据模型中，现实世界中的实体及实体与实体之间的联系均用关系来表示。从逻辑或用户的观点来看，关系就是二维表。常用的关系术语如下。

① 关系：一个关系就是一张二维表。

② 属性：表的每一列为一个属性（也称为字段），如学生表中学号就是一个属性。

③ 元组：表的每一行为一个元组（也称为记录），它是一组字段的信息的集合。

④ 域：属性的取值范围称为域。如学生选课表的综合成绩的取值范围是 0 到 100 之间的浮点数。

⑤ 关系模式：关系名及关系中的属性集构成关系模式，一个关系模式对应一个关系的结构。关系模式的格式为：关系名（属性名 1，属性名 2，属性名 3，…，属性名 n）。例如，班级表的关系模式为：班级（班级名称，专业编号，班级人数，班长姓名）。

⑥ 主关键字：主关键字也叫主键，是唯一标识表中记录的字段或字段的组合。如学生表中的学号可作为主关键字，它能唯一标识表中的每一条记录，即表中不能有两个相同的学号出现。学生选课表中的学号和课程编号两个字段的组合为主关键字。

⑦ 候选码：如果某个字段的值能唯一标识表中一个记录，这个字段就被称为候选码。一个关系中可能有多个候选码。当然，候选码也可以是多个字段的组合。

⑧ 外部关键字：外部关键字也叫外键，是用来与另一个关系进行联接的字段，且是另一个关

系中的主关键字。例如，在教学管理系统中，系编号在专业表中是外键，而在院系表中为主键，这是因为专业表和院系表通过系编号字段相关联。

1.3.2　关系的性质

关系与二维表及传统的数据文件有类似之处，但也有区别。关系是一种规范化的二维表，作为关系的二维表必须满足下列性质。

① 每一个属性是不可分解的。这是关系数据库对关系的最基本的一条限定，要求关系的每一个分量必须是一个不可分的数据项，也就是说，不允许表中还有表。

② 每一个关系模式中属性的数据类型以及属性的个数是固定的，并且每个属性必须命名，在同一个关系模式中，属性名必须是不同的。

③ 每一个关系仅仅有一种记录类型，即一种关系模式。

④ 在关系中元组的顺序（即行的顺序）是无关紧要的，即行的次序可以任意交换。

⑤ 在关系中属性的顺序（即列的顺序）是无关紧要的，可以任意交换，但交换时一定是整体交换，属性名和属性值必须作为整列同时交换。

⑥ 元组不可以重复，即在一个关系中任意两个元组不能完全一样。

1.3.3　关系模型的完整性约束

数据完整性由完整性规则来定义，关系模型的完整性规则是对关系的某种约束条件。关系模型中可以有 3 类完整性约束：实体完整性、参照完整性和用户定义的完整性。在对关系数据库执行插入、删除和修改操作时，必须遵循下述 3 类完整性规则。

① 实体完整性规则（entity integrity rule）：关系中的元组在组成主键的属性上不能有空值。

② 参照完整性规则（reference integrity rule）：外键的值不允许参照不存在的相应表的主键的值，要么外键为空值。

③ 用户定义的完整性规则：用户定义的完整性规则是用户根据具体应用的语义要求，利用 DBMS 提供的定义和检验这类完整性规则的机制，用户自己定义的完整性规则。

1.3.4　关系代数

关系代数是以关系为运算对象的一组高级运算的集合。关系的基本运算分为传统的集合运算和专门的关系运算两类。

1. 传统的集合运算

传统的集合运算包括并、交、差、笛卡尔积。

（1）并

设关系 R 和关系 S 都有 n 个属性，且相应的属性取自同一个域，则关系 R 与关系 S 的并是由属于 R 或属于 S 的元组组成的集合，表示为 $R \cup S$。

【例 1–1】表 1-2 和表 1-3 中给定了两个关系 R 和 S，它们具有相同的属性。

表 1-2　　　　　关系 R

A	B	C
a_1	b_2	c_1
a_2	b_1	c_1
a_2	b_2	c_2

表 1-3　　　　　关系 S

A	B	C
a_2	b_2	c_3
a_1	b_2	c_1

则 $R \cup S$ 的结果如表 1-4 所示。

（2）交

设关系 R 和关系 S 都有 n 个属性，且相应的属性取自同一个域，则关系 R 与关系 S 的交是由属于 R 且属于 S 的元组组成的集合，表示为 $R \cap S$。

【例 1-2】表 1-2 和表 1-3 中给定了两个关系 R 和 S，它们具有相同的属性。则 $R \cap S$ 的结果如表 1-5 所示。

表 1-4　　　　$R \cup S$

A	B	C
a_1	b_2	c_1
a_2	b_1	c_1
a_2	b_2	c_2
a_2	b_2	c_3

表 1-5　　　　$R \cap S$

A	B	C
a_1	b_2	c_1

（3）差

设关系 R 和关系 S 都有 n 个属性，且相应的属性取自同一个域，则关系 R 与关系 S 的差是由属于 R 但不属于 S 的元组组成的集合，表示为 $R\text{-}S$。

【例 1-3】表 1-2 和表 1-3 中给定了两个关系 R 和 S，它们具有相同的属性。则 $R\text{-}S$ 的结果如表 1-6 所示。

（4）笛卡尔积

设关系 R 和 S 的属性个数分别是 r 和 s，则关系 R 与关系 S 的笛卡尔积是一个（$r+s$）个属性的元组集合，每个元组的前 r 个属性值来自 R 的一个元组，后 s 个属性值来自 S 的一个元组，记为 $R \times S$。若 R 有 m 个元组，S 有 n 个元组，则 $R \times S$ 有 $m \times n$ 个元组。

表 1-6　　　　$R\text{-}S$

A	B	C
a_2	b_1	c_1
a_2	b_2	c_2

【例 1-4】表 1-2 和表 1-3 中给定了两个关系 R 和 S，它们具有相同的属性。则 $R \times S$ 的结果如表 1-7 所示。

表 1-7　　　　　　　　　　　　　　　$R \times S$

$R.A$	$R.B$	$R.C$	$S.A$	$S.B$	$S.C$
a_1	b_2	c_1	a_2	b_2	c_3
a_1	b_2	c_1	a_1	b_2	c_1
a_2	b_1	c_1	a_2	b_2	c_3
a_2	b_1	c_1	a_1	b_2	c_1
a_2	b_2	c_2	a_2	b_2	c_3
a_2	b_2	c_2	a_1	b_2	c_1

说明：因为 R 和 S 的属性名相同，所以属性名前加上相应的关系名，如 $R.A$，$S.A$。

2. 专门的关系运算

专门的关系运算包括：选择、投影、联接、除等。本书不讨论"除"运算。

（1）选择

选择运算是从关系中查找出满足条件的元组。其中：条件是逻辑表达式，运算后的结果是条件为真的元组。比如，从学生表中查找姓"王"的学生就属于选择运算。选择运算一般会改变记录的个数，但不改变属性的个数。

（2）投影

投影运算是从关系模式中指定若干属性构成新的关系。比如，从学生表查询学生情况，查询结果只包含学号和姓名两个属性，这就是投影运算。投影运算不会改变元组的个数，只改变属性的个数，也有可能改变属性的显示顺序。

（3）联接

联接操作是从笛卡尔积中选取属性间满足一定条件的元组。

在联接运算中，按照字段值对应相等为条件进行的联接操作为等值联接。自然联接是去掉重复属性的等值联接。自然联接是最常用的联接运算。

【例 1-5】关系 R 和 S 如表 1-8 和表 1-9 所示。满足条件 $B<C$ 的联接结果如表 1-10 所示，等值联接(R.A=S.A)的结果如表 1-11 所示，自然联接的结果如表 1-12 所示。

表 1-8　　　关系 R

A	B
A_1	101
A_2	201

表 1-9　　　关系 S

A	C	D
A_1	103	85
A_1	101	70
A_3	83	90

表 1-10　　　关系 R 与 S 的联接运算（B<C）

R.A	B	S.A	C	D
A_1	101	A_1	103	85

表 1-11　　　关系 R 与 S 的等值联接运算(R.A=S.A)

R.A	B	S.A	C	D
A_1	101	A_1	103	85
A_1	101	A_1	101	70

表 1-12　　　关系 R 与 S 的自然联接运算

A	B	C	D
A_1	101	103	85
A_1	101	101	70

说明：自然连接时，在没指明连接条件的情况下，一般是按两个关系中相同属性进行的等值连接，然后去掉重复的属性。

【例 1-6】院系和专业为教学管理系统中的两个关系，如表 1-13 和表 1-14 所示。院系和专业的自然联接的结果如表 1-15 所示。

表 1-13　　　　　　　　　院系

系编号	系名称	系主任	系网址	系办电话
01	经济管理系	王小来	http://jgx.hnfnu.edu.cn/index.asp	073186765437
02	文史系	曾会汇		073186987654
03	信息科学与工程系	王智	http://www.hnfnu.edu.cn/itd/	073186890234
04	外语系	赵小忠		073186866234

表 1-14 专业

专 业 编 号	专 业 名 称	系 编 号
01	会计	01
02	旅游管理	01
03	汉语言文学	02
04	对外汉语	02

表 1-15 院系和专业的自然联接运算

系编号	系名称	系主任	系网址	系办电话	专业编号	专业名称
01	经济管理系	王小来	http://jgx.hnfnu.edu.cn/index.asp	073186765437	01	会计
01	经济管理系	王小来	http://jgx.hnfnu.edu.cn/index.asp	073186765437	02	旅游管理
02	文史系	曾会汇		073186987654	03	汉语言文学
02	文史系	曾会汇		073186987654	04	对外汉语

1.4 数据库设计

数据库设计是建立数据库及其应用系统的核心技术。

1.4.1 数据库设计概述

数据库设计是在一定平台制约下，根据信息需求与处理需求设计出性能良好的数据模式。所谓信息需求主要是指用户数据对象的数据及其结构，它反映了数据库的静态需求；所谓处理需求是指用户对象的行为和动作，它反映了数据库的动态需求。

在数据库设计中有两种方法，一种是以处理需求为主，兼顾信息需求的面向过程的方法（process-oriented approach）；另一种是以信息需求为主，兼顾处理需求的面前数据的方法（data-oriented approach）。目前，主流的数据库设计方法为后者。

数据库设计一般采用生命周期（life cycle）法。该方法将数据库应用系统的开发分为以下目标独立的 6 个阶段：需求分析阶段、概念结构设计阶段、逻辑结构设计阶段、数据库的物理设计阶段、数据库实现阶段、数据库运行和维护阶段。通常我们说的数据库设计是指前 4 个阶段。

1.4.2 需求分析

需求分析也就是分析用户的需求。需求分析是软件开发中最重要的一个环节，对软件需求的深入理解是软件开发工作获得成功的前提条件，不论我们把数据库设计做得多么出色，不能满足用户的需求，只会令用户失望，给开发者带来烦恼。

需求分析的重点是调查、收集与分析用户在数据管理中的信息要求、处理要求、安全性与完整性要求。

调查的重点是"数据"和"处理"。通过调查，获得用户对数据库的信息需求、处理需求以及安全性与完整性需求。信息需求是指用户需要从数据库中获得的信息的内容与性质，由此导出在数据库中需要存储哪些数据，也就是数据需求；处理需求是指用户要完成什么处理功能，对处理的响应时间有什么要求；安全性需求是描述数据库应用系统中不同用户操作数据库的情况，完整性需求定义了数据间的关联以及数据的取值范围要求。

【例 1-7】开发教学管理系统的用户需求分析。

对某一本科院校的教学工作进行调查，要求本教学管理系统能够记录各系各专业的学生选课情况、教师的授课情况以及学生、课程、教师、院系、班级、专业的基本情况。具体情况如下。

- 某一本科院校有若干个系，每个系有若干个专业，每个专业有若干门课程，不同系或不同专业可能有相同的课程，如信息科学与工程系的电子科学与技术专业、计算机科学与技术专业都有 C 语言程序设计课程，文史系和外语系的各专业都有大学计算机基础课程等；每个专业有若干个班级，每个班级有若干名学生，每个学生可以修多门课程，每门课程被多名学生修；每个系有若干名教师，每名教师可以讲授多门课程，每门课程又可以被多名教师讲授；每名教师可以给多个班级授课，每个班级有多名授课教师。
- 新任教师个人信息的录入。此信息应包含教师的个人资料，如教师编号等。
- 教师个人信息的修改。要求系统可以对教师个人信息的各项内容进行修改并保存。
- 教师记录的删除。如果教师离开该学校，要求系统能够删除数据库中该教师记录。
- 教师信息的查询。由于教师较多，要求系统可以进行查询。
- 教师可以对所教课程的学生成绩进行管理，如录入成绩、修改成绩等。
- 学生个人信息的录入。此信息应包含学生的个人资料，如学号、姓名、性别、出生日期、政治面貌、家庭住址等。
- 学生个人信息的修改。要求系统可以对学生个人信息的各项内容进行修改并保存。
- 学生记录的删除。如果学生毕业或退学，要求系统能够删除数据库中的学生相应记录。
- 学生信息的查询。
- 学生可查询自己某门课程的成绩，但不能修改。
- 课程信息的添加、修改、删除以及查询等。
- 院系信息的添加、修改、删除以及查询等。
- 专业信息的添加、修改、删除以及查询等。
- 班级信息的添加、修改、删除以及查询等。
- 教学管理人员可根据学生信息和教师信息以及课程情况等进行录入、修改和删除，对系统中所有数据均能进行任意操作。
- 登录系统时要进行密码和身份认证，认证通过后，方可进入系统。

了解了用户的需求，需要进一步分析和表达用户的需求。表达的含义是产生规格说明书等有关的文档。规格说明就是把分析的结果完全地、精确地表达出来。系统分析员经过调查分析后建立好模型，在这个基础上，逐步形成系统需求说明书，这也是需求分析的阶段成果。

一般采用以下两种方法来分析和表达用户的需求：面向对象方法和结构化分析方法（Structured Analysis，简称 SA 方法）。结构化分析方法的基本思想是把系统自上而下逐步分解，逐步求精，基本原则是抽象与分解。尤其是对于一个大型的应用系统，控制系统的复杂性的基本手段就是分解。按照这种方法，无论系统多么大，总可以有计划地把它分解为足够小的子问题。

结构化分析法实际上是一个建模活动，用结构化分析建模获得一个分析模型，它的元素包含有描述系统的数据字典、各种图以及规格。在分析建模中，核心是数据字典，围绕数据字典有 3 个子模型，即数据模型、功能模型和行为模型。一般地，数据模型用 E-R 图来描述，功能模型用数据流图来描述，行为模型用状态转换图来描述。

结构化分析法用数据流图表达数据和处理过程的关系，用数据字典对系统中数据进行详细描述，是各类数据属性的清单。

数据字典在需求分析阶段建立，在数据库设计过程中还会不断修改和完善。数据字典一般包括以下 5 个部分：数据项、数据结构、数据流、数据存储、处理过程。其中：数据项是数据的最小单位；数据结构是若干数据项有意义的集合；数据流可以是数据结构，也可以是数据项，表示某一处理过程的输入和输出；数据存储是处理过程中存取的数据，如计算机文件、手工凭证等；处理过程即处理的过程。

本书不详细介绍结构化分析建模，请读者参考相关资料。

1.4.3 概念结构设计

概念结构设计是整个数据库设计的关键。我们已经知道，概念结构设计的常用工具是 E-R 图，这一步的工作至少要包括以下内容。

- 确定实体。
- 确定实体的属性。
- 确定实体的码。
- 确定实体间的联系和联系类型。
- 画出表示概念模型的 E-R 图。
- 确定属性之间的依赖关系。

1. 概念设计的策略

概念结构设计主要采用以下 4 种策略。

① 自顶向下。先定义全局概念结构的框架，然后逐步细化。

② 自底向上。先定义每个局部应用的概念结构，然后按一定的规则把它们集成起来，最后得到全局概念模型。

③ 由里向外。先定义最重要的核心概念结构，然后向外扩充，直至总体概念结构。

④ 混合策略。将自顶向下和自底向上方法相结合，先用自顶向下方法设计一个概念结构的框架，以它为骨架集成由自底而上策略中设计的每个局部概念结构。

本节我们主要讨论自底向上的设计策略，这也是目前最常用的一种设计策略。

2. 设计步骤

按照自顶向下的需求分析步骤，根据自底向上的设计概念结构策略，采用 E-R 方法的概念结构设计的步骤如下。

第 1 步：根据需求分析的结果（数据流图、数据字典等）对现实世界的数据进行抽象，设计各个局部视图即 E-R 图。内容包括选择局部应用，即确定各局部 E-R 模型的范围，定义各局部 E-R 模型实体、联系及实体和联系的属性。

第 2 步：设计全局 E-R 模型。内容包括将所有局部 E-R 图集成一个全局 E-R 图。

第 3 步：优化全局 E-R 模型。

3. 设计局部 E–R 图

设计局部 E-R 图首先要选择局部应用。一个局部应用实际上对应着应用系统中的一个子系统，也就是一个子需求，局部 E-R 图对应着一个应用系统中的一个局部应用。需要说明的是，按照信息理论的研究结果，一个局部应用中的实体数不能超过 9 个，不然要将局部应用对应的子系统进行细分。

每一个局部应用一般对应着一组数据流图，局部应用中用到的数据可以从相应的数据字典中抽取出来。参照数据流图，确定局部应用后，利用上面的抽象机制可以对局部应用中的数据进行分类、组织（聚集），形成实体以及实体的属性，标记实体的码，确定各实体之间的联系，设计相应的局部 E-R 图。事实上，在需求分析阶段得到的数据字典和数据流图中的数据项就体现了实体、实体属性等的划分。当然还需要对需求分析中得到的数据信息进行必要的调整。

在调整中应遵循的准则是：现实世界中的事物能做"属性"处理的就不要用作实体来对待。这样有利于简化 E-R 图，更重要的是可以减少数据库应用系统中的表对象，便于系统优化。

那么怎么来确定某个事物是实体还是属性呢？一般来说，满足下面两个准则的事物都可以作为属性来看待。

准则一：如果事物作为"属性"，则不能再具有需要描述的性质。也就是说作为属性的事物不能包含其他属性，也可以说作为属性的事物我们完全可以用该事物的名字来描绘该属性名。

准则二：属性不能与其他实体具有联系。联系只能是实体之间的联系。

例如，教学管理系统中的某个教师的职称，职称是教师实体的一个属性，这是因为我们只需要知道该教师是什么职称就可以了；但如果不同的职称，单位课时费不同的话，职称就包含课时费这个属性，这时就需要将职称单独作为一个实体。由于我们的教学管理系统不需要具备给教师算课时费的功能，所以，职称在这里只是教师的一个属性。也就是说，事物是实体还是属性与事物所在的应用系统的功能密切相关。

再例如，对于教学管理系统中的专业，一个学生对应一个专业，专业可以是学生实体的一个属性。但由于专业还要与院系实体发生联系，即一个院系对应着多个专业，则根据准则二，专业作为一个实体。

4. 设计全局 E-R 图

设计完各局部 E-R 图后，最后要将各局部 E-R 图合并成一张全局 E-R 图，即集成。集成有两种方式，一种是将各局部 E-R 图一次集成；另一种是逐步集成，用累加的方式一次集成两个 E-R 图。

无论对于哪种方式，每次集成 E-R 图时需要两步。第一步，合并 E-R 图，生成初步 E-R 图；第二步，修改与重构，生成基本 E-R 图。下面分别讨论。

（1）合并 E-R 图，生成初步 E-R 图。

在将局部 E-R 图集成全局 E-R 图时，需要消除各局部 E-R 图所产生的冲突。合理地消除冲突是第一步的关键。

各 E-R 图之间的冲突主要有 3 类：属性冲突、命名冲突和结构冲突。

① 属性冲突包括属性域冲突和属性取值单位冲突。

属性域冲突是指同一属性在不同的局部 E-R 图中数据类型、取值范围或取值集合不同。属性取值单位冲突是指同一属性在不同的局部 E-R 图中具有不同的单位。

② 命名冲突包括两种情况：

第一种是同名异义，也就是意义不同的对象在不同的 E-R 图中具有相同的名字。

第二种是异名同义，也就是具有相同语义的两个对象在不同的局部 E-R 图中名字不同。

③ 结构冲突包括三种情况：

第一种是同一对象在不同的局部 E-R 图中具有不同的抽象。例如，某对象在某局部 E-R 图中是实体，而在另一局部 E-R 图中却是属性。

第二种是同一实体在不同的局部 E-R 图中所包含的属性个数以及属性的排列顺序不完全一样。此时可以采用各局部 E-R 图中属性的并集作为实体的属性，再对该实体的属性进行调整。

第三种是实体间的联系在不同的局部 E-R 图中具有不同的联系类型。比如在某局部应用中两实体的联系是多对多的联系，而在另一局部应用中却是一对多的联系。此时应根据实际的语义来进行调整。

（2）修改与重构，生成基本 E-R 图。

这一步也是对初步全局 E-R 图的优化。一个好的全局 E-R 图首先要能反映用户的需求，还要满足以下条件。

① 实体个数尽可能少。

② 实体所包含的属性尽可能少。

③ 实体间联系没有冗余。

为此，需要修改、重构初步 E-R 图以消除冗余，主要采用分析方法。除分析方法外，还可以用规范化理论来消除冗余。在优化的时候，可以将具有相同主码的两个实体进行合并，还可以考虑将具有 1∶1 的联系的两个实体合并为一个实体，消除冗余属性和冗余联系。但要注意，有时适当的冗余能够提高效率。

按照上述方法，可以画出教学管理系统的全局 E-R 图，如图 1-8 所示。

需要强调的是，由于各实体包含的属性比较多，为了使所画的 E-R 图简明清晰，将各实体所涉及的属性单独列出。以下分别列出了教学管理系统涉及的 6 个实体的属性（其中各实体的码用下横线列出）。

院系：（系编号，系名称，系主任，系网址，系办电话）

专业：（专业编号，专业名称，系编号）

学生：（学号，姓名，性别，民族，出生年月，政治面貌，班级名称，年级，家庭住址，寝室电话，手机，简历，照片）

课程：（课程编号，课程名，学分，周学时，理论课时，实践课时，总学时，开课学期，课程类型）

教师：（教师编号，系编号，姓名，性别，民族，出生年月，参加工作日期，学历，学位，职称，党员否，基本工资，住宅电话，手机，院系编号，电子邮箱）

班级：（班级名称，专业编号，班级人数，班长姓名）

1.4.4　逻辑结构设计

逻辑结构设计的任务就是把概念设计阶段设计好的 E-R 图转换成与所选 DBMS 产品所支持的数据模型相吻合的逻辑结构。这里我们只讨论 E-R 模型向关系数据模型的转换。

将 E-R 模型向关系模型转换就是要将实体、实体的属性和实体之间的联系转化为关系模式，这种转换的规则包括以下几点。

① 一个实体型转换为一个关系模式。实体的属性即为关系的属性，实体的码也就是关系的码。

② 一个 $m∶n$ 联系转换为一个关系模式，与该联系相连的两个实体的码以及联系本身的属性均转换成关系的属性，同时关系的码为两个实体码的组合。

③ 一个 1∶n 联系可以转换为一个独立的关系模式，也可以与 n 端对应的关系模式合并。如果转换成一个独立的关系模式，则与该联系相连的两个实体的码以及联系本身的属性均转换为关系的属性，同时关系的码为 n 端实体的码。

④ 一个 1∶1 联系可以转换为一个独立的关系模式，也可以与任意一端对应的关系模式合并。如果转换为一个独立的关系模式，则与该联系相连的两个实体的码以及联系本身的属性均转换为

关系属性，而每个实体的码均为该关系的候选码。如果与其中一端实体对应的关系模式合并，则需要在该关系的属性中加入另一个关系模式的码和联系本身的属性。

⑤ 3 个或 3 个以上的实体间的一个多元联系可以转换为一个关系模式。与该多元联系相连的各实体的码以及联系本身的属性均转换为此关系的属性，而此关系的码为各实体码的组合。

⑥ 具有相同码的关系模式可以合并。

【例 1-8】将图 1-8 教务管理系统的 E-R 图转换成关系模型。

根据 E-R 模型向关系数据模型转换关系的规则，初步得出教学管理系统的关系模式。其中主键用下横线标出。

院系（系编号，系名称，系主任，系网址，系办电话）

专业（专业编号，专业名称，系编号）

学生（学号，姓名，性别，民族，出生年月，政治面貌，班级名称，年级，家庭住址，寝室电话，手机，简历，照片）

课程（课程编号，课程名，学分，周学时，理论课时，实践课时，总学时，开课学期，课程类型）

教师（教师编号，系编号，姓名，性别，民族。出生年月，参加工作日期，学历，学位，职称，党员否，基本工资，住宅电话，手机，院系编号，电子邮箱）

班级（班级名称，专业编号，班级人数，班长姓名）

上面的关系实际上都是将一个实体转变成了一个关系。对于 1∶n 的实体之间的联系，没有进行转换，这是因为每个联系的 n 端的实体的属性都含有 1 端的码。

下面是四个多对多关系的转换。

学生和课程联系的转换：

学生-课程（学号，课程编号，平时成绩，期末成绩，总评成绩）

教师和班级联系的转换：

教师-班级（教师编号，班级名称）

教师和课程联系的转换：

教师-课程（教师编号，课程编号）

班级和课程联系的转换：

班级-课程（班级名称，课程编号）

在上面的转换过程中，后面的三个联系可以合为一个关系：

教师授课（教师编号，课程编号,班级名称）

【例 1-9】将图 1-8 教学管理系统的 E-R 图转换成 Access 数据库管理系统所支持的实际数据模型。转换结果如表 1-16 ~ 表 1-23 所示。

表 1-16　　　　　　　　　　　　　院系

字 段 名	数 据 类 型	字 段 大 小	约 束
系编号	文本型	2	主键
系名称	文本型	30	
系主任	文本型	10	
系网址	超链接		
系办电话	文本型	13	

表 1-17 专业

字 段 名	数 据 类 型	字 段 大 小	约　束
专业编号	文本型	2	主键
专业名称	文本型	20	
系编号	文本型	2	外键

表 1-18 学生

字 段 名	数 据 类 型	长 度	约　束
学号	文本型	12	主键，全为数字，长度为 12，前 4 位为入学年份，第 5~6 位为系号，第 7~8 位为专业号，第 9~10 位为班级号，第 11~12 位为学号序号
姓名	文本型	20	非空
性别	文本型	2	
民族	文本型	20	
出生年月	日期/时间型		
政治面貌	文本型	4	
班级名称	文本型	12	外键
年级	文本型	4	
家庭住址	文本型	50	
寝室电话	文本型	13	
手机	文本型	11	
简历	备注		
照片	OLE 类型		

表 1-19 班级

字 段 名	数 据 类 型	长 度	约　束
班级名称	文本型	12	主键，取名时用年级缩写+专业缩写+班级序号，如 12 中文 1 班
专业编号	文本型	2	外键
班级人数	数字	整型	
班长姓名	文本型	20	

表 1-20 教师

字 段 名	数 据 类 型	长 度	约　束
教师编号	文本型	4	主键，全为数字
姓名	文本型	20	非空
性别	文本型	2	
民族	文本型	20	
出生年月	日期/时间型		
参加工作日期	日期/时间型		

续表

字 段 名	数 据 类 型	长 度	约 束
学历	文本型	10	
学位	文本型	10	
职称	文本型	10	
党员否	是/否型		
基本工资	货币型		
系编号	文本型	2	外键
住宅电话	文本型	13	
手机	文本型	11	
电子邮箱	超链接		

表 1-21　　　　　　　　　　课程

字 段 名	数 据 类 型	长 度	约 束
课程编号	文本型	8	主键
课程名	文本型	20	
学分	数字型	整型	
理论学时	数字型	整型	
实践学时	数字型	整型	
总学时	数学型	整型	
周学时	数字型	整型	
开课学期	文本型	2	
课程类型	文本型	10	包括：公共必修、公共选修、专业必修、专业选修

表 1-22　　　　　　　　　　学生选课

字 段 名	数 据 类 型	长 度	约 束
学号	文本型	12	组合主键，外键
课程编号	文本型	8	组合主键，外键
平时成绩	数字	单精度	
末考成绩	数字	单精度	
综合成绩	数字	单精度	

表 1-23　　　　　　　　　　教师授课

字 段 名	数 据 类 型	长 度	约 束
课程编号	文本型	8	组合主键，外键
教师编号	文本型	4	组合主键，外键
班级名称	文本型	12	组合主键，外键

1.4.5　数据库的物理设计

数据库的物理结构是指数据库在物理设备上的存储结构与存取方法。数据库的物理设计就是指为给定的逻辑数据模型选择最适合应用环境的物理结构。

在对数据库进行物理设计时，首先确定数据库的物理结构，然后对所设计的物理结构设计进行评价。

1. 物理设计的内容与方法

数据库物理设计没有一个通用的准则，这是因为不同的 DBMS 提供的硬件环境、存储结构、存取方法以及提供给数据库设计者的系统参数及其变化范围有所不同。一个良好的数据库物理设计能够使得在数据库上运行的各种事务响应时间短、事务吞吐率和利用率高、存储空间大。因此，在设计数据库时首先应该要对数据进行更新的事务以及经常用到的查询进行详细分析，获得物理设计所需要的各种参数，其次要充分了解使用的 DBMS 的内部特征，尤其是系统提供的存取方法和存储结构。

2. 关系模式存取方法选择

数据库系统是一个共享的系统，对同一个关系要建立多条存取路径才能满足多用户的各种需求。

物理设计的任务之一就是确定选择哪些存取方法，也就是建立哪些存取路径。一个具体的 DBMS 一般都提供多种存取方法，实际采用哪种方法由 DBMS 根据数据的存储方式来决定，用户一般不能干预。在关系数据库中，建立存取路径主要是确定如何建立索引。索引是从数据库中获取数据的最高效方式之一。95% 的数据库性能问题都可以采用索引技术得到解决。

索引方法是根据应用需求在关系的一个属性或多个属性上建立索引，在有些属性上建立复合索引，有些索引要设置为唯一索引，有些属性设为聚簇索引。聚簇索引是按照索引的属性列在物理上有序排列记录后得到的索引，非聚簇索引是按照索引的属性列在逻辑上有序排列记录后得到的索引，也就是说聚簇索引的顺序就是数据的物理存储顺序，而非聚簇索引的索引顺序与数据物理排列顺序无关。

3. 确定数据库的存储结构

确定数据库的存储结构包括确定数据的存放位置和存储结构，包括确定索引、聚簇、关系、日志、备份等的存储安排和存储结构以及确定系统配置等。

确定数据库的存储结构要综合考虑存取时间、存储空间利用率和维护代价这 3 个因素。这 3 个因素常常互相矛盾，因此需要进行折中，选取一个合适可行的方案。

4. 物理设计的评价

数据库物理设计过程中需要对时间效率、空间效率、维护代价和各种用户要求进行权衡，其结果可以产生多种方案，数据库设计人员必须对这些方案进行细致的评价，从中选择一个较优的方案作为数据库的物理结构。

评价物理数据库的方法完全依赖于所选用的 DBMS。主要是对各种方案的存储空间、存取时间和维护代价进行定量估算，选择一个最优方案。

1.4.6　数据库的实施

数据库的实施主要包括下列步骤。

1. 定义数据库结构

数据库的逻辑结构和物理结构确定后，就可以用确定的关系数据库管理系统提供的数据定义语言 DDL 来对数据库的结构进行描述了。

2. 编制与调试应用程序

数据库应用程序的设计与数据库设计并行运行，调试数据库应用程序时如果实际可用的数据还没有入库，可以先使用模拟数据来进行。

3. 数据的载入

数据库结构建立后，接着就可以将数据载入到数据库中。组织数据入库是数据库实施的主要工作。在一般的数据库应用系统中，数据库都很大，而且数据来自于各个部门，数据的组织方式、结构和格式与新设计的数据库系统要求的不一样，另外，系统对数据的完整性也有要求，这需要对数据进行以下操作。

① 筛选数据。从分散在各部门的数据文件或原始文件中选出需要入库的数据。

② 输入数据。如果数据的格式与系统要求的格式不一样，就要进行数据格式的转换。如果数据量小，可以先转换后输入，否则，可以设计数据录入子系统来完成数据的自动转化工作。

③ 校验数据。为了保证数据库中的数据正确、无误，必须要十分重视数据的校验工作，在利用设计的数据录入子系统进行数据转换的过程中，要进行多次校验。尤其对于重要的数据，更应该反复多次校验，确认无误后才能载入数据库中。

此外，如果新建的数据库来自已有的数据库或文件，就要注意旧的数据库结构与新的数据库结构是否对应，然后再将旧的数据导入到新的数据库中。

4. 数据库试运行

应用程序调试完成，并且载入部分数据后，就可以开始数据库的试运行。

这个阶段要实际执行数据库应用程序，执行对数据库的各种操作，测试应用程序的功能是否满足设计要求。如果不满足，应对应用程序进行部分修改、调整，直到达到设计要求为止。

1.4.7 数据库的运行和维护

数据库试运行标志着数据库设计与应用程序的开发工作基本完成，开始运行和维护阶段，这是一个长期的过程。

数据库的维护工作主要由 DBA 完成，其主要任务包括以下方面。

1. 数据库的安全性和完整性控制

在数据库的运行过程中，对安全性的要求会随着应用环境的变化而变化。例如，某些数据的取值范围发生变化、某些用户的权限要收回、增加某些用户的权限、原来机密的数据现在可以公开化了等。这些变化都需要 DBA 根据实际情况来更改原来的安全性控制。同样，数据库的完整性约束也可能发生变化，这些都需要 DBA 进行调整，以满足用户需求。

2. 数据库的备份和恢复

在数据库系统运行阶段，DBA 的重要任务之一是针对不同的应用，要求制定不同的备份计划，定期对数据库进行备份，一旦发生故障，能及时将数据库恢复到尽可能正确的状态，最大限度减少数据的损失。

3. 数据库性能的监视、分析和调整

在数据库运行阶段，DBA 的另一重要任务是监督系统运行，对监测数据进行分析，找出改进系统性能的方法。目前有些 DBMS 产品提供了系统性能检测工具，DBA 可以利用这些工具来方

便地监视数据库。

4. 数据库的重组与重构

数据库运行一段时间后，随着数据的不断增加、修改和删除，会影响数据库的存取效率，此时 DBA 应该重新组织数据库，或部分组织数据库（只对频繁增、删的表进行重组织）。DBMS 一般提供相关的实用程序。在重组织的过程中，按原设计要求重新安排数据的存储位置，回收垃圾、减少指针链等，以改善系统性能。

数据库的重组不改变原设计的逻辑和物理结构，而数据库的重构是部分修改数据库的模式和内模式。

随着数据库应用环境的变化，例如，增加了新的实体或新的应用，取消了某些应用，实体间的关系发生变化等，有必要重新调整数据库的模式和内模式，简称数据库的重构。当然数据库的重构只能是部分重构，如果应用环境变化太大，重构也无济于事，标志数据库应用系统的生命周期结束，这时需要设计新的数据库应用系统了。

本章小结

本章主要介绍了数据库管理技术的发展阶段、数据库系统的概念、数据库系统的三级模式结构、数据模型的概念及其数据模型的分类、关系代数运算，讲解了数据库设计的基础知识。要求读者通过本章的学习掌握数据库系统的基础知识以及数据库设计的基础理论，为后续章节的学习打下良好的理论基础。

思考与练习

1. 简述数据、信息和数据处理的概念。
2. 什么是数据库、数据库管理系统和数据库系统？
3. 简述数据库管理技术发展的三个阶段数据管理的特点。
4. 什么是数据模型？简述数据模型组成的三要素。
5. 简述数据库系统的三级模式以及二级映像。
6. 举例说明什么是联接和自然联接？
7. 采用生命周期法的数据库设计分为哪几个阶段？
8. 什么是需求分析？需求分析的重点是什么？
9. 简述教学管理系统的需求分析。
10. 概念结构设计的工作一般包括哪些内容？
11. 如何确定某个事物是实体还是属性？
12. 简述将 E-R 模型向关系模型转换的规则。
13. 简述数据库的实施步骤。

第2章

Access 2010 数据库及其创建与管理

Microsoft Office Access 2010 是由美国微软公司发布的基于 Windows 平台的关系数据库管理系统，是 Microsoft Office 办公软件套件的成员之一。Microsoft Access 在很多地方得到广泛使用，例如小型企业，大公司的部门，也常被用来开发简单的 Web 应用程序。

本章学习目标：

- 了解 Access 2010 的发展历史；
- 掌握 Access 2010 的安装、启动与退出；
- 会利用 Access 2010 创建数据库；
- 熟练掌握数据库窗口的操作；
- 掌握数据库的安全与维护。

2.1 Access 2010 数据库管理系统概述

2.1.1 Access 2010 的发展

美国微软公司于 1992 年 11 月发布基于 Windows 3.0 操作系统的 Access 1.0 版本，随后在 1995 年将 Access 加入 Microsoft Office 95 办公软件，使其成为其中一部分。在这以后，微软公司陆续发布了多个版本，如 Access 97、Access 2000、Access 2002 以及 Access 2003、Access 2007 和 Access 2010 版本。

Access 2010 在外观界面上与 Microsoft Office 2010 中的 Word 2010、Excel 2010、PowerPoint 2010 相似。

2.1.2 Access 2010 的安装、启动与退出

1. Access 2010 的安装

Access 2010 可在安装 Microsoft Office 2010 其他组件的时候一同安装。

当获得 Microsoft Office 2010 安装文件以后，可以进行如下操作，如图 2-1 所示。

① 获得安装授权，接受协议条款，如图 2-1（a）所示。

② 选择安装类型。若选择默认安装类型，可以单击"立即安装"按钮。若需要改变安装路径或安装的类型，则可以单击"自定义"按钮，如图 2-1（b）所示。

③ 若选择"自定义"安装，可以在图 2-1（c）所示中选择需要安装的 Office 组件，进行选

择后单击"立即安装"按钮继续。

④ 等待安装进度结束即可，如图 2-1（d）所示。

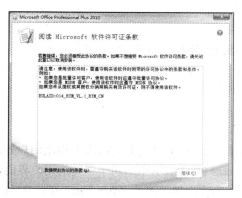

（a）

（c）

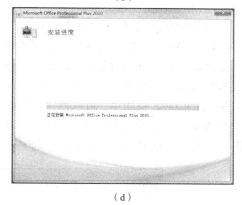

（b）

（d）

图 2-1　Access 2010 的安装

2．Access 2010 的启动

在安装好 Access 2010 数据库以后，可以采取与启动其他 Office 软件一样的方式启动 Access 2010。

具体方法有：

① 桌面图标快速启动。

② 开始菜单选项快速启动。

③ 通过已保存的文件快速启动。

Access 2010 程序和文档图标如图 2-2 所示。

 Microsoft Access 2010

Access 2010 程序图标

 新建 Microsoft Access 数据库

Access 2010 文档图标

图 2-2　Access 2010 程序和文档图标

3. Access 2010 的退出

与其他 Office 软件的退出方式一致。

① 在"文件"选项卡中使用"退出"命令。

② 单击 Access 窗口标题栏右侧的"关闭"按钮 ⊠ 。

③ 单击 Access 窗口标题栏左侧的图标 **A** ，在出现的快捷菜单中选择"关闭"命令。

④ 双击 Access 窗口标题栏左侧的图标 **A** 。

⑤ 使用键盘组合键 Alt+F4。

2.1.3 Access 2010 数据库窗口

Access 2010 的数据库窗口与以前的版本（尤其是 Access 2007 之前的版本）相比用户界面发生了重大变化。Access 2010 版本在继承和改进了 Access 2007 版本中的两个主要的用户界面组件"功能区"和"导航窗格"的基础上，还新引入了第三个用户界面组件 Microsoft Office Backstage 视图。

1. Backstage 视图（文件选项卡）

在打开 Access 2010 但未打开数据库时可以看到 Backstage 视图。或者单击"文件"选项卡后，也会看到 Backstage 视图，如图 2-3 所示。它取代了 Access 2007 中"Office"按钮 以及早期版本的 Access 中使用的"文件"菜单。

在 Backstage 视图中，可以创建新数据库、打开现有数据库、通过 SharePoint Server 将数据库发布到 Web 以及执行很多文件和数据库维护任务。若要从 Backstage 视图快速返回到文档，请单击"开始"选项卡，或者按键盘上的 Esc 键。

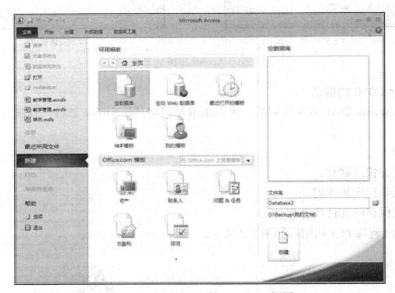

图 2-3　Access 2010 的 Backstage 视图

2. 功能区：是一个包含多组命令且横跨程序窗口顶部的带状选项卡区域

功能区由一系列包含命令的命令选项卡组成，代替了早期 Access 版本中的菜单和工具栏。在 Access 2010 中，主要的命令选项卡包括"文件"、"开始"、"创建"、"外部数据"和"数据库工具"。每个选项卡都包含多组相关命令，如图 2-4 所示，当前选中的是"开始"选项卡。

图 2-4　"开始"选项卡

除了标准选项卡以外，Access 2010 会根据上下文（进行操作的对象以及正在执行的操作）的不同，在标准命令选项卡旁边可能会出现一个或多个上下文命令选项卡，上下文命令选项卡包含在特定上下文中需要使用的命令和功能。

例如：打开数据库中某个表，将会出现"表格工具"上下文命令选项卡，如图 2-5 所示。

图 2-5　"表格工具"上下文命令选下卡

3. 导航窗格：显示打开数据库或创建新数据库中数据库对象的名称

导航窗格实现对数据库的所有对象（包括表、窗体、报表、宏和模块等）进行管理和组织分类。用户通过它能轻松查看和访问所有的数据库对象，如图 2-6 所示。如何对导航窗格进行操作将在 2.4.1 小节中做详细介绍。

2.1.4　Access 2010 数据库的对象

Access 2010 数据库中包含表、查询、窗体、报表、宏、模块 6 个对象。Access 的主要功能就是通过这 6 个对象来完成。本节只进行简单介绍，在后续章节中将会对这 6 种数据库对象的概念以及操作进行详细说明。

图 2-6　导航窗格

1. 表

数据库中的表就是关系数据库中的二维表，由行和列组成。数据表是 Access 2010 数据库中最基本的对象。双击导航窗格中表对象列表的"班级"表对象，便可打开"班级"表的数据表视图，如图 2-7 所示。

图 2-7　"教学管理"数据库中的"班级"表的数据表视图

2. 查询

查询是按照一定的条件或要求对数据库中特定数据信息的查找，是 Access 的重要组成部分。在 Access 中，利用不同的查询，可以方便、快捷地浏览数据库中的数据，同时利用查询还可以实现数据的统计与计算等操作，特别是它可以作为窗体和报表的来自多表的数据源。在导航窗格中双击名为"教师课时汇总"的查询对象，便可打开"教师课时汇总"查询的数据表视图，如图 2-8 所示。

图 2-8 "教学管理"数据库中的"教师课时汇总"查询的数据表视图

3. 窗体

窗体是用户在数据库操作的过程中进行交互的对象。它可以用来控制数据库应用系统流程，可以接收用户信息，可以完成对表或查询中数据的输入、删除等操作，如图 2-9 所示，在导航窗格中双击名为"班级"的窗体对象，便可打开"班级"的窗体视图。

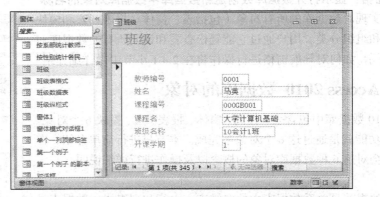

图 2-9 "教学管理"数据库中的"班级"窗体的窗体视图

4. 报表

报表是数据库的数据输出形式之一。可以将数据库中的数据的分析、处理结果通过打印机输出，还可将输出的数据完成分类小计、分组汇总等操作。在数据库管理系统中，使用报表会使数据处理的结果多样化。在导航窗格中双击名为"班级"的报表对象，便可打开"班级"报表的布局视图，如图 2-10 所示。

图 2-10 "教学管理"数据库中的"班级"报表的布局视图

5. 宏

宏是数据库中的一种特殊的数据库对象，是一个或多个操作命令的集合，其中每个宏命令实现一定的操作。在导航窗格中右击宏对象列表中的"按综合成绩评定成绩"宏对象，再在弹出的快捷菜单中选择"设计视图"命令，便可打开"按综合成绩评定成绩"宏的设计视图，如图 2-11 所示。

图 2-11　"教学管理"数据库中的"按综合成绩评定成绩"宏的设计视图

6. 模块

模块是由嵌入在 Access 中的 Visual Basic 程序设计语言（Visual Basic for Application，VBA）编写的声明和过程组成的集合。在导航窗格中单击"模块"对象，可见"类 1"、"模块 1"、"模块 2"等 3 个模块，如图 2-12（a）所示。双击"模块 1"，则可打开代码窗口，如图 2-12（b）所示。

（a）模块对象　　　　　　　　　　　　　　　（b）代码窗口

图 2-12　"教学管理"数据库中的"模块"对象及其代码窗口

2.2　创建数据库

2.2.1　创建数据库的方式

Access 2010 中提供了多种创建数据库的方式，用户可以通过下列几种方法创建数据库。

1. 使用模板创建数据库

Access 提供种类丰富的模板。这些模板在打开时会创建完整数据库应用程序，其中包含执行特定任务时所需的所有表、窗体、报表、查询、宏和关系，既实现了完整的数据库解决方案，也可以很大程度上简便用户创建数据库的过程。

Access 2010 的模板可分为客户端数据库模板和 Web 数据库模板，如图 2-13 所示。

图 2-13　Access 2010 提供的 "样板模板"

（1）客户端数据库模板

事件：用于记录会议或其他重要事件。例如记录会议或事件的标题、位置、开始时间、结束时间以及说明等。

教职员：用于管理有关教职员的相关信息，例如电话号码、地址、紧急联系人信息以及员工数据。

营销项目：用于管理营销项目的详细信息。

罗斯文：创建用于管理客户、员工、订单明细和库存的订单跟踪系统。

销售渠道：建立一个用于在较小的销售小组范围内监控预期销售的过程。

学生：用于管理学生信息，包括紧急联系人、医疗信息及其监护人信息。

任务：用于跟踪用户或用户团队要完成的一组工作项目。

（2）Web 数据库模板

资产 Web 数据库：跟踪资产，包括特定资产详细信息和所有者。分类并记录资产状况、购置日期、地点等。

慈善捐赠 Web 数据库：如果用户接受慈善捐赠的组织工作，可使用此模板来跟踪筹款工作。也可以记录多个活动并报告每个活动期间收到的捐赠。记录捐赠者、与活动相关的事件及尚未完成的任务。

联系人 Web 数据库：管理与用户或用户的团队协作的人员（例如客户和合作伙伴）的信息。记录姓名和地址信息、电话号码、电子邮件地址，甚至可以附加图片、文档或其他文件。

问题 Web 数据库：创建数据库以管理一系列问题，例如需要执行的维护任务。对问题进行分配、设置优先级并从头到尾记录进展情况。

项目 Web 数据库：记录各种项目及其相关任务。向人员分配任务并监视完成百分比。

如果模板中没有一个能满足用户的特定需要，可以连接到 Office.com 来浏览更多的模板选择。

【例 2-1】使用模板创建"学生"数据库。

操作步骤如下。

① 启动 Access。

② 在 Backstage 视图的"新建"选项卡上，单击"样本模板"。

③ 在"可用模板"中选择"学生"模板。

④ 单击最右侧窗格中的"创建"按钮，则将生成一个文件名为"学生.Accdb"的数据库。

注意文件的默认保存位置是在 Windows 系统的"我的文档"中。用户也可以在文件名文本框中指定文件名，点击"浏览"按钮 📁，通过浏览查找并选择指定文件保存的位置，如图 2-14 所示。

图 2-14　模板创建"学生"数据库

2. 创建空数据库

如果在模板中没有合适的数据库，或者需要使用其他程序中的数据，那么可以创建空数据库。空数据库中没有任何对象或数据，在创建好空白数据库后，用户需要根据实际情况添加所需的表、窗体、查询、报表、宏和模块等对象。

【例 2-2】创建"教学管理"空数据库。

操作步骤如下。

① 启动 Access。

② 在 Backstage 视图的"新建"选项卡上，单击"空数据库"，如图 2-15 所示。

③ 在右侧的"文件名"文本框中，输入数据库的名称"教学管理"。

④ 单击"创建"，既在指定的路径下创建了个文件名为"教学管理.Accdb"的数据库文件。

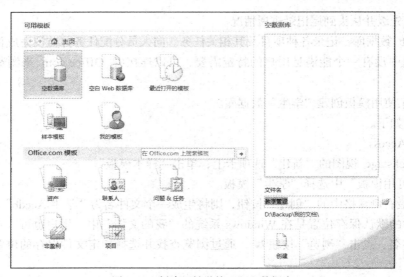

图 2-15　创建"教学管理"空数据库

2.2.2　更改默认数据库文件夹

用 Access 创建的文件需要保存在磁盘中，为了快速正确地保存和访问文件，可以设置默认磁盘目录。

【例 2-3】更改 Access 2010 默认数据库文件夹位置到"D:\我的数据库"。

操作步骤如下。

① 启动 Access。

② 单击在 Backstage 视图的"选项"按钮 选项，将出现"Access 选项"对话框。

③ 在"常规"选项卡右侧的"默认数据库文件夹"文本框中，输入文件夹位置"D:\我的数据库"，如图 2-16 所示。

图 2-16　更改默认数据库文件夹

④ 单击"确定"按钮。以后每次启动 Access，此目录都是系统的默认文件夹，直到再次设置默认数据库文件夹位置。

　　　　在更改默认数据库文件夹前，在 D 盘中必须存在"我的数据库"文件夹，否则将会无法实现对默认数据库文件夹的更改。

2.2.3　数据库属性的查看

数据库属性是有关描述或标识数据库的详细信息。数据库属性包括标识数据库主题或内容的详细信息，如标题、作者姓名、主题和关键字。了解数据库属性，以后就可以轻松地组织和标识数据库。此外，还可以基于文档属性搜索数据库。

可以按照如下操作查看数据库属性。

① 单击 Backstage 视图的"信息"选项卡。

② 在出现的窗口中，单击右侧的 "查看和编辑数据库属性"。此时打开当前数据库属性对话框，在对话框中可以查看数据库的属性，如图 2-17 所示。

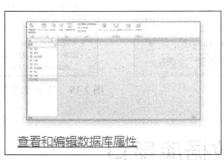
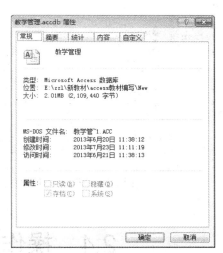

图 2-17　查看和编辑数据库属性

2.3　数据库的打开与关闭

打开已有数据库的常用方法是用"文件"选项卡（Backstage 视图）上的打开命令。

【例 2-4】打开并观察"教学管理"数据库文件，最后关闭。

操作步骤如下。

① 在"文件"选项卡（Backstage 视图）上，单击"打开"命令。

② 在弹出的"打开"对话框中单击快捷方式，或者在"查找范围"框中单击包含所需数据库的驱动器或文件夹。

③ 在指定文件夹中，选择"教学管理"数据库文件。

④ 单击"打开"按钮，如图 2-18 所示。

⑤ 在"文件"选项卡（Backstage 视图）上，单击"关闭数据库"命令。此外，用户也可以采用之前退出 Access 2010 的方法关闭数据库。

用户也可以单击"打开"按钮旁边的箭头，采用其他方式打开数据库，如图 2-19 所示。

① 以只读方式打开：打开数据库进行只读访问，以便可以查看数据库但不能编辑数据库。

② 以独占方式打开：打开数据库进行独占访问，以便打开数据库后任何其他人都不能再打开它。

③ 以独占只读方式打开：在此情况下，用户能进行只读访问，而其他用户不可以打开该数据库。

图 2-18 "打开"对话框　　　　　　　　　　　　图 2-19 其他方式"打开"

2.4 操作数据库窗口

Access 2010 数据库窗口由标题栏、功能区和导航窗格构成。用户可以在导航窗格中自定义对象的类别和组，还可以隐藏对象和组，甚至隐藏整个导航窗格。

2.4.1 操作导航窗格

1. 调整整个导航窗格

可以通过下列方式调整导航窗格的外观。

更改导航窗格的宽度：在导航窗格展开状态下，将指针置于导航窗格的右边缘，然后在指针变为双向箭头时，拖动边缘以增加或减小宽度，如图 2-20（左）所示。

打开和关闭导航窗格：在导航窗格展开状态下，单击按钮 « 可以关闭导航窗格，如图 2-20（左）所示；相反在折叠状态下，单击 » 按钮展开导航窗格，如图 2-20（右）所示。使用键盘 F11 键也可以打开或关闭导航窗格。

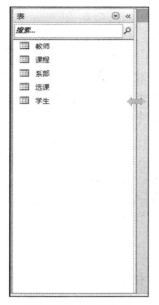
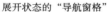

展开状态的"导航窗格"　　　　　　　　　　折叠状态的"导航窗格"

图 2-20 "导航窗格"

2. 选择浏览类别

在打开数据库时，默认情况下，导航窗格中显示的类别为"表和相关视图"，显示的组为"所有表"，如图 2-21 所示。若需要更改显示的类别，可以单击窗格上方的向下箭头，在出现的列表"浏览类别"中可以选择导航窗格显示方式，在"按组筛选"中可以选择需要显示的组，如图 2-22 所示。

其中列表中有一个名为"自定义"的类别，可以使用此类别创建对象的自定义视图。

图 2-21 默认情况下的"导航窗格"　　　　图 2-22 "浏览类别"列表

2.4.2 在导航窗格中操作数据库对象

1. 打开数据库对象

若需要打开数据库中某个对象，可以在导航窗格中，双击该对象。或者选择该对象，然后按 Enter 键。也可以在导航窗格中，右击该对象，在弹出的快捷菜单中选择"打开"命令，如图 2-23 所示。

2. 重命名数据库对象

若需要修改数据库中某个对象，可以在导航窗格中，右击该对象，在弹出的快捷菜单中选择"重命名"命令，然后输入新的名字。或者选择该对象后，按 F2 键，如图 2-23 所示。

3. 复制、移动和删除数据对象

若需要复制数据库中某个对象，可以在导航窗格中，右击该对象，在弹出的快捷菜单中选择"复制"命令，然后在目标位置右击选择"粘贴"命令。可以采用类似的方法实现数据库对象的移动，如图 2-23 所示。

图 2-23 "导航窗格"中数据库对象的快捷菜单

若需要删除数据库中某个对象，可以选择该对象后，然后按 Delete 键。

4. 隐藏和取消隐藏对象和组

在操作数据库时，可以隐藏某些对象或组。从而实现对对象或组访问权限的限制。

若要在导航窗格中隐藏对象或组，可参考下列操作之一，如图 2-24 所示。

① 若要隐藏对象，可右键单击该对象，在快捷菜单中单击"在此组中隐藏"命令。

② 若要隐藏整个组，可右键单击该组，在快捷菜单中单击"隐藏"命令。

隐藏对象

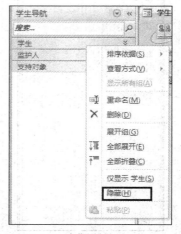

隐藏整个组

图 2-24 隐藏对象和组

若要显示隐藏对象或组，可参考下列操作步骤，如图 2-25 所示。

① 右键单击导航窗格顶部的标题栏，然后单击"导航选项"。

② 在"导航选项"对话框中，选中"显示隐藏对象"复选框，然后单击"确定"按钮。

③ 右击"导航窗格"中灰色的对象，在快捷菜单中单击"取消在此组中隐藏"。

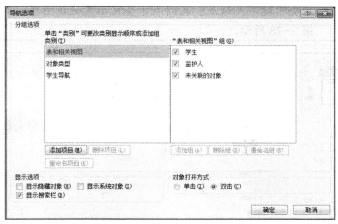

图 2-25　显示隐藏对象和组

2.4.3　切换数据库视图

在 Access 中，数据库对象可以使用多种视图设计或查看。例如，在表的不同视图之间切换，在窗体的不同视图之间切换等。

【例 2-5】在"教学管理"数据库中"表"对象的视图之间切换。

操作步骤如下。

① 打开"教学管理"数据库。

② 在导航窗格中，在"表"组中，双击"班级"表。在"开始"选项卡功能区中"视图"按钮显示为可用状态，如图 2-26 所示。

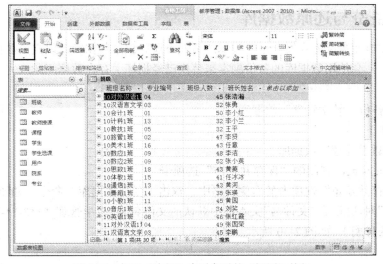

图 2-26　打开"班级"表对象后的"视图"按钮

③ 单击"视图"按钮 ，"班级"表将从"数据表视图"切换到"设计视图"，如图 2-27 所示。

不同的对象具有不同的视图，例如，表对象除了"数据表视图"、"设计视图"，还具有"数据透视表视图"和"数据透视图视图"。单击"视图"按钮下侧的下拉按钮，将会出现下拉列表，在列表中会显示其他视图项，可以从列表中选择需要的视图，如图 2-28 所示。

图 2-27 "班级"表设计视图　　　　　图 2-28 视图列表

2.5 维护数据库

维护数据库包括数据库的备份和还原、数据的压缩与修复、数据库的拆分等。

2.5.1 备份与还原数据库

备份数据库能使数据库在发生系统故障的情况下还原整个数据库，以避免数据和设计损失。还原数据库，会使用数据库的备份副本来替换已经损坏、存在数据问题或完全丢失的数据库文件。

【例 2-6】备份"教学管理"数据库。

操作步骤如下。

① 打开"教学管理"数据库。

② 单击 Backstage 视图的"保存并发布"选项卡。

③ 在"保存并发布"选项卡的右侧窗格中，双击"备份数据库"命令，如图 2-29 所示。将会出现"另存为"对话框。在"文件名"文本框中默认的文件名为"教学管理_****-**-**"(****-**-** 表示当前系统的日期)，如图 2-30 所示。

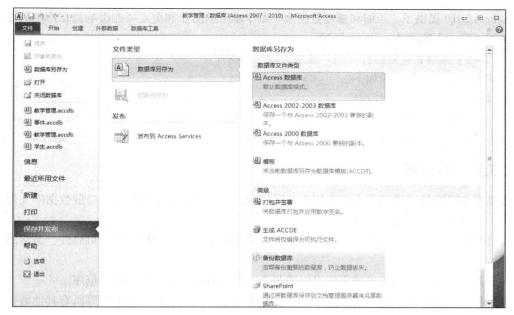

图 2-29　"保存并发布"选项卡

图 2-30　"另存为"对话框

【例 2-7】还原"教学管理"数据库。

操作步骤如下。

① 打开 Windows 资源管理器，浏览并找到"教学管理"数据库的最近备份的正确副本。

② 将该备份副本复制到应替换的损坏或丢失数据库的位置（如果提示您替换现有文件，选择替换）。

2.5.2　压缩与修复数据库

数据库在使用过程中对表、查询、窗体、报表等对象进行更改、删除等操作时，会创建临时的隐藏对象来完成各种任务。而在删除数据库对象时，系统并不会自动回收该对象所占用的磁盘空间。这些都将会造成数据库的迅速增大，这样不仅会影响性能，甚至有时也可能造成数据库的损坏。

Access 2010 提供了"压缩和修复数据库"命令来帮助防止和更正可能影响数据库的问题：文件在使用过程中不断变大，文件已损坏。

【例 2-8】压缩和修复已打开的"教学管理"数据库。

如何数据库，操作步骤如下。

① 打开"教学管理"数据库。

② 单击 Backstage 视图的"信息"选项卡中，或在"数据库工具"选项卡中单击"压缩和修复数据库"命令，如图 2-31 所示。

图 2-31 "压缩和修复数据库"命令

2.5.3 拆分数据库

数据库如果通过网络共享由多个用户共同使用，为了提高数据库性能，降低数据库文件损坏的风险，可以考虑对其进行拆分。

拆分数据库具有下列优点：提高性能、提高可用性、增强安全性、提高可靠性、灵活的开发环境。

拆分数据库时，数据库将被重新组织成两个文件：后端数据库和前端数据库。

后端数据库包含各个模拟运算表。前端数据库则包含查询、窗体和报表等所有其他数据库对象。每个用户都使用前端数据库的本地副本进行数据交互。

要拆分数据库，请使用数据库拆分器向导。拆分数据库后，必须将前端数据库分发给各个用户。

拆分数据库操作步骤如下。

① 先为要拆分的数据库创建一个副本。

② 打开数据库副本。

③ 在"数据库工具"选项卡上的"移动数据"组中，单击"Access 数据库"，如图 2-32 所示。即启动数据库拆分器向导，如图 2-33 所示。

④ 单击"拆分数据库"。

图 2-32 拆分数据库

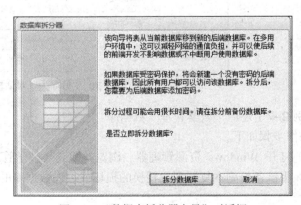

图 2-33 "数据库拆分器向导"对话框

⑤ 在"创建后端数据库"对话框中，指定后端数据库文件的名称、文件类型和位置。后端数据库默认文件名将保留原始文件名，并在文件扩展名之前插入"_be"，如图 2-34 所示。

在拆分后的后端数据库的导航窗格中，表对象图标前出现了一个箭头，如图 2-35 所示。

图 2-34　"创建后端数据库"对话框

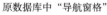

原数据库中"导航窗格"

拆分后数据中"导航窗格"

图 2-35　原数据库与拆分后数据库中"导航窗格"对比

2.6　数据库的安全

当数据库创建好后，为了防止其他用户未经授权使用数据库，Access 2010 提供使用密码对文件加密来进行保护，使得其他用户无法读取或更改数据库文件的内容。

2.6.1　设置数据库密码

【例 2-9】对"教学管理"数据库添加密码。

操作步骤如下。

① 启动 Access 2010，在独占模式下打开"教学管理"数据库。

② 在"文件"选项卡上，单击"信息"，然后单击"用密码进行加密"。

③ 在"密码"框中键入密码，在"验证"框中再次键入它，然后单击"确定"按钮，如图 2-36 所示。

"用密码进行加密"

"设置数据库密码"对话框

图 2-36　数据库添加密码

2.6.2　数据库的解密

【例 2-10】解密"教学管理"数据库。

操作步骤如下。

① 启动 Access 2010，并打开"教学管理"数据库。

② 在"请输入数据库密码："文本框中输入正确密码，然后单击"确定"按钮，如图 2-37 所示。

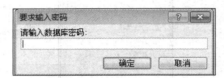

图 2-37　"要求输入密码"对话框

图 2-38　"撤销数据库密码"对话框

注意

若需要清除数据库密码，可以参照"设置数据库密码"的方法执行，在"撤销数据库密码"对话框中输入正确密码，即可清除密码，如图 2-38 所示。

2.6.3　信任数据库中禁用的内容

Access 2007 之前的 Access 版本中的安全功能，在打开数据库时必须在安全级别（"低"、"中"或"高"）之间进行选择。在默认情况下，使用 Access 2010 打开数据库，Access 2010 将禁用数据库中所有可能不安全的代码或其他组件，并且在命令选项卡下方出现"安全警告"，若信任文件的来源，单击"启用内容"即可，如图 2-39 所示。

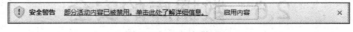

图 2-39　"安全警告"

若不单击"启用内容"，则可以单击"文件"选项卡。在 Backstage 视图中单击"信息"命令下"启用内容"下侧箭头，进行"启用所有内容"或"高级选项"的选择，如图 2-40 所示。

① 启用所有内容：使文件成为受信任的文档，从而允许运行活动内容。

② 高级选项：选择要在此会话中运行哪些活动内容。这样可以仅启用一次该内容，当您重新打开文件时仍会出现消息栏。

图 2-40　"安全警告"

本章小结

本章主要介绍了 Access 2010 数据库管理系统（包括历史发展、安装、启动与退出、数据库窗口和对象）。重点介绍了如何创建数据库、操作数据库窗口、维护数据库和数据库安全。在创建数据库的过程中，讲解了数据库属性查看、数据库打开和关闭。在介绍数据库操作的过程中，详细介绍了如何对数据库对象进行操作和数据视图的使用。通过本章的学习，要求学生熟悉 Access 2010 数据库窗口的功能、种类及组成，能利用 Access 2010 快速创建数据库，能熟练掌握窗口功能及操作方法，能熟练利用 Access 2010 数据库窗口中功能区、导航窗格对数据库的对象进行操作，并能对数据库进行维护，确保数据库的安全。为后续学习数据库相关内容打下良好的基础。

思考与练习

1. Access 2010 的启动和退出各有哪些方法？
2. Access 2010 的数据库窗口由哪几部分构成？
3. 如何创建数据库？举例说明。
4. Access 2010 导航窗格的作用是什么？
5. 数据库对象的操作有哪些？简述操作方法。
6. 什么情况下需要拆分数据库，其目的是什么？
8. 什么叫数据库对象的视图？如何在不同的视图之间进行切换？
9. 备份数据库的目的是什么？
10. 压缩和修复数据库一般在什么情况下使用，其目的是什么？

第3章 表操作

表是Access数据库中最重要的对象之一，是数据库的基础。数据库中其他操作都是以表中数据为依据的。因此，如何创建并设计表是Access数据库中非常重要的一个环节。设计表包含大量工作，不仅要设置表中字段、输入数据，还需要设置主键及索引。当数据库中包含多个表时，还需要建立表之间的关系。除此之外，本章还将介绍表中数据的操作方法。

本章学习目标：

- 了解表中字段的属性，掌握创建表、设置表中字段属性的方法；
- 掌握表中记录的操作方法；
- 掌握创建、编辑表间关系的方法；
- 掌握表的重命名、复制及删除，表数据的导入和导出方法。

3.1 创 建 表

一般来说，在Access数据库应用系统的开发过程中，首先要在数据库中创建表对象。下面将介绍如何在教学管理数据库中创建学生等数据表。

3.1.1 表的组成

在Access中，表是最重要的对象之一，一个完整的表由表的结构和表中记录两部分构成。表的结构是指表的框架，即表中包含的全部字段及各字段的字段名称、数据类型等字段属性。例如，在图3-1的“学生”表中，“学号”、“姓名”等13个字段及各字段的相关属性构成了“学生”表的结构，表中每位学生的具体信息即表中的一条记录。

学生

学号	姓名	性别	民族	出生年月	政治面貌	班级名称	年级	家庭住址	寝室电话	手机	简历	照片
201001010101	周敏	女	汉	1992-5-4	党员	10会计1班	2010	湖南常德			2003年湖南常	
201001010102	刘小颖	女	白	1991-4-5	团员	10会计1班	2010	湖南邵阳				
201001020101	黄于细	男	汉	1992-9-9	群众	10旅管1班	2010	湖南张家界				
201002030101	刘琳	女	汉	1992-4-4	团员	10汉语言文学	2010	湖南澧县				
201002040101	刘小梅	女	白	1990-3-3	团员	10对外汉语1t	2010	广东韶关				
201003050101	尚天	男	满	1992-6-6	团员	10教技1班	2010	湖南永州				
201003060101	黄宏伟	男	汉	1992-9-9	团员	10计科1班	2010	湖南益阳				
201004080101	张小芳	女	汉	1992-8-8	群众	10英语1班	2010	湖南湘潭				
201004080102	刘芳	女	白	1991-4-8	团员	10英语1班	2010	湖南常德				
201005090101	孙玉化	男	维吾尔	1992-3-3	团员	10数应1班	2010	湖南益阳				
201006110101	孙云芸	女	苗	1991-8-2	党员	10小教1班	2010	湖南邵东				
201007130101	黄英俊	男	汉	1993-2-2	团员	10音乐1班	2010	湖南益阳				
201007130102	李梅	女	苗	1992-9-9	团员	10音乐2班	2010	湖南常德				
201008150101	黄芮	女	朝鲜	1992-4-3	团员	10体教1班	2010	湖南张家界				
201009160101	姜小果	男	汉	1991-8-3	团员	10美术1班	2010	湖南永州				
201009160102	李小剑	男	白	1991-12-23	团员	10美术1班	2010	湖南常德				
201101010103	张小韦	男	汉	1993-12-25	群众	11会计1班	2011	湖南沅江				
201101010104	黄英	女	白	1994-2-2	团员	11会计1班	2011	湖南常德				
201101020102	周小园	女	满	1993-11-22	团员	11旅管1班	2011	湖南常德				
201102030102	黄英英	女	朝鲜	1992-10-10	团员	11汉语言文学	2011	湖南益阳				

图3-1 “学生”表

一般来说，创建表先要定义表结构，即定义表中的字段。定义字段其实就是定义字段的字段名称、数据类型及其他相关属性。

（1）字段名称

用于标识表中的每一个字段，每一个字段都有唯一的名称。字段名称可以由字母，汉字，数字，空格及除西文句号、西文感叹号、左单引号和方括号以外的其他字符组成，但不能以空格开头。

（2）数据类型

字段的数据类型决定了数据的存储方式。Access 2010 的数据类型包括：文本、备注、数字、日期/时间、货币、自动编号、是/否、OLE 对象、超链接、附件、计算和查阅向导。

① 文本：可存储任何可见字符和不需计算的数字，如学号、姓名、电话号码等。最多可存储 255 个字符，当超过 255 个字符时应选择备注类型。

② 备注：可存储较多的字符和数字，如简历等。最多可存储 65535 个字符。需要注意的是，备注类型的字段不可进行排序或索引。

③ 数字：可存储需要进行算术运算的数字数据。具体又分为字节、整型、长整型、单精度型、双精度型等。字段长度为 1~8 个字节。

④ 日期/时间：可存储日期、时间数据，字段长度为 8 个字节。

⑤ 货币：可存储货币类型的数据，是数字类型的特殊类型，字段长度为 8 个字节。

⑥ 自动编号：当表中未指定主键时，可自动插入自动编号字段作为主键，作为表中每条记录的唯一标识。字段长度为 4 个字节。

⑦ 是/否：可存储只有两个值的逻辑型数据，如婚否等。字段长度为 1 个字节。

⑧ OLE 对象：可存储链接或嵌入的对象。这些对象以文件形式存在。如图片、声音或文档等。字段最大容量为 1GB。

⑨ 超链接：以文本形式存储超链接地址，用来链接到文件、Web 页、电子邮件地址等。

⑩ 附件：可存储所有种类的文档和二进制文件，如图像、文档、电子表格文件等。对于压缩的附件，字段最大容量为 2GB，对于非压缩附件，字段容量大约为 700KB。

⑪ 计算：可显示计算结果，计算时必须引用同一表中的其他字段。可以使用表达式生成器创建计算。字段长度为 8 个字节。

⑫ 查阅向导：可实现查阅其他表上的数据，或查阅创建字段时指定的一组值。输入数据时可直接选择相应值，而无须通过键盘输入值。

（3）字段大小：可以控制字段使用的空间大小，只适用于文本或数字类型的字段。

除字段名称、数据类型外，字段还有很多其他属性，详见 3.1.4 小节。

3.1.2　创建与修改表的结构

一个数据库内可建立多个表。在 Access 中，创建表分两步：首先创建表结构，然后输入表记录。

【例 3-1】在"教学管理"数据库中，创建"院系"表、"学生"表等各表的表结构。

1．知识点及具体操作要求

（1）使用数据表视图创建表结构

创建"院系"表的结构，表结构如表 1-16 所示。

（2）使用设计视图创建表结构

创建"学生"表、"班级"表、"教师"表、"课程"表、"选课"表的结构，表结构如表 1-18～表 1-22 所示。

（3）修改表结构

① 添加字段：在"学生"表中的"简历"与"照片"字段之间添加"爱好"字段，数据类型为：文本。

② 修改字段属性：将上述"爱好"字段改为"兴趣爱好"字段。

③ 删除字段：将"学生"表中的"兴趣爱好"字段删除。

2．知识点介绍及操作要点

（1）使用数据表视图创建表结构

在 Access 中可以使用数据表视图直接创建表结构。具体做法如下。

① 打开数据表视图：打开"教学管理"数据库，在"创建"选项卡中的"表格"工具组中单击"表"工具按钮，这时将在数据视图下创建名为"表 1"的新表，如图 3-2 所示。

② 设置字段名称：单击选中"ID"，在"表格工具|字段"选项卡中的"属性"工具组中单击"名称和标题"工具按钮，打开"输入字段属性"对话框，在"名称"文本框中输入"系编号"，如图 3-3 所示。单击"确定"按钮完成名称设置。

图 3-2　数据表视图下创建新表

图 3-3　"输入"字段属性对话框

③ 设置字段的数据类型：单击选中"系编号"字段，在"表格工具|字段"选项卡中的"格式"工具组中的"数据类型"下拉列表中选择"文本"。

④ 设置字段大小：单击选中"系编号"字段，在"表格工具|字段"选项卡中的"属性"工具组中的"字段大小"文本框中将值设置为 2。

⑤ 添加新字段："系编号"字段设置完成后，单击"单击以添加"可添加新字段，如图 3-4 所示。新字段的字段名称、数据类型、字段大小的设置方法与上述方法类似，不再赘述。"系名称"、"系主任"、"系办电话"等字段均可按上述方法设置。

⑥ 单击"文件"菜单中的"保存"命令，在弹出的"另存为"对话框中输入表名"院系"，如图 3-5 所示，将表保存为"院系"表。

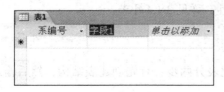

图 3-4　添加新字段

图 3-5　保存表

说明：

① 设置字段名称时，也可双击"ID"，使其进入编辑状态，将其改为"系编号"；或鼠标右击"ID"，在弹出的快捷菜单中选择"重命名字段"命令，更改字段名称。一般来说，很多操作实现的方法都不止一种，为了充分介绍 Access 2010 的功能区，本章中操作首选采用功能区来实

现，以下不再赘述。

② 使用数据表视图创建表时，系统会默认第一个字段为主键。也可以删除默认主键或更改为其他主键。关于主键详见 3.3.2 小节。

（2）使用设计视图创建表结构

使用设计视图创建表是十分常用的方法。具体做法如下。

① 打开设计视图：在"创建"选项卡中的"表格"工具组中单击"表设计"工具按钮，这时将在设计视图下创建名为"表 1"的新表。设计视图分上下两部分：上半部分用来设置每个字段的字段名称和数据类型，如果需要还可对字段进行必要的说明；下半部分用来设置每个字段的其他属性。

图 3-6　设计视图下创建新表

② 设置字段：单击设计视图"字段名称"列第 1 行的单元格，输入"学号"；利用方向键"→"将光标移至"数据类型"列第 1 行的单元格，单击其右侧的下三角形按钮，在弹出的下拉列表中选择"文本"；单击设计视图下半部分"常规选项卡"中的"字段大小"文本框，设置其值为 12，如图 3-6 所示。"学生"表其他字段的设置方法与之类似，不再赘述。

③ 单击"文件"菜单中的"保存"命令，在弹出的"另存为"对话框中输入表名"学生"，将表保存为"学生"表。

④ 按上述步骤可创建其他几个表的表结构。

说明：使用设计视图创建表，在保存的时候，系统会提示"尚未定义主键"。此时可定义主键后再保存，也可暂不定义主键。

在 Access 中主要使用数据表视图和设计视图两种方法，一般来说在设计视图下创建表结构更为普遍一些。除此之外，也可通过复制或导入的方法实现，具体方法详见 3.4 节。

（3）修改表结构

在创建表结构的过程中，由于设计的变化，有时也需要对表结构进行修改。表结构的修改一般包括：添加新字段、删除已有字段、修改字段属性等。表结构的修改一般在设计视图进行。在导航窗格中双击要修改的表，在"开始"选项卡中的"视图"工具组中单击"视图"按钮，在弹出的下拉列表中单击"设计视图"，可在设计视图下打开表。

① 添加字段：表结构创建好以后，可以在设计视图下打开表，然后在最后一个字段下方空白行设置新字段。也可以在字段之间插入新字段。具体做法是：在设计视图下打开"学生"表，单击"照片"字段所在行任意单元格。在"表格工具|设计"选项卡中的"工具"工具组中单击"插

入行"工具按钮，插入新的空白行。按前面介绍的方法在该空白行设计要添加的"爱好"字段，保存并关闭"学生"表。

在 Access 表设计视图中插入新字段空白行时，总是在选定行的上方插入新的行。因此需要插入新字段时，可根据该特点恰当定位。

② 修改字段属性：字段属性可根据设计需求随时修改。具体做法是：首先在设计视图下打开"学生"表，然后单击字段"爱好"的字段名称，将其值改为"兴趣爱好"，保存并关闭"学生"表。

说明：除添加、删除、修改字段属性外，表中字段次序也可调整。例如，若要将"学生"表中的"民族"和"出生年月"字段交换次序，具体做法是：在设计视图下打开表，单击"民族"字段名称左侧的字段选定器选定该字段，按住鼠标左键拖动鼠标至"出生年月"字段下方即可。

③ 删除字段：若表结构中某些字段不需要，可以删除。具体做法是：首先在设计视图下打开"学生"表，单击"兴趣爱好"字段所在行任意单元格，然后在"表格工具|设计"选项卡中的"工具"工具组中单击"删除行"工具按钮，删除"兴趣爱好"字段。

3.1.3 输入表的记录

上一节中已创建了表的结构，接下来在表中输入记录。

【例 3-2】在"教学管理"数据库创建的各表中输入记录。

1. 知识点及具体操作要求

（1）输入数据

按图 3-7 ~ 图 3-12 所示的内容在"院系"表、"学生"表、"课程"表、"教师"表、"班级"表和"选课"表中输入记录。

图 3-7 "院系"表记录

图 3-8 "学生"表记录

课程编号	课程名	学分	周学时	理论学时	实践学时	总学时	开课学期	课程类型
000GB001	大学计算机基础	3	4	28	28	56	1	公共必修
000GB002	Access 数据库技术与应用	3	4	28	28	56	2	公共必修
000GB003	大学英语（一）	4	4	48	24	72	1	公共必修
000GB004	大学英语（二）	4	4	48	24	72	2	公共必修
000GB005	大学体育（一）	2	2	8	28	36	1	公共必修
000GB006	大学体育（二）	2	2	8	28	36	2	公共必修
000GB007	马克思主义基本原理	3	3	54	0	54	2	公共必修
000GB008	现代教育技术	2	2	18	18	36	2	公共必修
000GB010	法律基础	3	3	56	0	56	1	公共必修
0101ZB01	宏观经济学	3	3	54	0	54	2	专业必修

图 3-9　"课程"表记录

教师编号	姓名	性别	民族	出生日期	参加工作日	学历	学位	职称	党员否	基本工资	系编号	住宅电话	手机	电子邮箱
0001	马英	男	汉	1965-3-1	1987-6-23	本科	学士	教授	是	￥1,800.00	03			mailto:mayinq@126.com
0002	黄蔚	女	汉	1981-2-1	2005-9-1	研究生	硕士	讲师	是	￥1,200.00	02			mailto:hw@126.com
0003	朱丹	女	汉	1964-6-1	1986-2-1	本科	硕士	讲师	是	￥1,200.00	03			mailto:zhudan@163.com
0004	彭小宁	男	白	1975-2-9	1999-6-24	研究生	硕士	副教授	是	￥1,400.00	01			mailto:pengxl@126.com
0005	王建平	男	汉	1963-2-23	1987-7-7	博士	博士	教授	是	￥2,300.00	01			mailto:wangjianp@126.com
0006	王玉钰	女	苗	1980-6-6	2003-7-1	研究生	硕士	讲师	是	￥1,200.00	07			mailto:wangxy@126.com
0007	赵小周	男	汉	1955-4-4	1973-7-1	本科	学士	副教授	是	￥1,780.00	03			mailto:zhaoxz@qq.com
0008	周海娟	女	汉	1961-4-8	1981-7-1	本科	博士	教授	是	￥2,300.00	04			mailto:aa@126.com
0009	黄问	男	苗	1982-3-3	2004-7-1	本科	硕士	讲师	是	￥1,500.00	03			mailto:bbc@126.com
0010	张红	女	满	1979-8-8	2001-6-23	本科	硕士		是	￥1,420.00	01			mailto:aam@126.com

图 3-10　"教师"表记录

班级名称	专业编号	班级人数	班长姓名
10对外汉语1班	04	45	张浩瀚
10汉语言文学1班	03	52	张勇
10会计1班	01	50	李小红
10计科1班	13	32	李小兰
10教技1班	05	32	王平
10旅管1班	02	47	李贤
10美术1班	16	43	任富
10数应1班	09	48	李洁
10数应2班	09	52	张小英
10思政1班	18	43	黄英

图 3-11　"班级"表记录

学号	课程编号	平时成绩	末考成绩	综合成绩
20100101010	000GB001	98	70	78.4
20100101010	000GB002	87	78	80.7
20100101010	000GB003	68	51	56.1
20100101010	000GB004	84	60	67.2
20100101010	000GB005	81	66	70.5

图 3-12　"选课"表记录

（2）超链接数据

第 1 条记录的系网址显示为文字"经济管理系"。

（3）备注型数据

在"学生"表中姓名为"周敏"的学生记录的简历字段输入以下内容："2003 年湖南常德第一小学毕业，2006 年常德一中初中毕业，2010 年进入第一师范。爱好：跳舞，唱歌，田径"。

（4）OLE 对象型数据

在"学生"表中姓名为"周敏"的学生记录的照片字段输入图片"照片 1.jpg"。

2. 知识点介绍及操作要点

（1）输入数据

在 Access 中，可以在数据表视图下输入表中数据，一般只要在需要输入数据的表单元格中单击，即可直接输入数据。具体做法是：首先在数据表视图下打开"院系"表，然后按图 3-7 从第一个空记录的第一个字段开始分别输入"系编号"、"系名称"、"系主任"、"系网址"、"系办电话"字段的值。其他各表的数据输入与"院系"表的方法类似，不再赘述。

（2）超链接型数据

数据库的表中有时会有超链接型数据，若以文字形式显示可以给人留下清晰、深刻的印象。具体做法如下。

① 在数据表视图下打开"院系"表，然后在系名称为"经济管理系"的记录中的系网址数据上右击鼠标，在弹出的快捷菜单中选择"超链接|编辑超链接"命令，打开"编辑超链接"的对话

框，如图 3-13 所示。

图 3-13 "编辑超链接"对话框

② 在"要显示的文字"文本框中输入"经济管理系"，确定即可，效果如图 3-14 所示。

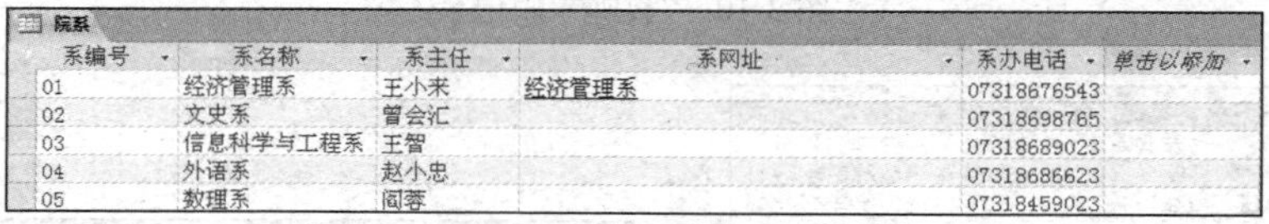

系编号	系名称	系主任	系网址	系办电话	单击以添加
01	经济管理系	王小未	经济管理系	07318676543	
02	文史系	曾会汇		07318698765	
03	信息科学与工程系	王智		07318689023	
04	外语系	赵小忠		07318686623	
05	数理系	阎等		07318459023	

图 3-14 "院系"表超链接数据显示效果

（3）备注型数据

备注型数据的字符数量较大，表中单元格大小有限，直接输入不太方便，可以使用快捷键打开缩放窗口，输入数据。具体做法是：首先在数据表视图下打开"学生"表，单击"学生"表中"周敏"学生记录的"简历"字段单元格进入编辑状态；然后按下【Shift】+【F2】组合键，可打开"缩放"窗口，在文本框中编辑指定内容，如图 3-15 所示。

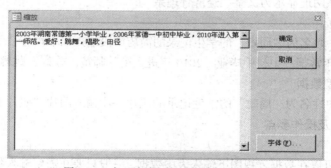

图 3-15 在"缩放"窗口编辑备注型数据

（4）OLE 对象型数据

OLE 对象型数据与一般数据的输入方法不同，需要通过插入操作实现。具体做法是：首先在数据表视图下"学生"表中"周敏"学生记录的照片单元格右击鼠标，在弹出的快捷菜单中选择"插入对象"命令，打开 Microsoft Access 对话框；然后选择"由文件创建"单选按钮，如图 3-16 所示，再单击"浏览"按钮，打开"浏览"对话框，找到并选择"照片 1.jpg"，确定即可。

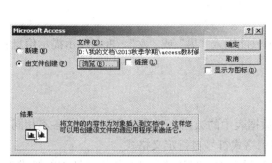

图 3-16　Microsoft Access 对话框

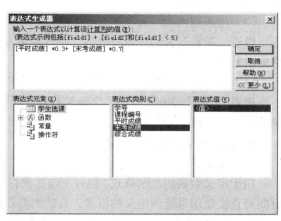

图 3-17　输入计算表达式

3. 补充知识点

Access 2010 还提供了"计算"数据类型，可以将计算结果保存在该类型的字段中。若把"选课"表中的"综合成绩"字段的数据类型设置为计算型，则可根据"平时成绩"和"末考成绩"自动计算得到"综合成绩"，无需从键盘输入。具体做法如下。

① 在设计视图下打开"选课"表，选定"综合成绩"字段，在"数据类型"下拉列表中单击选择"计算"，此时会弹出"表达式生成器"对话框。可在此对话框中的"表达式类别"区域双击"平时成绩"，输入"*0.3+"。再双击"表达式类别"区域中的"末考成绩"，输入"*0.7"，如图 3-17 所示。

② 在"选课"表中输入数据时，只需输入"学号"、"课程编号"、"平时成绩"、"末考成绩"。"综合成绩"字段的值将自动计算保存在该字段，不需另外输入。

除上述各种数据类型输入方法外，还有一种附件型数据的输入方法也应该有所了解。附件型数据的列标题会显示曲别针图标，而不是字段名称。需要输入数据时，右击附件型字段，在弹出的快捷菜单中选择"管理附件"命令，在弹出的"附件"对话框中按提示添加附件即可。

3.1.4　字段属性的设置

字段属性说明字段所具有的特性，用于对指定数据类型的字段做进一步的说明。不同数据类型的字段属性不尽相同。通过前面的学习我们已经创建了教学管理数据库中的几个数据表，下面我们仍然以这几个表为例，介绍字段常用属性的设置方法。

【例 3-3】在"教学管理"数据库的表中，设置字段属性。

1. 知识点及具体操作要求

（1）格式

① 文本型数据：设置"学生"表的"手机"字段的格式，当字段中没有电话号码或是 Null 值时，要显示出字符串"无"，当字段中有电话号码时按原样显示。

② 数字型数据：设置"教师"表的"工资"字段格式属性。当输入"1800"时，显示：￥1800.00；当输入"0"时，显示：零；当没有输入数据时，显示字符串：Null。

③ 日期/时间型数据：设置"学生"表的"出生年月"字段的显示形式，如 1992-5-4。

④ 是/否型数据：设置"教师"表的"党员否"字段的格式为"是"代表是党员、"否"代表不是党员。

（2）输入掩码

设置"院系"表的"系办电话"字段的输入掩码为 0731-********，其中*号只能输入为 0~9 之间的数字。

（3）有效性规则和有效性文本

设置"学生"表的"性别"字段的有效性规则为只能输入"男"或"女"。否则显示提示信息：请输入"男"或"女"。

2. 知识点介绍及操作要点

（1）格式

用于定义数据的显示格式，但并不改变保存在数据表中的数据。不同数据类型格式各不相同。有的可直接使用系统预定义的格式，有的则需要使用格式符号自行定义格式。

① 文本型数据：对于文本或备注型的数据，系统没有预定义格式，可在常规属性中的格式文本框中输入表 3-1 中的格式符号自行定义。

表 3-1　　　　　　　　　　　　　　文本和备注数据格式符号

格式符号	说　　明	设 置 格 式	输　　入	显　　示
@	按设置格式从右往左显示数据 （1）如果输入的字符个数小于占位符个数，则通过补前导空格将占位符个数补齐。（2）如果输入的字符个数大于或等于占位符个数。则输入的多余的字符个数按原样显示	(@@)@@@	ABCDE ABCD ABCDEF	(AB)CDE （ A ）BCD A（BC）DEF
&	按设置格式从右往左显示数据 （1）如果输入的字符个数小于占位符个数，多余的占位符不会补前导空格 （2）如果输入的字符个数大于或等于占位符个数。则输入的多余的字符个数按原样显示	(&&)&&&	ABCDE ABCD ABCDEF	(AB) CDE （ A ）BCD A（BC）DEF
<	把所有英文字符变为小写	<	ABCde	abcde
>	把所有英文字符变为大写	>	ABCde	ABCDE
!	把数据向左对齐	!	教授	教授
-	把数据向右对齐	-	教授	教授

例如，若将"院系"表中的"系办电话"的格式设置为：@@@@-@@@@@@@@，可得到如图 3-18 所示的显示效果。

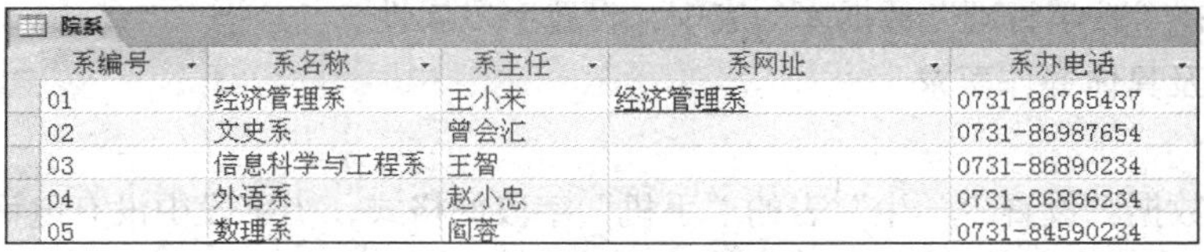

院系				
系编号	系名称	系主任	系网址	系办电话
01	经济管理系	王小来	经济管理系	0731-86765437
02	文史系	曾会汇		0731-86987654
03	信息科学与工程系	王智		0731-86890234
04	外语系	赵小忠		0731-86866234
05	数理系	阎蓉		0731-84590234

图 3-18　"系办电话"字段的显示效果

有时自定义格式时，还需补充说明字段数据为空字符串或为 Null 值时的格式。

自定义格式为：<格式符号>；<字符串>

本例具体做法是：首先在设计视图下打开"学生"表，选定"手机"字段；然后在"常规"选项卡中的格式文本框中输入"@;"无""，如图 3-19 所示。

注意：输入时所用到的引号、分号等语法符号均须输入西文符号。

② 数字型数据：系统提供了数字和货币型数据的预定义格式，可直接在"格式"下拉列表中选择，如图 3-20 所示。若预定义格式无法满足现实需要，可使用表 3-2 中的格式符号自行定义。自定义格式为：<正数格式>；<负数格式>；<零值格式>；<空值格式>

本例具体做法是：首先在设计视图下打开"教师"表，选定"基本工资"字段；然后在"常规"选项卡中的"格式"文本框中输入"¥#,##0.00;; "零";"Null""。

图 3-19　设置"手机"字段的格式

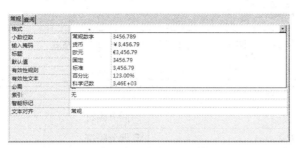

图 3-20　数字和货币型数据的预定义格式

说明：

① 格式中可定义数字型数据在 4 种不同情况下的格式，任一部分都可省略，但分隔符"；"不可省略。

② 数字和货币型数据还有一个特有的属性：小数位。小数位数可在[0,15]之间。具体设定根据数据的字段大小而定。例如，字段大小为字节、整型等设置为 0。该属性只影响数据的显示方式，不影响数据实际存储的精度。

表 3-2　　　　　　　　　　　　　　数字和货币型数据格式符号

格式符号	说　明	设置格式	输　入	显　示
0	数字占位符，显示一个数字或 0	000.00	98	098.00
#	数字占位符，显示一个数字或不显示	###.##	98	98.
.	小数分隔符	00.00	85	85.00
,	千位分隔符	#,000.00	1560	1,560.00
$	显示字符"$"	$#,##0.00	865	$865.00
%	用百分比显示数据	###.##%	.856	85.6%
E+或 e+ E−或 e−	用科学记数显示数据。该符号必须与其他符号一起使用。对于前者，在负数指数前面加一个减号，正数指数前面加一个加号；对于后者，在负数指数前面加一个减号，正数不加	###E+00 ###E−00	786543 21.4 56 786543 21.4 56	787E+03 214E−01 560E−01 787E03 214E−01 560E−01

③ 日期/时间型数据：系统提供了日期/时间型数据的预定义格式，可直接在"格式"下拉列表中选择，如图 3-21 所示。若预定义格式无法满足现实需要，可使用表 3-3 中的格式符号自行定

义。本例的具体做法是：首先在设计视图下打开"学生"表，选定"出生日期"字段，然后在"常规"选项卡中的"格式"文本框中输入"yyyy-m-d"。

格式			
输入掩码	常规日期	2007-06-19 17:34:23	
标题	长日期	2007年6月19日 星期二	
默认值	中日期	07-06-19	
有效性规则	短日期	2007-06-19	
有效性文本	长时间	17:34:23	
必需	中时间	下午 5:34	
索引	短时间	17:34	
输入法模式	关闭		
输入法语句模式	无转化		
智能标记			
文本对齐	常规		
显示日期选取器	为日期		

图 3-21　日期/时间型数据的预定义格式

表 3-3　　　　　　　　　　　　　　日期/时间型数据格式符号

符　号	说　明
:	时间分隔符
/	日期分隔符
d 或 dd	一月中的日期（1-31 或 01-31）
Ddd	英文星期名称前 3 个字母
dddd	英文星期名称全称
w	一周中的日期（1-7）
Ww	一年中的周（1-53）
m 或 mm	一年中的月份（1-12 或 01-12）
Mmm	英文月份名称前 3 个字母
Mmmm	英文月份全称
Q	一年中的季度（1-4）
Y	一年中的天数（1-366）
Yy	年度的最后 2 位数（01-99）
Yyyy	完整的年（0100-9999）
h 或 hh	小时（0-23 或 00-23）
n 或 nn	分钟（0-59 或 00-59）
s 或 ss	秒（0-59 或 00-59）
AM/PM 或 A/P	大写字母表示上/下午
am/pm 或 a/p	小写字母表示上/下午

④ 是/否型数据：系统提供了是/否型数据的预定义格式，可直接在"格式"下拉列表中选择，可自行设置。本例具体做法是：在设计视图下打开"教师"表，选定"党员否"字段。然后在"常规"选项卡中的"格式"文本框中输入";是;否"，如图 3-22 所示。在"查阅"选项卡中的"显示控件"下拉列表中选择"文本框"。

图 3-22　是/否型数据的预定义格式

说明：

① 是/否型字段用户自定义的格式为：

；<真值>；<假值>

② 是/否型字段系统预定义的格式有以下 3 种：是/否；真/假；开/关。

③ 是/否型字段数据的显示格式受到"查阅"选项卡中的"显示控件"属性的影响。"显示控件"属性有 3 个预定义选项：复选框、文本框、列表框。默认为"复选框"，此时，无论格式属性如何设置，真值的显示格式都为"☑"，假值都为"☐"。若要显示格式为自定义的显示格式，一般将"显示控件"属性设置为"文本框"。

④ 当将"查阅"选项卡中的"显示控件"属性设置为"文本框"后，系统预定义的 3 种格式分别显示为：Yes/No；True/False；On/Off。当用户自定义格式后，虽然在数据表中能显示用户自定义的值，但在输入该"是/否"类型的值时会比较麻烦：真值需要输入"-1"，假值需要输入"0"。例如，上例中要表示该同学是党员时，在数据表中需要输入"-1"。事实上，是/否型字段表示"真值"时，数据用"-1"存储；表示"假值"时，数据用"0"来存储。

（2）输入掩码

在输入数据时，有些数据有特定的格式。如果需要控制数据的输入格式，可以设置输入掩码。设置输入掩码可以通过向导完成。向导的用法是：单击"输入掩码"文本框右端的"…"按钮，打开如图 3-23 所示的"输入掩码向导"对话框，从列表中选择需要的输入掩码，或者单击"编辑列表"按钮，打开如图 3-24 所示的"自定义'输入掩码向导'"对话框自定义输入掩码。

图 3-23　"输入掩码向导"对话框

图 3-24　"自定义'输入掩码向导'"对话框

除使用向导外，还可自定义输入掩码，相关格式符号如表 3-4 所示。

自定义格式为：<格式符号>；<0、1 或空白>；<任意字符>。

表 3-4　　　　　　　　　　　　　输入掩码格式符号

符　号	说　明	符　号	说　明
0	必须输入数字（0-9），不能输入+、-	&	必须输入任意字符或一个空格
9	可以输入数字或空格，不能输入+、-	C	可以输入任意字符或一个空格
#	可以输入数字或空格，可以输入+、-	.:;-/	小数点占位符千位、日期时间分隔符
L	必须输入字母	<	将所有输入的字符转换成小写
?	可输入字母或空格	>	将所有输入的字符转换成大写
A	必须输入字母或数字	!	使输入掩码从右至左显示
a	可以输入字母或数字	\	使接下来的字符原义显示

本例具体做法是：首先在设计视图下打开"院系"表，选定"系办电话"字段；然后在"常规"选项卡中的"输入掩码"文本框中输入""0731-"00000000;;*"，如图 3-25 所示。

说明：

① 输入掩码的格式符号定义输入数据的格式，例如本例中要求只能输入 8 个 0～9 的数字，因此用"00000000"表示。

② <0、1 或空白>说明是否把原样的显示字符存储到表中。0 表示原样保存，1 或空白表示只保存非空格字符。

③ <任意字符>表示在输入掩码中输入字符的位置显示的字符，默认为下画线。

④ 如果字段既设置了输入掩码又设置了格式属性，显示数据时格式属性将优先于输入掩码的设置。

（3）有效性规则和有效性文本

有效性规则是给字段输入数据时设置的约束条件，防止不合理的数据输入到表中。有效性文本往往同有效性规则一起设置，当输入了违反有效性规则的数据时，自动弹出有效性文本设置的提示信息。本例具体做法如下。

① 在设计视图下打开"学生"表，选定"性别"字段。

② 在"常规"选项卡中的"有效性规则"文本框中输入："男" or "女"。

③ 在"有效性文本"文本框中输入：请输入"男"或"女"，如图 3-26 所示。

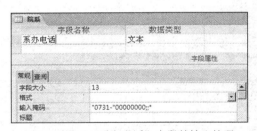

图 3-25 设置"系办电话"字段的输入掩码

图 3-26 设置"性别"字段的有效性规则和有效性文本

3. 补充知识点

字段的属性除前面介绍的字段大小、格式、输入掩码、有效性规则和有效性文本外，还有一些属性也会用到。

① 标题：在实际应用中，为了操作方便，有时会用英文字母或拼音缩写作为字段名称，这样的字段名称直接显示在数据表中不便于使用数据表的用户理解字段的含义，设置标题可以在数据表中用汉字显示列标题，更容易理解。

② 默认值：用于指定在输入新记录时系统自动输入字段的值。在输入数据时，有些字段常常会有相同的数据，设置默认值可减少数据输入量。

③ 必需：可指定字段中是否必须有值。如果设置为"是"，则必须输入数据，且不能为 Null 值。

④ 允许空字符串：可指定字段中是否可有长度为 0 的字符串，默认为"是"。

3.1.5　建立查阅列表字段

一般情况下，数据表中绝大部分字段值都来自于直接输入的数据。如果某个字段的值是一组固定的数据，可以考虑将这组固定值设置为一个列表，即查阅列表。输入数据时，可以从这个列表中直接选择，既能提高效率，又能避免输入错误。

【例 3-4】在"教学管理"数据库的"教师"表和"学生"表中，为指定字段创建查阅列表。

1. 知识点及具体操作要求

① 自行输入所需值：在"教师"表中，为"学历"字段创建查阅列表，列表中显示"本科"、"研究生"、"博士" 3 个值。

② 使用查阅字段获取表或查询中的值：在"学生"表中，为"班级名称"字段创建查阅列表，列表中的值来自于"班级"表中"班级名称"字段的数据。

2. 知识点介绍及操作要点

在创建查阅列表时，根据列表值来源不同，实现的方法有所不同。

（1）自行键入所需值

创建查阅列表时通常利用"查阅向导"实现。本例具体做法如下。

① 在设计视图下打开"教师"表，选定"学历"字段。

② 在"数据类型"的下拉列表中选择"查阅向导"，打开"查阅向导"对话框 1，单击选择"自行键入所需的值"选项，如图 3-27 所示。

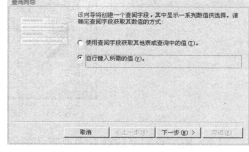

图 3-27　"查阅向导"对话框 1

③ 单击"下一步"按钮，打开"查阅向导"对话框 2，在"第 1 列"的单元格中依次输入"本科"、"研究生"、"博士" 3 个值，如图 3-28 所示。

④ 单击"下一步"按钮，打开"查阅向导"对话框 3，在此对话框的"请为查阅列表指定标签"文本框中输入名称，也可以使用默认值，如图 3-29 所示，单击"完成"按钮即可。

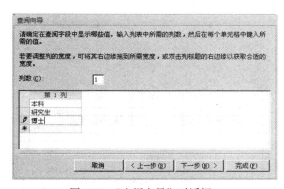

图 3-28　"查阅向导"对话框 2

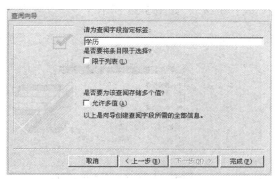

图 3-29　"查阅向导"对话框 3

⑤ 设置完成后，将"教师"表切换到数据表视图，将光标移动到"学历"字段任意单元格，可看到"学历"字段值的右侧出现下三角形按钮。单击该按钮，会弹出一个下拉列表，列出了"本科"、"研究生"、"博士" 3 个值，如图 3-30 所示。

教师编号	姓名	性别	民族	出生日期	参加工作日	学历	学位	职称	党员否	基本工资	系编号	住宅电话	手机	电子邮箱
0001	马英	男	汉	1965-3-1	1987-6-23	本科 ▼ 学士	教授	是	￥1,800.00	03	07318689765	13567876544	mailto:mayinq@126.com
0002	黄蔚	女	汉	1981-2-1	2005-9-1	本科		讲师	是	￥1,200.00	02	07318844567	18673213456	mailto:hw@126.com
0003	朱丹	女	汉	1964-6-1	1986-2-1	研究生		教授	是	￥2,000.00	05	07318765676	13787281675	mailto:zhudan@163.com
0004	彭小宁	男	白	1975-2-9	1999-6-24	博士		副教授	是	￥1,400.00	05	07318769087	18673109888	mailto:pengxl@126.com
0005	王建平	男	汉	1963-2-23	1987-7-7	博士	博士	教授	是	￥2,300.00	01	07318654321	18673456721	mailto:wangjianp@126.com
0006	王玉钰	女	苗	1980-6-6	2003-7-1	研究生	硕士	讲师	是	￥1,300.00	07	07318654389	13787281777	mailto:wangxy@126.com
0007	赵小周	男	汉	1955-4-4	1973-7-1	本科	学士	副教授	是	￥1,780.00	03	07318798087	13987658900	mailto:zhaoxz@qq.com
0008	周海娟	女	汉	1961-4-8	1985-7-1	博士	硕士	教授	是	￥2,200.00	03	07318765456	15908786788	mailto:aa@126.com
0009	黄河	男	苗	1982-3-3	2004-7-1	本科	硕士	讲师	是	￥1,500.00	03	07318765446	15898765544	mailto:bbc@126.com
0010	张红	女	满	1979-8-8	2001-6-23	本科	硕士	讲师	是	￥1,420.00	01	07318765456	13787665488	mailto:aam@126.com

图 3-30　设置效果

说明：除了使用"查阅向导"外，也可以通过"查阅"选项卡来实现。首先在设计视图下打开"教师"表，选定"学历"字段；然后单击"查阅"选项卡，设置"显示控件"属性值为"列表框"，"行来源"类型为"值列表"，在"行来源"属性框中输入："本科";"研究生";"博士"，如图 3-31 所示。

图 3-31　通过"查阅"选项卡创建查阅列表

（2）使用查阅字段获取表或查询的值

本例同样可使用"查阅向导"实现，具体做法如下。

① 在设计视图下打开"学生"表，选定"班级名称"字段。在"数据类型"的下拉列表中选择"查阅向导"，打开"查阅向导"对话框 1，如图 3-27 所示。单击选择"使用查阅字段获取其他表或查询的值"选项，单击"下一步"按钮，打开"查阅向导"对话框 2，单击选择列表框中的"表：班级"，如图 3-32 所示。

图 3-32　"查阅向导"对话框 2

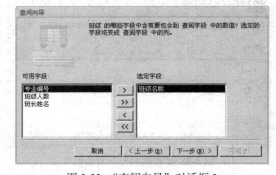

图 3-33　"查阅向导"对话框 3

② 单击"下一步"按钮，打开"查阅向导"对话框 3，单击选择左侧列表框中的"班级名称"，再单击" ＞ "按钮，将其添加到右侧列表框中，如图 3-33 所示。

③ 单击"下一步"按钮，打开"查阅向导"对话框 4，在此对话框中可以为"班级名称"字

段排序，如图 3-34 所示。单击"下一步"按钮，打开"查阅向导"对话框 5，在此对话框可以调整字段列宽，如图 3-35 所示。单击"下一步"按钮，打开"查阅向导"对话框 6，在此对话框中可以为查阅列表指定标签，如图 3-36 所示。这 3 步均可使用默认值，单击"完成"按钮，此时会提示先保存表才能创建关系，确定即可。

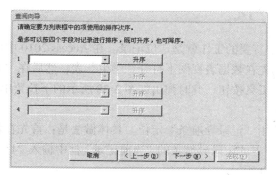

图 3-34 "查阅向导"对话框 4

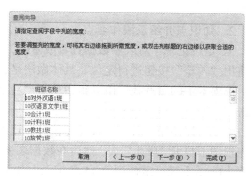

图 3-35 "查阅向导"对话框 5

说明：本例也可以通过"查阅"选项卡来实现。具体实现方法是：首先在设计视图下打开"学生"表，选定"班级名称"字段；然后单击"查阅"选项卡，设置"显示控件"属性值为"组合框"，"行来源"类型为"表/查询"，在"行来源"属性框中输入"SELECT [班级].[班级名称] FROM 班级;"如图 3-37 所示。

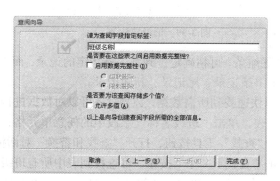

图 3-36 "查阅向导"对话框 6

图 3-37 通过"查阅"选项卡创建查阅列表

说明：此处涉及 SQL 查询语句的使用，将在第 4 章进行介绍。

3.2 表记录的编辑与维护

在使用数据表时，常常要对表中记录进行编辑，使所建表能够满足实际需要。本节介绍如何在表中添加、删除、修改记录；如何对记录进行排序和筛选；以及对表进行修饰等。

3.2.1 定位、查找与替换表记录

若表中记录较多，从第 1 条记录开始逐条查找到指定记录比较麻烦，可以利用定位操作查找更加简便。若要查找某一数据或将表中多处相同的数据作相同的修改，可以利用查找替换实现。

【例3-5】在"教学管理"数据库的"学生"表中完成如下操作。

1. 知识点及具体操作要求

① 定位记录：查看表中最后一条记录，查看表中第15条记录。

② 查找替换记录：查找所有班级名称为"11会计2班"的记录，并将班级名称改为"11会计1班"。

2. 知识点介绍及操作要点

① 定位记录：对表中数据查看或修改，其中首要的工作就是定位记录。在Access 2010中可以使用"转至"按钮进行定位。具体做法是：首先在数据表视图下打开"学生"表，然后在"开始"选项卡中的"查找"工具组中单击"转至"工具按钮，此时弹出如图3-38所示的下拉菜单，单击"尾记录"可以查看最后一条记录。

除了可以使用"转至"按钮定位外，还可使用"记录导航条"定位。具体做法是：首先在数据表视图下打开"学生"表，然后在数据表视图下方的记录导航条的"当前记录"框中输入"15"，按下【Enter】键可定位到第15条记录，如图3-39所示。

图3-38 "转至"按钮的下拉菜单

图3-39 记录导航条

说明：以上两种方法略有不同，使用"记录导航条"可精确定位到某一条指定的记录，而"转至"按钮则只能定位到首记录、上一条记录、下一条记录、尾记录、新建记录。

② 查找替换记录：使用查找替换的功能可以快速找到所需数据，必要时还可以对数据进行替换。具体做法是：在数据表视图下打开"学生"表，单击"班级名称"字段中的任意单元格；然后在"开始"选项卡中的"查找"工具组中单击"查找"工具按钮，打开"查找和替换"对话框；在"查找"选项卡中，按图3-40所示设置，单击"查找下一个"按钮，可查找到表中所有班级名称为"11会计2班"的记录；若要替换为"11会计1班"，再单击"替换"选项卡，按图3-41所示设置，单击"替换"或"全部替换"按钮，可完成替换。

说明：若在打开"查找和替换"对话框之前没有将光标定位在要查找的字段上，则需要将"查找范围"设置为"当前文档"。

图3-40 "查找"选项卡

图 3-41 "替换"选项卡

3.2.2 插入、删除与修改表记录

在使用数据表的过程中有时会增加一些新数据、去掉一些没用的旧数据，或对数据进行修改，可以通过插入记录、删除记录和修改记录实现。

【例 3-6】在"教学管理"数据库中的"学生"表中完成如下操作。

1. 知识点及具体操作要求

① 插入记录：记录内容为：学号：201102040102，姓名：黄水平，性别：男，民族：白，出生年月：1992-7-21，政治面貌：群众，班级名称：11 对外汉语 1 班，年级：2011，家庭住址：湖南南县，寝室电话：88776656。

② 删除记录：将姓名为"黄水平"的记录删除。

③ 修改记录：将姓名为"李梅"的记录中的"班级名称"字段的值改为"10 音乐 1 班"。

2. 知识点介绍及操作要点

① 插入记录：可以直接先将光标定位到表最后一条记录的下一空白行，然后输入记录。若表中数据量很大，可以借助"新建"工具按钮实现。具体做法是：首先在数据表视图下打开"学生"表，然后在"开始"选项卡中的"记录"工具组中单击"新建"工具按钮，光标将直接移动到最后一条记录的下一空白行，直接输入数据。

说明：也可以单击记录导航条中的新记录按钮"▶*"，光标可直接移动到最后一条记录的下一空白行，然后输入数据。

② 删除记录：先选定要删除的记录，然后利用"删除"按钮删除。具体做法是：首先在数据表视图下打开"学生"表，采用前面介绍过的查找方法找到姓名为"黄水平"的记录；然后单击该记录左端的记录选定器选定记录，在"开始"选项卡中"记录"工具组中单击"删除"按钮，在弹出的提示框中单击"是"按钮，完成删除。

删除操作是不可撤销的，在删除前要确认选定的记录是否是要删除的记录。

③ 修改记录：修改方法很简单，只要将光标移动到要修改的单元格直接修改即可。具体做法是：首先在数据表视图下打开"学生"表，然后将光标移动到"李梅"学生记录的"班级名称"字段的单元格，删除原数据，输入"10 音乐 1 班"。

说明：修改时，若要输入的数据表中已有，可复制实现。具体做法是：首先选中单元格中的值；然后在"开始"选项卡中的"剪贴板"工具组▢单击"复制"工具按钮；最后将鼠标移动到目标单元格，在"开始"选项卡中的"剪贴板"工具组中单击"粘贴"工具按钮。

3.2.3 排序表记录

数据表建好后，通常记录的显示顺序是记录的输入顺序，但也可以根据需求查看不同的显示顺序，即按指定条件排序。

【例 3-7】在"教学管理"数据库中的"学生"表中完成如下排序。

1. 知识点及具体操作要求

（1）按一个字段排序：按"性别"字段对表中的记录升序排序。

（2）按多个字段排序：按"性别"字段和"出生年月"升序排序。

2. 知识点介绍及操作要点

（1）按一个字段排序：可在数据表视图中直接利用"升序"或"降序"按钮排序。具体做法是：首先在数据表视图下打开"学生"表，将光标移动到"性别"字段任意单元格；然后在"开始"选项卡中的"排序和筛选"工具组中单击"升序"按钮完成排序，如图 3-42 所示。

学号	姓名	性别	民族	出生年月	政治面貌	班级名称	年级	家庭住址	寝室电话	手机	简历	照片
201005090101	孙玉化	男	维吾尔	1992-3-3	团员	10数应1班	2010	湖南益阳				
201001020101	黄于细	男	汉	1992-9-9	群众	10旅管1班	2010	湖南张家界				
201101010103	张小书	男	汉	1993-12-25	群众	11会计1班	2011	湖南沅江				
201009160102	李小剑	男	白	1991-12-23	团员	10美术1班	2010	湖南常德				
201009160101	姜小果	男	汉	1991-8-3	团员	10美术1班	2010	湖南永州				
201007130101	黄英俊	男	汉	1993-2-2	团员	10音1班	2010	湖南益阳				
201003050101	尚天	男	满	1992-6-6	团员	10教技1班	2010	湖南永州				
201003060101	黄宏伟	男	汉	1992-9-9	团员	10计科1班	2010	湖南益阳				
201001010102	刘小颖	女	白	1991-4-5	团员	10计1班	2010	湖南常德				
201002030101	刘琳	女	汉	1992-4-4	团员	10汉语言文学1班	2010	湖南澧县				
201002040101	刘小梅	女	白	1990-3-3	团员	10对外汉语1班	2010	广东韶关				
201004080101	张小芳	女	汉	1992-8-8	群众	10英语1班	2010	湖南湘潭				
201001010101	周敏	女	汉	1992-5-4	党员	10会计1班	2010	湖南常德			2003年湖南常	
201006110101	孙云芸	女	苗	1991-8-2	党员	10个教1班	2010	湖南邵东				
201003020102	黄英英	女	朝鲜	1992-10-10	团员	11汉语言文学1班	2011	湖南益阳				
201007130102	李梅	女	苗	1992-9-9	团员	10音乐2班	2010	湖南常德				
201008150101	黄芳	女	朝鲜	1992-1-1	团员	10体教1班	2010	湖南张家界				
201101010104	黄英	女	白	1994-2-2	团员	11会计1班	2011	湖南常德				
201101020102	周小圆	女	满	1993-11-22	团员	11旅管1班	2011	湖南常德				
201004080102	刘芳	女	白	1991-4-8	团员	10英语1班	2010	湖南常德				

图 3-42 按"性别"排序的结果

说明：

① 不同的字段类型，排序规则有所不同：英文字母按字母表顺序排序，中文按拼音字母表顺序排序，数字按数字大小顺序排序，日期按日期先后顺序排序。

② 数据类型为备注、超链接、OLE 对象、附件的字段不能作为排序条件。

③ 按升序排列时，若字段值为空值则排在第一。

（2）按多个字段排序：按多个字段排序有两种方法，除了可利用"升序"或"降序"按钮，还可以使用"高级筛选|排序"命令。本例中两个排序字段"性别"、"出生年月"都要求升序排序，可使用"升序"按钮排序。具体做法是：在数据表视图下打开"学生"表，单击"出生年月"字段名称选中该字段，按住鼠标左键拖动鼠标至"性别"和"民族"字段之间松开鼠标；单击"性别"字段名称后，按住【Shift】键，再单击"出生年月"字段名称，选定"性别"和"出生年月"字段，然后在"开始"选项卡中的"排序和筛选"工具组中单击"升序"按钮，完成排序，如图 3-43 所示。

说明：

① 使用"升序"或"降序"工具按钮对多字段进行排序，要求排序字段必须相邻且排序时从左至右依次按字段排序，即先按"性别"字段排序，再按"出生年月"排序。实际应用时，可根据该特点在排序前适当调整字段位置。

② 使用工具按钮只能对多字段进行同序排序，即同升或同降。若排序字段不同序，比如要求

先按"性别"升序排序，再按"出生年月"降序排序，则要使用高级筛选方能实现。

学号	姓名	性别	出生年月	民族	政治面貌	班级名称	年级	家庭住址	寝室电话	手机	简历	照片
201009160101	姜小果	男	1991-8-3	汉	团员	10美术1班	2010	湖南永州				
201009160102	李小剑	男	1991-12-23	白	团员	10美术1班	2010	湖南常德				
201005090101	孙玉化	男	1992-3-3	维吾尔	团员	10数应1班	2010	湖南益阳				
201003050101	尚天	男	1992-6-6	满	团员	10教技1班	2010					
201001020101	黄于细	男	1992-9-9	汉	群众	10旅管1班	2010	湖南张家界				
201003060101	黄宏伟	男	1992-9-9	汉	群众	10计科1班	2010	湖南益阳				
201007130101	黄英俊	男	1993-2-2	汉	团员	10音乐1班	2010	湖南益阳				
201101010103	张小韦	男	1993-12-25	汉	群众	11会计1班	2011	湖南沅江				
201002040101	刘小梅	女	1990-3-3	白	团员	10对外汉语1班	2010	广东韶关				
201001010102	刘小颖	女	1991-4-5	白	团员	10会计1班	2010	湖南邵阳				
201004080102	刘芳	女	1991-4-8	白	团员	10英语1班	2010	湖南常德				
201006110101	孙云芸	女	1991-8-2	苗	党员	10小教1班	2010	湖南邵东				
201008150101	黄芮	女	1992-4-3	朝鲜	团员	10体教1班	2010	湖南常德				
201002030101	刘琳	女	1992-4-4	汉	团员	10汉语言文学	2010	湖南澧县				
201001010101	周敏	女	1992-5-4	汉	党员	10会计1班	2010	湖南常德			2003年湖南常	
201004080101	张小芳	女	1992-8-8	汉	群众	10英语1班	2010	湖南湘潭				
201007130102	李梅	女	1992-9-9	苗	团员	10音乐1班	2010	湖南常德				
201102030102	黄英英	女	1992-10-10	朝鲜	团员	11汉语言文学	2011	湖南益阳				
201101020102	周小图	女	1993-11-22	满	团员	11旅管1班	2011	湖南常德				
201101010104	黄英	女	1994-2-2	白	团员	11会计1班	2011	湖南常德				

图 3-43　按"性别"和"出生年月"排序的结果

3.2.4　筛选表记录

若希望数据表中只显示满足条件的数据，可以使用筛选功能。Access 提供了 4 种筛选的方法：按选定内容筛选、使用筛选器筛选、使用窗体筛选和高级筛选。

【例 3-8】在"教学管理"数据库中的"学生"表中完成如下筛选。

1. 知识点及具体操作要求

① 按选定内容筛选：筛选出 2010 级学生的信息。

② 使用筛选器筛选：筛选出姓"刘"的 1991 年以后出生的学生信息。

③ 按窗体筛选：筛选出白族女生或满族男生的学生信息。

④ 高级筛选：筛选出湖南常德的女生，并按出生年月升序排序。

2. 知识点介绍及操作要点

（1）按选定内容筛选

这是最简单的一种筛选方法，通过这种方法可以快速筛选出包含某字段值的记录。具体做法是：首先在数据视图下打开"学生"表，单击"年级"字段值为"2010"的任一单元格；然后在"开始"选项卡中的"排序和筛选"工具组中单击"选择"工具按钮，打开如图 3-44 所示的菜单，单击选择"等于"2010"即可完成筛选。筛选结果如图 3-45 所示。

图 3-44　筛选选项菜单

学号	姓名	性别	民族	出生年月	政治面貌	班级名称	年级	家庭住址	寝室电话	手机	简历	照片
201001010101	周敏	女	汉	1992-5-4	党员	10会计1班	2010	湖南常德			2003年湖南常	
201001010102	刘小颖	女	白	1991-4-5	团员	10会计1班	2010	湖南邵阳				
201001020101	黄于细	男	汉	1992-9-9	群众	10旅管1班	2010	湖南张家界				
201002030101	刘琳	女	汉	1992-4-4	团员	10汉语言文学1班	2010	湖南澧县				
201002040101	刘小梅	女	白	1990-3-3	团员	10对外汉语1班	2010	广东韶关				
201003050101	尚天	男	满	1992-6-6	团员	10教技1班	2010	湖南永州				
201003060101	黄宏伟	男	汉	1992-9-9	群众	10计科1班	2010	湖南益阳				
201004080101	张小芳	女	汉	1992-8-8	群众	10英语1班	2010	湖南湘潭				
201004080102	刘芳	女	白	1991-4-8	团员	10英语1班	2010	湖南常德				
201005090101	孙玉化	男	维吾尔	1992-3-3	团员	10数应1班	2010	湖南益阳				
201006110101	孙云芸	女	苗	1991-8-2	党员	10小教1班	2010	湖南邵东				
201007130101	黄英俊	男	汉	1993-2-2	团员	10音乐1班	2010	湖南益阳				
201007130102	李梅	女	苗	1992-9-9	团员	10音乐1班	2010	湖南常德				
201008150101	黄芮	女	朝鲜	1992-4-3	团员	10体教1班	2010	湖南常德				
201009160101	姜小果	男	汉	1991-8-3	团员	10美术1班	2010	湖南永州				
201009160102	李小剑	男	白	1991-12-23	团员	10美术1班	2010	湖南常德				

图 3-45　筛选结果

说明：

① 字段数据类型不同，筛选选项菜单中选项也不尽相同。若字段数据类型为文本，筛选选项

则如图 3-46 所示；若字段数据类型为日期/时间，则筛选选项为"等于"、"不等于"、"不晚于"和"不早于"；若字段数据类型为数字，则筛选选项为"等于"、"不等于"、"小于或等于"和"大于或等于"。

② 筛选完成后，若要重新显示筛选前的全部记录，可以在"开始"选项卡中的"排序和筛选"工具组中单击"切换筛选"工具按钮，此方法在其他筛选中均适用。

（2）使用筛选器筛选

这种方法将筛选字段中所有不重复的值以列表形式显示，更便于找到所需字段值。具体做法如下。

① 在数据视图下打开"学生"表，单击"姓名"字段名称选中"姓名"字段；然后在"开始"选项卡中的"排序和筛选"工具组中单击"筛选器"工具按钮，弹出筛选器菜单，如图 3-46 所示。单击"文本筛选器"选项中的"开头是…"命令，在弹出的"自定义筛选"对话框中的文本框中输入"刘"。

② 选中"出生年月"字段，在"开始"选项卡中的"排序和筛选"工具组中单击"筛选器"工具按钮，弹出筛选器菜单，如图 3-47 所示。

图 3-46　文本筛选器菜单图

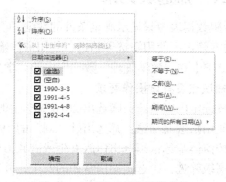

图 3-47　日期/时间筛选器菜单

③ 单击"日期筛选器"选项中的"之后"命令，在弹出的"自定义筛选"对话框中的文本框中输入"1991-1-1"，如图 3-48 所示。单击"确定"按钮即可完成筛选，筛选结果如图 3-49 所示。

图 3-48　"自定筛选"对话框

说明：

① 直接单击"年级"字段名称右侧的下三角形按钮，也可打开筛选器菜单。

② 使用筛选器的方法不适用 OLE 对象型字段和附件型字段。

学号	姓名	性别	民族	出生年月	政治面貌	班级名称	年级	家庭住址	寝室电话	手机	简历	照片
201001010102	刘小颖	女	白	1991-4-5	团员	10会计1班	2010	湖南邵阳				
201002030101	刘琳	女	汉	1992-4-4	团员	10汉语言文学1班	2010	湖南澧县				
201004080102	刘芳	女	白	1991-4-8	团员	10英语1班	2010	湖南常德				

图 3-49　筛选结果

（3）按窗体筛选

这种方法是在一个空白窗体中，对多个字段设置筛选条件，适用于两个以上字段值进行筛选。具体做法如下。

① 在数据表视图下打开"学生"表，在"开始"选项卡中的"排序和筛选"工具组中单击"高级"工具按钮，在弹出的下拉菜单中选择"按窗体筛选"命令，打开"按窗体筛选"窗口。

② 单击"性别"字段下方的空白单元格，在下拉列表中选择"女"，单击"民族"字段下方

的空白单元格，在下拉列表中选择"白"，如图 3-50 所示。

图 3-50　设置筛选条件

③ 单击窗口下方的"或"标签，然后单击"性别"字段下方的空白单元格，在下拉列表中选择"男"，单击"民族"字段下方的空白单元格，在下拉列表中选择"满"，如图 3-51 所示。

图 3-51　设置筛选条件

④ 在"开始"选项卡中的"排序和筛选"工具组中单击"高级"工具按钮，在弹出的下拉菜单中选择"应用筛选/排序"命令完成筛选，筛选结果如图 3-52 所示。

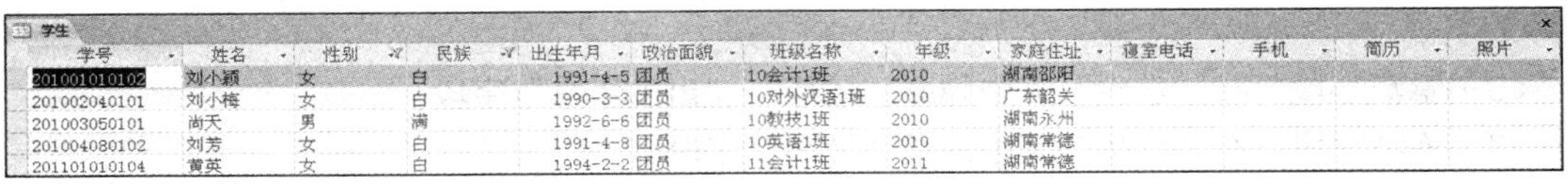

图 3-52　筛选结果

（4）高级筛选

有时筛选条件比较复杂，前三种方法不易实现筛选，可使用高级筛选。具体做法如下。

① 在数据表视图下打开"学生"表，在"开始"选项卡中的"排序和筛选"工具组中单击"高级"工具按钮，在弹出的下拉菜单中选择"高级筛选/排序"命令，打开"筛选"窗口。窗口上半部分显示"学生"表的字段列表，下半部分用来设置筛选条件。

② 在"学生"表的字段列表中分别双击"性别"、"出生年月"和"家庭住址"字段，将其添加到下半部分的设计区。

③ 在"性别"字段的"条件"单元格输入"女"，在"家庭住址"字段的"条件"单元格输入"湖南常德"，单击"出生年月"字段的"排序"单元格，在弹出的下拉列表中选择"升序"，如图 3-53 所示。

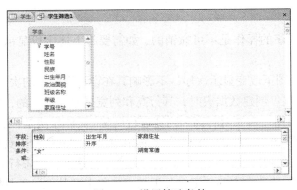

图 3-53　设置筛选条件

④ 在"开始"选项卡中的"排序和筛选"工具组中单击"切换筛选"工具按钮完成筛选，结

果如图 3-54 所示。

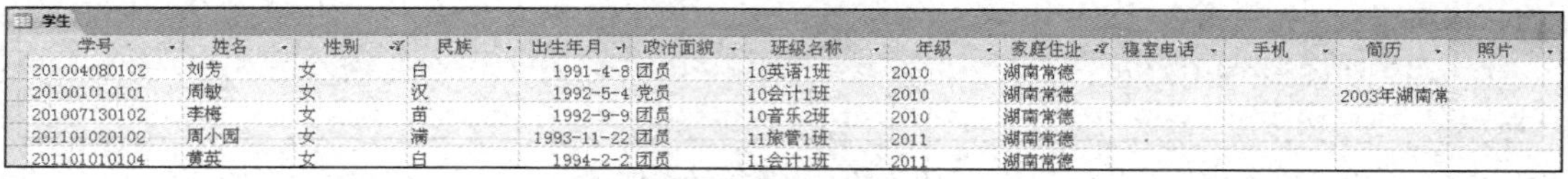

学生

学号	姓名	性别	民族	出生年月	政治面貌	班级名称	年级	家庭住址	寝室电话	手机	简历	照片
201004080102	刘芳	女	白	1991-4-8	团员	10英语1班	2010	湖南常德				
201001010101	周敏	女	汉	1992-5-4	党员	10会计1班	2010	湖南常德			2003年湖南常	
201007130102	李梅	女	苗	1992-9-9	团员	10音乐2班	2010	湖南常德				
201101020102	周小园	女	满	1993-11-22	团员	11旅管1班	2011	湖南常德				
201101010104	黄英	女	白	1994-2-2	团员	11会计1班	2011	湖南常德				

图 3-54　设置筛选条件

3.2.5　修饰表记录

在使用数据表的同时对表进行适当的修饰，可以使表的外观更加美观、清晰。表的修饰包括：更改字段显示次序、调整行高和列宽、隐藏或冻结字段、调整表中网格线条及背景颜色等。

【例 3-9】在“教学管理”数据库中的数据表中完成如下操作。

1. 知识点及具体操作要求

（1）更改字段显示次序：在“教师”表中，交换“性别”和“民族”字段的位置。

（2）调整行高和列宽：在“教师”表中，设置记录的行高为 15，设置“电子邮箱”字段的列宽为 25。

（3）隐藏字段：在“学生”表中隐藏“民族”、“出生年月”字段。

（4）冻结字段：在“学生”表中冻结“姓名”字段。

2. 知识点介绍及操作要点

（1）更改字段显示次序：在 Access 数据表中字段的次序默认也是字段在数据表视图下的显示次序，也可根据需要更改数据表视图下显示次序。具体做法是：首先在数据表视图下打开“教师”表，单击“性别”字段的字段名称选中该字段；然后按住鼠标左键拖动鼠标至“民族”字段列右侧，松开鼠标即可，效果如图 3-55 所示。

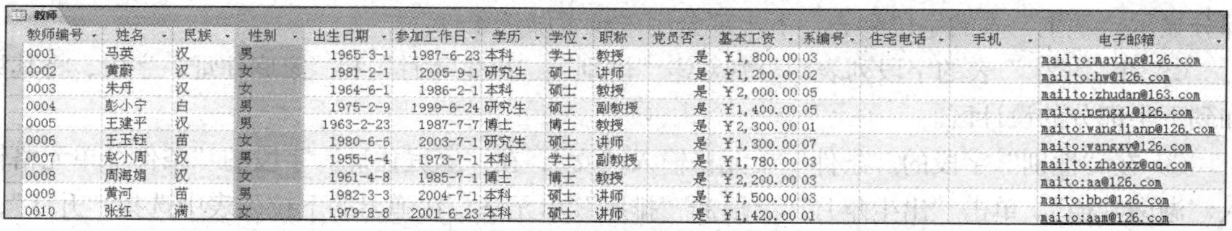

教师

教师编号	姓名	民族	性别	出生日期	参加工作日	学历	学位	职称	党员否	基本工资	系编号	住宅电话	手机	电子邮箱
0001	马英	汉	男	1965-3-1	1987-6-23	本科	学士	教授	是	￥1,800.00	03			mailto:maying@126.com
0002	黄蔚	汉	女	1981-2-1	2005-9-1	研究生	硕士	讲师	是	￥1,200.00	02			mailto:hw@126.com
0003	朱丹	汉	女	1964-6-1	1986-2-1	本科	硕士	教授	是	￥2,000.00	05			mailto:zhudan@163.com
0004	彭小宁	白	男	1975-2-9	1999-6-24	研究生	硕士	副教授	是	￥1,400.00	05			maito:pengxl@126.com
0005	王建平	汉	男	1963-2-23	1987-7-7	博士	博士	教授	是	￥2,300.00	01			maito:wangjianp@126.com
0006	王玉钰	苗	女	1980-6-6	2003-7-1	研究生	硕士	讲师	是	￥1,300.00	07			maito:wangxy@126.com
0007	赵小周	汉	男	1955-4-4	1973-7-1	本科	学士	副教授	是	￥1,780.00	03			mailto:zhaoxz@qq.com
0008	周海娟	汉	女	1961-4-8	1985-7-1	博士	博士	教授	是	￥2,200.00	03			maito:aa@126.com
0009	黄河	苗	男	1982-3-3	2004-7-1	本科	硕士	讲师	是	￥1,500.00	03			maito:bbc@126.com
0010	张红	满	女	1979-8-8	2001-6-23	本科	硕士	讲师	是	￥1,420.00	01			maito:aam@126.com

图 3-55　更改字段显示次序

说明：

① 更改字段显示次序的操作是不可撤销的，如需要将上述字段显示次序复原，需再次更改次序。

② 字段在数据表视图下改变显示次序，不影响其在设计视图下的次序。

（2）调整行高和列宽：创建数据表时，其行高和列宽是系统默认的，但由于有时字号太大或数据太多不能完整显示出来，需要对行高和列宽进行调整。具体做法是：在数据表视图下打开“教师”表，然后在“开始”选项卡中的“记录”工具组中单击“其他”工具按钮，在弹出的下拉菜单中单击“行高”命令，打开如图 3-56 所示的“行高”对话框，设置行高值为 15；选中“电子邮箱”字段，在“开始”选项卡中的“记录”工具组中单击“其他”工具按钮，在弹出的下拉菜单中单击“字段宽度”命令，打开如图 3-57 所示的“列宽”对话框，设置列宽值为 25。

图 3-56　"行高"对话框　　　　　图 3-57　"列宽"对话框

说明：调整行高或列宽时，若不需精确到某一指定值，可通过鼠标完成。将鼠标移动到数据表左端任意两选定器之间的分隔线，当鼠标变成上下箭头，按住鼠标左键上下移动可调整行高；将鼠标移动到某一字段列右侧列线，当鼠标变成上下箭头，按住鼠标左键左右移动可调整列宽。

（3）隐藏字段：当数据表中字段较多时，为了更好地查看主要字段数据，可将某些字段暂时隐藏。具体做法是：首先在数据表视图下打开"学生"表，将鼠标移动到"民族"字段的字段名称上，按下鼠标左键向右拖动鼠标至"出生年月"字段也被选定后松开鼠标；然后在"开始"选项卡中的"记录"工具组中单击"其他"工具按钮，在弹出的下拉菜单中单击"隐藏字段"命令，将字段隐藏。

说明：若要将字段恢复显示，则可在"开始"选项卡中的"记录"工具组中单击"其他"工具按钮，在弹出的下拉菜单中单击"取消隐藏字段"命令，打开如图 3-58 所示"取消隐藏列"对话框，单击要恢复显示的字段左侧的复选框，确定即可。

（4）冻结字段：当数据表字段较多时，为了避免水平移动后某些关键字段无法看到，可将其冻结。具体做法是：首先在数据表视图下打开"学生"表，单击"姓名"字段的字段名称；然后在"开始"选项卡中的"记录"工具组中单击"其他"工具按钮，在弹出的下拉菜单中单击"冻结字段"命令，将字段冻结。冻结后，水平滚动时，"姓名"字段始终显示在窗口的最左侧。需要取消冻结时，则可在"开始"选项卡中的"记录"工具组中单击"其他"工具按钮，在弹出的下拉菜单中单击"取消冻结"命令。

3. 补充知识点

为了使数据表看起来更加美观、清晰，还可以对数据表中的文本进行格式设置，或者对表中的网格线及背景色进行调整。

（1）设置文本格式

若要对数据表中的文本进行格式设置，首先要先选中文本所在单元格，然后在"开始"选项卡中的"文本格式"工具组中选择所需工具按钮进行设置，如图 3-59 所示。

图 3-58　"取消隐藏列"对话框

图 3-59　"文本格式"工具组

（2）调整网格线及背景色

① 调整网格线：数据表的网格线可以根据需要设置，具体做法是：在"开始"选项卡中的"文本格式"工具组中单击"▦"工具按钮，在弹出的下拉菜单中可选择"交叉"、"横向"、"纵向"

等网格线样式，如图 3-60 所示。还可单击"开始"选项卡中的"文本格式"工具组右下角的"▣"按钮，打开如图 3-61 所示的"设置数据表格式"对话框，在"网格线颜色"下拉列表中选择网格线颜色。

② 调整背景色：数据表的背景色可以全部为白色，也可选择不同颜色。具体做法是：单击"开始"选项卡中的"文本格式"工具组右下角的"▣"按钮，打开如图 3-61 所示的"设置数据表格式"对话框，在"背景色"和"替代背景色"下拉列表中选择所需颜色。同时也可在"单元格效果"中选择不同的单元格显示效果。

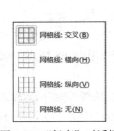

图 3-60 "行高"对话框

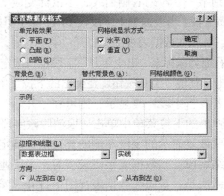

图 3-61 "列宽"对话框

3.3 建立表间关系

一个数据库应用系统常常包含多个表，表间往往存在着各种联系。为了更好地使用和管理表中数据，还应该创建表间关系。

3.3.1 表间关系

数据库中表与表之间的关系有 3 种：一对一、一对多、多对多。

1．一对一的关系

假设有两个表：表 A 和表 B。如果表 A 中的一条记录与表 B 中的一条记录相匹配，且表 B 中的一条记录也与表 A 中的一条记录相匹配，则表 A 与表 B 是一对一的关系。

2．一对多的关系

如果表 A 中的一条记录与表 B 中的多条记录相匹配，但表 B 中的一条记录只与表 A 中的一条记录相匹配，则表 A 与表 B 是一对多的关系。表 A 称为主表，表 B 称为相关表。例如，在"教学管理"数据库中，"学生"表和"学生选课"表之间就是一对多的关系。其中，"学生"表为主表，"选课"表为相关表。

3．多对多的关系

如果表 A 中的多条记录与表 B 中的多条记录相匹配，且表 B 中的多条记录也与表 A 中的多条记录相匹配，则表 A 与表 B 是多对多的关系。多对多的关系在操作上是复杂难以实现的，通常是通过多个一对多的表间关系表现。

3.3.2　主键

主键是指在一个表中能唯一标识一条记录的字段或字段组合。只有定义了主键，表间才能建立关系，为建立查询、窗体或报表等打下良好的基础。

【例 3-10】在"教学管理"数据库中，为数据表定义主键。

1．知识点及具体操作要求

（1）定义单字段主键：定义"学生"表中的"学号"字段为主键。

（2）定义多字段主键：定义"选课"表中的"学号"字段和"课程编号"字段为主键。

2．知识点介绍及操作要点

（1）定义单字段主键：若表中某一字段中的值不重复且不为空值，则可定义该字段为主键。具体做法是：首先在设计视图下打开"学生"表，单击"学号"字段左端的字段选定器，然后在"设计"选项卡中的"工具"工具组中单击"主键"工具按钮。此时"学号"字段的行选定器上会显示一个钥匙状的"主键"图标，如图 3-62 所示。

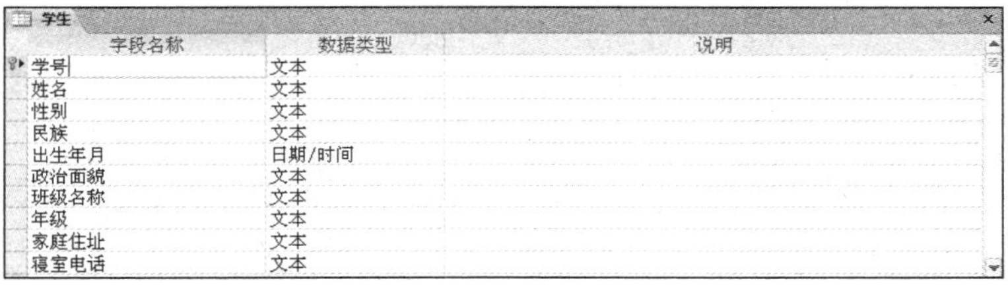

图 3-62　设置"学号"为主键

（2）定义多字段主键：当表中没有值不重复且不为空值的字段时，可以将多个字段的组合设置为主键。具体做法是：首先在设计视图下打开"选课"表，单击"学号"字段左侧的字段选定器，按住【Ctrl】键再单击"课程编号"字段左侧的字段选定器；然后在"设计"选项卡中的"工具"工具组中单击"主键"工具按钮。此时"学号"字段和"课程编号"的行选定器上均会显示一个钥匙状的"主键"图标，如图 3-63 所示。

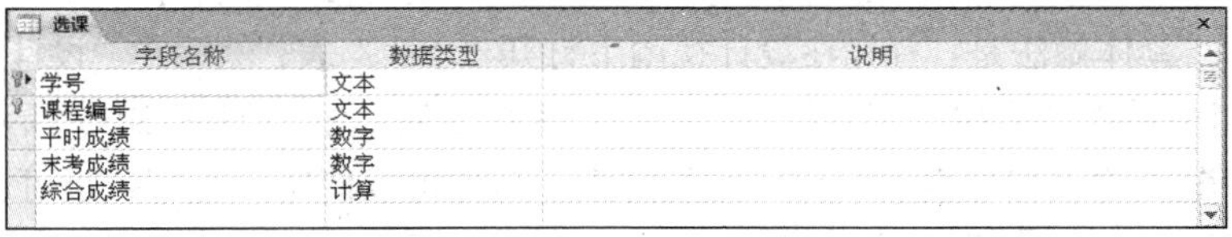

图 3-63　设置"学号"和"课程编号"为主键

说明：若要更改表中主键，需要先删除已定义的主键，再重新定义新主键。删除主键的方法是：首先在设计视图下打开表，单击主键的字段选定器；然后在"设计"选项卡中的"工具"工具组中单击"主键"工具按钮，系统将取消该主键。

3.3.3　索引

索引是表的重要属性之一，建立索引能帮助提高数据查找和排序的速度。按索引功能不同，可分为 3 种：主索引、唯一索引、普通索引。

① 主索引：系统将定义为主键的单字段自动设置为主索引。一个表中只有一个主索引。

② 唯一索引：字段值不可重复的索引为唯一索引。一个表中可以有多个唯一索引。

③ 普通索引：字段值可重复的索引为普通索引。

【例3-11】在"教学管理"数据库中的"学生"表中建立索引。

1. 知识点及具体操作要求

（1）建立单字段索引：设置表中"民族"字段为索引。

（2）建立多字段索引：设置表中"性别"字段和"出生年月"字段为索引。

2. 知识点介绍及操作要点

（1）建立单字段索引：若需要经常使用某字段进行搜索或排序，可通过设置该字段属性建立索引。具体做法是：首先在设计视图下打开"学生"表，单击"民族"字段左侧的字段选定器；然后单击"常规"选项卡的"索引"文本框右侧的下三角形按钮，在弹出的下拉列表中选择"有（有重复值）"，如图3-64所示。

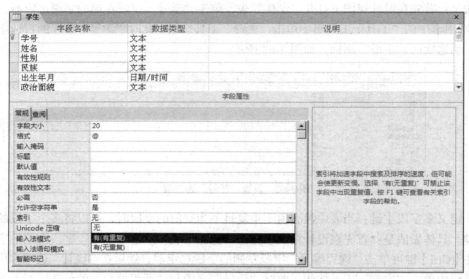

图 3-64 设置"民族"字段为索引

（2）建立多字段索引：若需要经常同时使用多个字段进行搜索或排序，可以通过"索引"工具按钮建立索引。具体做法是：首先在设计视图下打开"学生"表，然后在"设计"选项卡的"显示/隐藏"工具组中单击"索引"工具按钮，打开"索引"对话框，如图3-65所示；在"索引名称"列第一行中输入要设置的索引名称，此处的索引名称可以使用"性别"也可以另起名称。在"字段名称"列第一行的下拉列表中选择"性别"；在"字段名称"列第二行的下拉列表中选择"出生年月"，"索引名称"为空。

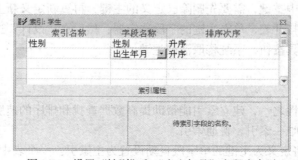

图 3-65 设置"性别"和"出生年月"字段为索引

3.3.4 创建、编辑表间关系

前面已经介绍了表间关系，下面介绍创建、编辑表间关系的具体方法。

【例 3–12】在"教学管理"数据库中，按要求完成表间关系的操作。

1. 知识点及具体操作要求

（1）创建表间关系：创建"学生"表和"选课"表间的关系。

（2）编辑表间关系：创建"课程"表和"选课"表间的关系。

2. 知识点介绍及操作要点

（1）创建表间关系

创建表间关系可以通过关系窗口实现。具体做法如下。

① 确认"学生"表和"选课"表均为关闭状态，在"数据库工具"选项卡的"关系"工具组中单击"关系"工具按钮，打开"关系"设计视图。

② 在"关系工具"|"设计"选项卡中的"关系"工具组中单击"显示表"工具按钮，打开如图 3-66 所示的"显示表"对话框。在该对话框中分别双击"学生"和"选课"表，将这两个表的字段列表添加到"关系"窗口中，如图 3-67 所示。关闭"显示表"对话框。

图 3-66 "显示表"对话框

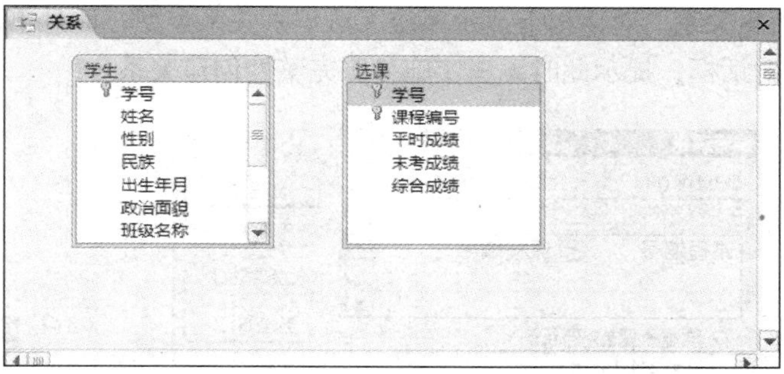

图 3-67 "关系"窗口

③ 选定"学生"字段列表中的"学号"字段，然后按住鼠标左键拖动鼠标至"选课"字段列表中的"学号"字段上松开鼠标。此时弹出如图 3-68 所示的"编辑关系"对话框。在该对话框中单击"实施参照完整性"复选框，然后还可以单击"级联更新相关字段"和"级联删除相关记录"复选框，单击"创建"按钮，可在"关系"窗口看到如图 3-69 所示的关系。

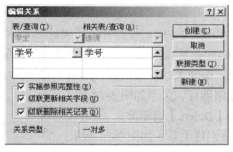

图 3-68 "编辑关系"对话框

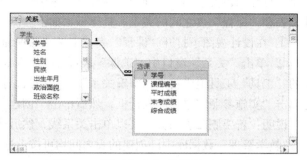

图 3-69 "学生"表和"选课"表的关系

说明：

① 从图 3-69 可以看到，两个表的相关字段之间出现了一条关系线，"学生"表的一方显示"1"，"选课"表的一方显示"∞"。该关系线表示"学生"表中的一条记录对应"选课"表中的多条记录，是一对多的关系。此时，"1"方表中的字段为主键，"∞"方表中的字段为外部关键字，也称外键。

② 建立表间关系时，相关字段的字段名称可以不同，但数据类型必须相同。

③ 参照完整性是指在输入或删除记录时，为了维护表之间已定义的关系而必须遵循的原则。参照完整性规则要求通过定义的外关键字和主关键字之间的引用规则来约定两个关系之间的联系。如果实施了参照完整性，主表中没有相关记录时，就不能将记录添加到相关表中；也不能在相关表中有匹配记录时，删除主表记录或更改主表中的主键值。也就是说，实施参照完整性后，对表中主键字段进行操作时，系统会自动检查该字段，若对主键的修改违背了参照完整性要求，则系统会强制执行参照完整性。

④ 选择"级联更新相关字段"选项，可以在更改主表的主键值时，自动更新相关表中对应的值；选择"级联删除相关记录"，可以在删除主表中的记录时，自动删除相关表中的相关记录。

（2）编辑表间关系

当我们按照上述方法建立"课程"表和"选课"表之间的关系时会发现，在如图 3-70 所示的"编辑关系"对话框上显示系统无法识别关系类型，而且单击"创建"时，会弹出如图 3-71 所示的对话框，提示此时无法实施参照完整性创建关系。

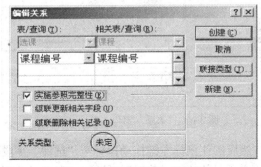

图 3-70 "编辑关系"对话框

图 3-71 提示信息

若不选择"实施参照完整性"选项创建的关系，则关系如图 3-72 所示。由此看来，若要实施参照完整性创建关系类型明确的表间关系，表中要有唯一索引或主键。此时，可以重新编辑"选课"表和"课程"表之间的关系。具体做法如下。

① 在设计视图下打开"课程"表，定义"课程编号"字段为主键，保存并关闭表。

② 单击"关系"窗口中"选课"表和"课程"表之间的关系线，在"关系"|"设计"选项卡的"工具"工具组中单击"编辑关系"工具按钮，打开"编辑关系"对话框，如图 3-73 所示，先单击"实施参照完整性"复选框，然后单击"创建"按钮即可，关系如图 3-74 所示。

说明：若要删除表间关系可以单击关系线，然后使用【Delete】键删除。

"教学管理"数据库中已创建的表之间均可按上述方法创建关系，如图 3-75 所示。

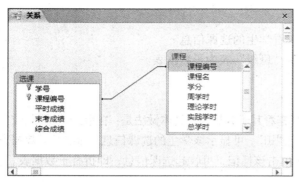

图 3-72 "选课"表和"课程"表的关系

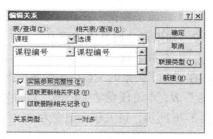

图 3-73 "编辑关系"对话框

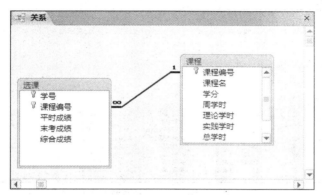

图 3-74 重新编辑后的"选课"表和"课程"表的关系

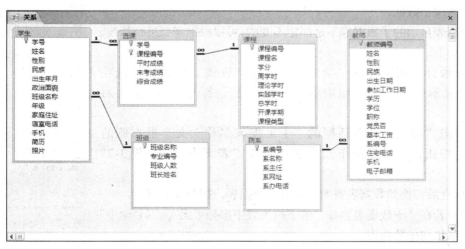

图 3-75 "教学管理"数据库中已创建的各表主键及表间关系

3.3.5 使用子数据表

我们可以发现，当建立了表间关系，在有的表中每行记录左端都有一个带有"+"的标记，表示此表与另一个表存在一对多的关系，且此表为主数据表，另一个表为子数据表。可以在主表中查看或使用子表中相关数据。

【例 3-13】在"教学管理"数据库中，完成如下操作。

1. 知识点及具体操作要求

（1）查看子数据表：打开"学生"表，查看学生的选课信息。

（2）修改子数据表：在"学生"表中显示"班级"表为子数据表。

2. 知识点介绍及操作要点

（1）查看子数据表

在建立了关系的主数据表的数据视图下可查看其子数据表。具体做法是：在数据表视图下打开"学生"表，单击任意学生记录左侧的关联标记"田"，可显示该学生的选课信息，即展开子数据表，如图 3-76 所示，且关联标记变为"曰"；再次单击该标记，可收起选课信息，即折叠子数据表。

	学号	姓名	性别	民族	出生年月	政治面貌	班级名称	年级	家庭住址	寝室电话	手机	简历	照片
曰	201001010101	周敏	女	汉	1992-5-4	党员	10会计1班	2010	湖南常德			2003年湖南常	

	课程编号	平时成绩	末考成绩	综合成绩	单击以添加
	000GB001	98	70	78.4	
	000GB002	87	78	80.7	
	000GB003	68	51	56.1	
	000GB004	84	60	67.2	
	000GB005	81	66	70.5	
	000GB006	84	78	79.8	
	000GB007	77	56	62.3	
	000GB008	96	50	63.8	
	0101ZB01	90	80	83	
	0101ZB02	73	75	74.4	
*					

	学号	姓名	性别	民族	出生年月	政治面貌	班级名称	年级	家庭住址
田	201001010102	刘小颖	女	白	1991-4-5	团员	10会计1班	2010	湖南邵阳
田	201001020101	黄于细	男	汉	1992-9-9	群众	10旅管1班	2010	湖南张家界
田	201002030101	刘琳	女	汉	1992-4-4	团员	10汉语言文学1班	2010	湖南澧县
田	201002040101	刘小梅	女	白	1990-3-3	团员	10对外汉语1班	2010	广东韶关
田	201003050101	尚天	男	满	1992-6-6	团员	10数技1班	2010	湖南永州
田	201003060101	黄宏伟	男	汉	1992-9-9	团员	10计科1班	2010	湖南益阳
田	201004080101	张小芳	女	汉	1992-8-8	群众	10英语1班	2010	湖南湘潭
田	201004080102	刘芳	女	白	1991-4-8	团员	10英语1班	2010	湖南常德
田	201005090101	孙玉化	男	维吾尔	1992-3-3	团员	10数应1班	2010	湖南益阳

图 3-76　在"学生"表中查看学生选课信息

（2）修改子数据表

主数据表显示的子数据表不是固定不变的，可以根据需要进行修改。具体做法如下。

① 在设计视图下打开"学生"表，在"表格工具|设计"选项卡中的"显示/隐藏"工具组中单击"属性表"，打开"属性表"对话框。

② 单击"属性表"对话框的"子数据表名称"文本框右侧的下三角形按钮，在弹出的下拉列表中选择"表.班级"，如图 3-77 所示。

③ 保存后切换到数据表视图。查看子数据表，如图 3-78 所示。

说明：若在"子数据表名称"的下拉列表中选择"无"，则"学生"表将不显示任何子数据表。

图 3-77　"属性表"对话框

	学号	姓名	性别	民族	出生年月	政治面貌	班级名称	年级	家庭住址	寝室电话	手机	简历	照片
曰	201001010101	周敏	女	汉	1992-5-4	党员	10会计1班	2010	湖南常德	88233482	18765437892	2003年湖南常	

	专业编号	班级人数	班长姓名	单击以添加
田	01	50	李小红	
*				

	学号	姓名	性别	民族	出生年月	政治面貌	班级名称	年级	家庭住址
田	201001010102	刘小颖	女	白	1991-4-5	团员	10会计1班	2010	湖南邵阳
田	201001020101	黄于细	男	汉	1992-9-9	群众	10旅管1班	2010	湖南张家界
田	201002030101	刘琳	女	汉	1992-4-4	团员	10汉语言文学1班	2010	湖南澧县
田	201002040101	刘小梅	女	白	1990-3-3	团员	10对外汉语1班	2010	广东韶关
田	201003050101	尚天	男	满	1992-6-6	团员	10数技1班	2010	湖南永州
田	201003060101	黄宏伟	男	汉	1992-9-9	团员	10计科1班	2010	湖南益阳
田	201004080101	张小芳	女	汉	1992-8-8	群众	10英语1班	2010	湖南湘潭
田	201004080102	刘芳	女	白	1991-4-8	团员	10英语1班	2010	湖南常德
田	201005090101	孙玉化	男	维吾尔	1992-3-3	团员	10数应1班	2010	湖南益阳

图 3-78　"学生"表的子数据表改为"班级"表

3.4 表对象的编辑

在 Access 中可以对表进行重命名、复制、删除等编辑操作，还可以对数据进行导入或导出。

3.4.1 表的重命名、复制与删除

在 Access 中可以对表进行重命名、复制、删除。

【例 3-14】在"教学管理"数据库中，完成如下操作。

1. 知识点及具体操作要求

① 重命名：将"选课"表重命名为"学生选课"表。

② 复制表：复制"学生"表，命名为"学生信息"表。

③ 删除表：删除"学生信息"表。

2. 知识点介绍及操作要点

① 重命名：表的重命名可以通过右键快捷菜单实现。具体做法是：首先右击导航窗格中的"选课"表，在弹出的快捷菜单中单击"重命名"命令；然后当表名可编辑时，输入新表名"学生选课"。值得注意的是，表重命名后，若数据库中有任何引用该表名的地方均需修改。

② 复制表：复制表可以通过"复制"、"粘贴"工具按钮实现。具体做法是：单击导航窗格中的"学生"表，在"开始"选项卡中的"剪贴板"工具组中单击"复制"工具按钮，再单击"粘贴"工具按钮，弹出如图 3-79 所示的"粘贴表方式"对话框；在"表名称"文本框中输入"学生信息"，单击"结构和数据"单选按钮，确定即可。

说明：从图 3-79 可以看出，复制表也可以只复制表结构，或者将表数据追加到另一个表的末尾。若要将表数据追加到另一个表，则"表名称"文本框要输入另一个表的表名。

③ 删除表：若有不需要的表可以删除。具体做法是：在导航窗格中单击"学生信息"表，然后在"开始"选项卡中的"记录"工具组中单击"删除"工具按钮，在弹出的提示框中选择"是"即可。

图 3-79 "粘贴表方式"对话框

3.4.2 表数据的导入与导出

在 Access 中可以将外部数据导入到数据库中，也可以将当前数据库中的表导出生成其他格式的外部文件。

【例 3-15】在"教学管理"数据库中，完成如下操作。

1. 知识点及具体操作要求

（1）数据导入

① 导入 Excel 文件：将"教师授课.xls"文件导入到"教学管理"数据库。

② 导入其他数据库文件：将"教学管理实例"数据库中的"专业"表导入到"教学管理"数据库。

（2）数据导出

将"学生"表导出生成"学生信息.xls"文件。

2. 知识点介绍及操作要点

（1）数据导入

① 导入 Excel 文件：创建数据表除了在 Access 中利用数据表视图或设计视图创建外，还可以将 Excel 文件导入数据库形成数据表。具体做法如下。

- 在"外部数据"选项卡中的"导入并链接"工具组中单击"导入 Excel 电子表格"按钮 "Excel"，打开"获取外部数据-Excel 电子表格"对话框。在该对话框中单击"浏览"按钮，在弹出的"打开"对话框中找到并双击要导入的"教师授课.xls"文件，返回到"获取外部数据-Excel 电子表格"对话框 1，如图 3-80 所示。

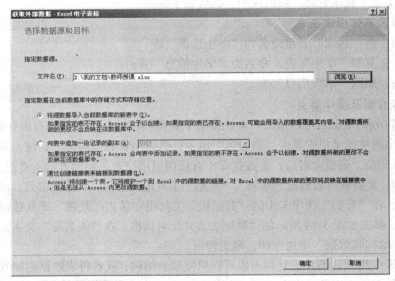

图 3-80 "获取外部数据-Excel 电子表格"对话框 1

- 单击"确定"按钮，弹出"导入数据表向导"对话框 1，该对话框列出了要导入表的内容，如图 3-81 所示。

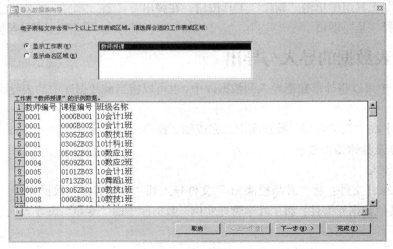

图 3-81 "导入数据表向导"对话框 1

- 单击"下一步"按钮，弹出"导入数据表向导"对话框 2，单击"第一行包含标题"复选框，如图 3-82 所示。

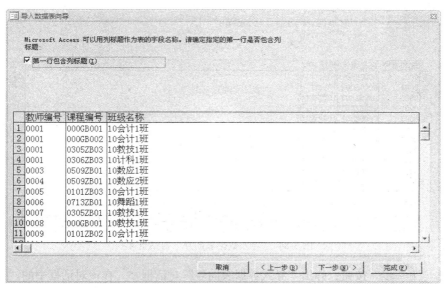

图 3-82　"导入数据表向导"对话框 2

- 单击"下一步"按钮，弹出"导入数据表向导"对话框 3，在该对话框中可以选择字段作为索引，如图 3-83 所示。

图 3-83　"导入数据表向导"对话框 3

- 单击"下一步"按钮，弹出"导入数据表向导"对话框 4，在该对话框中可以选择字段作为主键，也可以暂不设置主键，待表导入后再行设置，如图 3-84 所示。

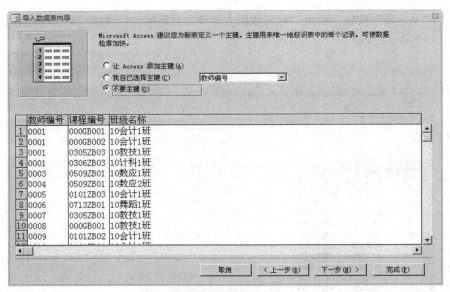

图 3-84　"导入数据表向导"对话框 4

- 单击"下一步"按钮，弹出"导入数据表向导"对话框 5，在该对话框中的"导入到表"文本框中输入"教师授课"作为表名，如图 3-85 所示。

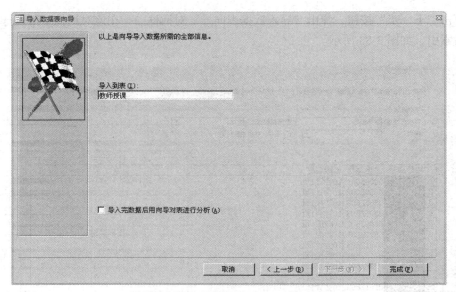

图 3-85　"导入数据表向导"对话框 5

- 单击"完成"按钮，弹出"获取外部数据-Excel 电子表格"对话框 2，取消该对话框中"保存导入步骤"复选框，如图 3-86 所示，单击"关闭"按钮完成导入。

说明：从图 3-80 可以看出，导入时数据在数据库中的存储方式不止一种，本例是导入一个新的数据表，若有同名表则覆盖。导入时也可以选择当有同名表时追加数据，或者选择第三种方式"通过创建链接表来连接到数据源"。选择这种方式，链接的数据不会与外部数据断绝链接，将随外部数据源变化而变化。

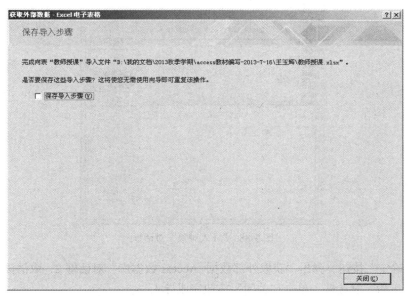

图 3-86　"获取外部数据-Excel 电子表格"对话框 2

② 导入其他数据库文件：除了可以将 Excel 文件导入数据库外，还可以将其他数据库中的表导入当前数据库。具体做法如下。

- 在"外部数据"选项卡中的"导入并链接"工具组中单击"导入 Access 数据库"按钮"![Access]"，打开"获取外部数据-Access 数据库"对话框。在该对话框中单击"浏览"按钮，在弹出的"打开"对话框中找到并双击要导入的"教学管理实例"文件，返回到"获取外部数据-Access 数据库"对话框 1，如图 3-87 所示。

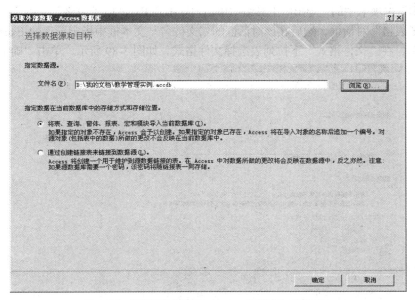

图 3-87　"获取外部数据- Access 数据库"对话框 1

- 单击"确定"按钮，弹出"导入对象"对话框，该对话框列出了"教学管理实例"数据库中包含的各种对象，在"表"选项卡中单击选中"专业"，如图 3-88 所示。

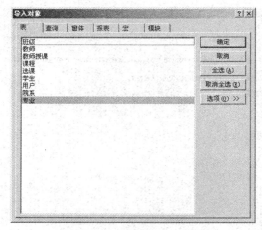

图 3-88　"导入对象"对话框

- 单击"确定"按钮，弹出"获取外部数据- Access 数据库"对话框 2，取消该对话框中"保存导入步骤"复选框，单击"关闭"按钮完成导入。

说明：

① 从图 3-87 可以看出，导入时也可以选择"通过创建链接表来连接到数据源"。选择这种方式，链接的数据不会与数据源断绝联接，一方数据变化另一方也会随之发生变化。

② 导入对象不仅可以是表，也可以是查询、窗体等 Access 中的其他种类对象。导入时可通过单击选中多个要导入的对象，一次完成导入。

（2）数据导出

数据库中表可以导出生成其他格式的文件。具体做法是：首先单击导航窗格中的"学生"表，在"外部数据"选项卡中的"导出"工具组中单击"导出到 Excel 电子表格"按钮"![icon]"，打开"导出-Excel 电子表格"对话框，然后在该对话框的"文件名"文本框中指定导出的 Excel 文件保存的位置和文件名，在"文件格式"下拉列表选择文件格式，如图 3-89 所示，单击"确定"按钮即可。

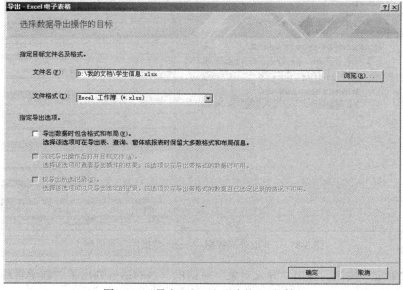

图 3-89　"导出-Excel 电子表格"对话框

本章小结

　　Access 表由表结构和表记录两部分组成。创建表包括创建表结构和输入表记录，创建表可以通过数据表视图或设计视图先创建表结构，然后输入表记录来完成。定义表结构就是确定字段名称、数据类型、字段大小等其他相关属性的过程。本章详细介绍了文本、备注、数字、日期/时间、货币、自动编号、是/否、OLE 对象、超链接、附件、计算、查阅向导 12 种数据类型；字段大小、格式、输入掩码、有效性规则等多种属性的用法和各种不同数据类型的输入方法。

　　表创建好后，可以在表中定位、查找记录；可以对记录进行插入、删除、修改等操作；还可以在表中对记录进行排序、筛选、冻结或隐藏字段以满足各种查看数据的需求。为了使表看起来更加美观、清晰还可以通过调整表的行高、列宽、边框、背景色等对表格进行修饰。

　　数据库通常包括多个表，为了更好地使用和维护表中数据，一般会为表建立关系。为各表设置主键及索引有利于建立清晰的表间关系。本章详细介绍了主键、索引的使用及表间关系的创建编辑方法。

　　若有 Excel 文件、其他数据库中的数据文件，也可以直接导入或链接到数据库中使用。当然也可以将数据库中的表导出成为其他格式的文件使用。

思考与练习

1. 表的结构是什么？
2. 字段的命名规则是什么？
3. 简述 Access 2010 中创建表的方法。
4. 文本字段和备注字段有什么区别？
5. 设置有效性规则和有效性文本的作用是什么？
6. 格式属性与输入掩码属性有什么区别？
7. 举例说明备注型字段如何输入数据。
8. 举例说明 OLE 对象型字段如何输入数据。
9. 举例说明附件型字段如何输入数据。
10. 简述筛选的几种方法。
11. 举例说明怎样查找和替换表中数据。
12. 怎样理解参照完整性、级联更新和级联删除？
13. 怎样将一个字段设置为主键？如何设置多字段主键？
14. 举例说明将外部数据导入 Access 数据库的过程。
15. 导入表和链接表的区别是什么？

第4章
查询操作

查询是 Access 数据库的重要对象，是专门处理和分析数据的工具。查询不仅可以从一个或多个表中检索出符合条件的数据，还能修改、删除、添加数据，并对数据进行计算。本章将介绍查询的概念和功能、查询的创建和使用。

本章学习目标：
- 理解查询的基本概念、功能和类型；
- 会利用表达式表示查询的条件；
- 掌握使用查询向导创建查询的方法，熟练掌握使用设计视图创建查询的方法；
- 熟练掌握选择查询、参数查询及操作查询；
- 理解 SQL 语言概述，学会使用 SQL 进行查询。

4.1 查 询 概 述

查询就是按照一定的条件从 Access 数据库表或已建立的查询中检索所需数据的主要方法。而这些提供了数据的表或查询就被称为查询的数据源。当创建了查询对象后，可以将它看成一个数据表，由它可以构成窗体、报表或者其他查询的数据来源。用户查询时，系统会根据数据源中当前数据产生查询结果，所以查询结果是一个动态集，随着数据源的变化而变化。

4.1.1 查询的功能

查询的目的是根据指定的条件对表或其他查询进行检索，找出符合条件的记录构成一个新的数据集合，以方便对数据进行查看和分析。在 Access 中，利用查询可以实现多种功能。

1. 选择字段

在查询中，可以只选择表中的部分字段。例如，建立一个查询，只显示学生表中每个学生的学号、姓名、性别和出生年月。利用此功能，可以选择一个表中的不同字段来生成所需的其他表。

2. 选择记录

在查询中，可以根据指定的条件查找所需的记录，并显示找到的记录。例如，建立一个查询，只显示学生表中少数民族的学生记录。

3. 编辑记录

编辑记录包括添加、修改和删除记录等操作。在 Access 中，可以利用查询来添加、修改和删除表中的记录。例如，删除学生表中"姓名"字段为空（Null）的记录。

4. 实现计算

查询不仅可以找到满足条件的记录，而且可以在建立查询的过程中进行统计计算，例如，计算每门课程的平均分。另外，还可以建立计算字段，利用计算字段保存计算的结果，例如根据学生表中的"出生年月"字段计算每个学生的年龄。

5. 建立新表

利用查询得到的结果可以建立一个新表。例如，查询女生记录并存放在一个新表中。

6. 为窗体和报表提供数据

为了从一个或多个表中选择合适的数据显示在窗体或报表中，用户可以先建立一个查询，然后用该查询结果为窗体或报表提供数据。每次打开窗体或打印报表时，该查询就将从它的数据源中检索出符合条件的最新记录。

4.1.2　查询的类型

在 Access 中，根据对数据源操作方式和操作结果的不同，可以把查询分为 5 种类型，分别是选择查询、参数查询、交叉表查询、操作查询和 SQL 查询。

1. 选择查询

选择查询是最常用、最简单的一种查询，它能够根据给定的查询条件，从一个或多个数据源中获取数据并显示结果，还可以在查询中对记录分组，并进行求和、计数、求平均值等统计计算。Access 的选择查询主要有简单选择查询、汇总查询、重复项查询、不匹配项查询等几种类型。

2. 参数查询

参数查询是一种交互式查询，它利用对话框来提示用户输入查询条件，然后根据所输入的条件检索记录。输入不同的值，得到不同的结果。因此，参数查询可以提高查询的灵活性。

3. 交叉表查询

交叉表查询可以计算并重新组织表的结构。这是一种可以将表中数据看成字段的查询方法。交叉表将数据源中的数据分组，一组在交叉表的左侧，另一组在交叉表的上部，表内行与列的交叉单元格显示表中数据的某个统计值，如和、平均值、计数、最大值和最小值等。

4. 操作查询

操作查询是指根据一定条件在查询中对数据源进行操作，可以对表中的记录进行追加、修改、删除和更新。

操作查询共有下述 4 种类型。

① 生成表查询：利用一个或多个表中的全部或部分数据创建新表。运行生成表查询的结果就是把查询得到的数据以另一个新表的形式予以存储。即使该生成表查询被删除，已生成的新表仍然存在。

② 删除查询：按一定条件从一个或多个表中删除一组记录，记录一旦被删除则不能恢复。

③ 更新查询：对一个或多个表中的一组记录进行全部更新。运行更新查询会自动修改有关表中的数据，数据一旦更新则不能恢复。

④ 追加查询：将一个或多个表的一组记录追加到另一个表的尾部。

5. SQL 查询

SQL 查询是使用 SQL 语句创建的查询。有一些特定 SQL 查询无法使用查询设计视图进行创建，而必须使用 SQL 语句创建。这类 SQL 查询包括联合查询、传递查询、数据定义查询和子查询 4 种。

① 联合查询：将两个以上的表或查询对应的多个字段的记录合并为一个查询数据表中的记录。

② 传递查询：直接将命令发送到 ODBC 数据库服务器中，由另一个数据库来执行查询。

③ 数据定义查询：用于创建、删除或更改表，或者在当前数据库中创建索引。

④ 子查询：是基于主查询的查询，一般可以在查询设计视图的"字段"行中输入 SQL SELECT 语句来定义新字段，或在"条件"行中定义字段的查询条件。例如，通过子查询做查询条件对某些结果进行测试，查找主查询中大于、小于或等于子查询返回值的值。

4.1.3　查询的视图

Access 2010 的查询共有 5 种视图，分别是设计视图、数据表视图、SQL 视图、数据透视表视图和数据透视图视图。当进行查询设计时，可以通过"设计"选项卡"结果"组中的"视图"按钮进行选择，如图 4-1 所示。

1. 设计视图

设计视图用于对查询设计进行编辑，如图 4-2 所示。选择"设计视图"即弹出查询设计器，通过该视图可以创建除 SQL 之外的各种类型查询。

2. 数据表视图

数据表视图是查询的数据浏览器，用于查看查询运行结果，如图 4-3 所示。查询的数据表视图与表很相似，但查询数据表中无法加入或删除列，而且不能修改查询字段的字段名。

图 4-1　查询的 5 种视图　　图 4-2　查询设计视图　　图 4-3　查询数据表视图

3. SQL 视图

SQL 视图用于显示与设计视图等效的 SQL 语句，如图 4-4 所示。SQL 视图是查看和编辑 SQL 语句的窗口，通过该窗口可以查看用查询设计器创建的查询所产生的 SQL 语句，也可以对 SQL 语句进行编辑和修改。

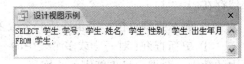

图 4-4　查询 SQL 视图

4. 数据透视表视图和数据透视图视图

数据透视表视图和数据透视图视图可以根据需要生成数据透视表和数据透视图，从而对数据进行分析，得到直观的分析结果。

4.1.4　查询的条件

查询数据需要指定相应的查询条件。例如，查找 1992 年出生的女生记录，"1992 年出生的女生"就是查询条件。查询条件一般是由常量、字段名、字段值、函数等运算对象用各种运算符连接起来生成的一个表达式，表达式的运算结果就是查询条件的取值。

1. Access 数据类型

数据类型决定了数据的存储方式，也决定了数据可以进行的操作类型。在 Access 中，很多地方都需要指定数据类型，比如定义数据表、声明变量等。数据类型分为标准数据类型和用户自定义数据类型两大类。

（1）标准数据类型

表 4-1 所示为各种标准数据类型以及它们的关键字、类型符、所占存储空间及取值范围。

表 4-1　　　　　　　　　　　　　标准数据类型列表

数据类型	关键字	类型符	所占字节数	取 值 范 围
字节	Byte	无	1 字节	0 ~ 255
整型	Integer	%	2 字节	-32768 ~ 32767
长整型	Long	&	4 字节	-2147483648 ~ 2147483647
单精度型	Single	!	4 字节	负数：-3.402823E38 ~ -1.401298E-45 正数：1.401298E-45 ~ 3.402823E38
双精度型	Double	#	8 字节	负数：-1.79769313486232E308 ~ -4.94065645841247E-324 正数：4.94065645841247E-324 ~ 1.79769313486232E308
货币型	Currency	@	8 字节	-922337203685477.5808 ~ 922337203685477.5807
字符型	String	$	与字符串长度有关	0 ~ 65500 字符
布尔型	Boolean	无	2 字节	True 或 False
日期型	Date	无	8 字节	100 年 1 月 1 日 ~ 9999 年 12 月 31 日
变体类型	Variant	无	根据分配确定	数字和双精度型同，文本和字符型同

① 布尔型数据（Boolean）。布尔型数据只有两个值：True 和 False。布尔型数据转换为其他类型数据时，True 转换为-1，False 转换为 0；其他类型数据转换为布尔型数据时，0 转换为 False，其他转换为 True。

② 变体类型数据（Variant）。变体类型数据是一种特殊的数据类型，除了定长字符串类型及用户自定义类型外，可以包含其他任何类型的数据。变体类型还可以包含 Empty、Error、Nothing 和 Null 等特殊值。使用时，可以用 VarType 与 TypeName 两个函数来检查 Variant 中的数据。如果没有显示声明或使用类型符定义变量的数据类型，则默认为变体类型。

（2）用户自定义数据类型

用户自定义数据类型由标准数据类型构造而成，并且可以包含多个标准数据类型或一个已经说明的其他用户自定义数据类型。

用户自定义数据类型需要使用 Type…End Type 语句，Type 语句基本格式如下：

```
Type [数据类型名]
    <域名> As <数据类型>
    <域名> As <数据类型>
```

```
    ...
End Type
```

例如，以下 Type 语句定义了一个名为 NewStudent 的数据类型，由 Sno（学号）、Sname（姓名）、Ssex（性别）、Sage（年龄）4 个分量组成：

```
Type NewStudent
    Sno  As  String*7
    Sname  As  String
    Ssex  As  String*1
    Sage  As  Integer
End Type
```

2. Access 常量

常量是指在程序运行过程中固定不变的量。在 Access 中，常量有数字型常量、文本型常量、日期/时间型常量、是/否型常量，不同类型的常量有不同的表示方法。

① 数字型常量分为整数和实数，表示方法和数学中的表示方法类似。

② 文本型常量用英文双引号作为定界符，如"Access 2010"、"数据查询"。

③ 日期/时间型常量用 "#" 作为定界符，如 2013 年 1 月 4 日可表示成#2013-1-4#或#2013/1/4#。

④ 是/否型常量有两个，用 True、Yes 或 −1 表示"是"（逻辑真），用 False、No 或 0 表示"否"（逻辑假）。

3. Access 常用函数

函数是一种能够完成某种特定操作或功能的数据形式，函数的返回值称为函数值。函数调用格式为：

```
函数名（ [参数1]  [,参数2]  [, …] ）
```

Access 提供了大量的标准函数，如数值函数、字符函数、日期/时间函数、统计函数、条件函数等。这些函数为更好地表示查询条件提供了方便，也为进行数据的统计、计算和处理提供了有效的方法。表 4-2 ~ 表 4-6 所示为一些常用函数的格式和功能。

表 4-2   常用数值函数

函　数	功　能	示　例	函数值
Abs(数值表达式)	返回数值表达式值的绝对值	Abs(-30)	30
Int(数值表达式)	返回数值表达式值的整数部分，如果数值表达式的值是负数，返回小于或等于数值表达式值的第一负整数	Int(5.5) Int(-5.5)	5 -6
Fix(数值表达式)	返回数值表达式值的整数部分，如果数值表达式的值是负数，返回大于或等于数值表达式值的第一负整数	Int(5.5) Int(-5.5)	5 -5
Sqr(数值表达式)	返回数值表达式值的平方根值	Sqr(4)	2
Sgn(数值表达式)	返回数值表达式值的符号对应值，数值表达式大于 0、等于 0、小于 0，返回值为 1、0、−1	Sgn(5.4) Sgn(0) Sgn(-5.4)	1 0 -1
Rnd(数值表达式)	返回一个 0~1 之间的随机数		
Round(数值表达式 1, 数值表达式 2)	对数值表达式 1 的值按数值表达式 2 指定的位数四舍五入	Round(12.59, 1) Round(12.59, 0)	12.6 13

表 4-3　　　　　　　　　　　　　　　　　常用字符函数

函　　　数	功　　　能	示　　　例	函数值
Space(数值表达式)	返回数值表达式值指定的空格个数组成的空字符串	" 教学 " & Space(2) & " 管理 "	" 教学　管理 "
String(数值表达式,字符表达式)	返回一个由字符表达式的第一个字符重复组成的由数值表达式值指定长度的字符串	String(3, " abcdefg ")	" aaa "
Len(字符表达式)	返回字符表达式的字符个数	Len(" 教学 " & " 管理 ")	4
Left(字符表达式,数值表达式)	按数值表达式值取字符表达式值的左边子字符串	Left(" 教学管理 " ,2)	" 教学 "
Right(字符表达式,数值表达式)	按数值表达式值取字符表达式值的右边子字符串	Right(" abcdefg " ,3)	" efg "
Mid(字符表达式,数值表达式 1[, 数值表达式 2])	从字符表达式值中返回以数值表达式 1 规定起点、以数值表达式 2 指定长度的字符串	Mid(" abc " & " defg " ,3, 4)	" cdef "
Ltrim(字符表达式)	返回去掉字符表达式前导空格的字符串	" 教学 " &Ltrim("　　管理 ")	" 教学管理 "
Rtrim(字符表达式)	返回去掉字符表达式尾部空格的字符串	" 教学 " &Rtrim(" 管理　　 ")	" 教学管理 "
trim(字符表达式)	返回去掉字符表达式前导和尾部空格的字符串	" 教学 " &trim("　　管理　　 ")	" 教学管理 "
Asc(字符表达式)	返回字符表达式首字符的 ASCII 代码值	Asc(" ABC ")	65
Chr(字符的 ASCII 代码值)	返回 ASCII 代码值对应的字符	Chr(97)	" a "
Ucase(字符表达式)	将字符表达式值中的小写字母转换为相应的大写字母	Ucase(" Access ")	" ACCESS "
Lcase(字符表达式)	将字符表达式值中的大写字母转换为相应的小写字母	Lcase(" Access ")	" access "
Str(数值表达式)	将数值表达式值转换成字符串，并在字符串前面保留一空格表示正负。数值表达式值>=0 时，用空格表示正号	Str(1+2+3+4) Str(-1-2-3-4)	"　10 " " -10 "
Val(字符表达式)	将数字字符串去掉空格、制表符和换行符转换成数值型数字，当遇到第一个非数字时停止转换。当字符串不以数字开头时，返回 0	Val(" 9 9 9 GPS99 ") Val(" GPS 9 9 9 ")	999 0
InStr(字符表达式 1, 字符表达式 2)	返回字符表达式 2 在字符表达式 1 中的位置，否则返回 0	InStr(" abc " , " b ") InStr(" abc " , " h ")	2 0

表 4-4   常用日期函数

函 数	功 能	示 例	函数值
Date( )	返回当前系统日期		
Time( )	返回当前系统时间		
Now( )	返回当前系统日期和系统时间		
Year(日期表达式)	返回日期表达式对应的年份值	Year(#2013-12-24#)	2013
Month(日期表达式)	返回日期表达式对应的月份值	Month(#2013-12-24#)	12
Day(日期表达式)	返回日期表达式对应的日期值	Day(#2013-12-24#)	24
Weekday(日期表达式)	返回日期表达式对应的星期值	Weekday(#2013-12-24#)	2
DateSerial(数值表达式 1,数值表达式 2,数值表达式 3)	返回指定年月日的日期,其中数值表达式 1 的值为年,数值表达式 2 的值为月,数值表达式 3 的值为日	DateSerial(2013,7-2,4)	2013-5-4

表 4-5   常用统计函数

函 数	功 能	示 例	函 数 值
Sum(字符表达式)	返回表达式对应的数值型字段的列值的总和	Sum(末考成绩)	计算末考成绩字段的总和
Avg(字符表达式)	返回表达式对应的数值型字段的列值的平均值。忽略 Null 值	Avg(末考成绩)	计算末考成绩字段的平均分
Count(字符表达式) Count(*)	返回表达式对应的数值型字段中值的数目,忽略 Null 值 返回表或组中所有行的数目,Null 值被计算在内	Count(末考成绩)	统计有末考成绩的学生人数
Max(字符表达式)	返回表达式对应字段列中的最大值。忽略 Null 值	Max(末考成绩)	返回末考成绩字段的最大值
Min(字符表达式)	返回表达式对应字段列中的最小值。忽略 Null 值	Min(末考成绩)	返回末考成绩字段的最小值

表 4-6   条件函数

函 数	功 能	示 例	函 数 值
IIf(逻辑表达式,表达式 1,表达式 2)	若逻辑表达式值为真,返回表达式 1 的值,否则返回表达式 2 的值	IIf(3>1,"YES","NO") IIf(Val([开课学期]) Mod 2=0,"上","下")	YES 若开课学期为偶数,返回"上",否则返回"下"

4. Access 的运算符

运算符是构成查询条件的基本元素。Access 提供了算术运算符、比较运算符、逻辑运算符、字符运算符和特殊运算符。

① 算术运算符:其优先顺序和数学中的算术运算规则完全相同。算术运算符及含义如表 4-7 所示。

表 4-7 算术运算符及含义

算术运算符	说　明	示　例	运算结果
+	加法	12.3+10	22.3
–	减法	12.3-10	2.3
*	乘法	12.3*10	123
/	浮点除法，结果为浮点数	10.20/4.9	2.0816326530612 2
\	整数除法，结果为整数。若操作数为小数则四舍五入成整数后再运算。若运算结果为小数则截断取整	10.20\4.9 9\3.4	2 3
^	乘方	2^4	16
Mod	求余。若操作数为小数则四舍五入成整数后再运算。若被除数是负数则余数也是负数，若被除数是正数则余数也是正数	12 Mod 5 12.7 Mod 5 -12 Mod 5	2 3 -2

② 关系运算符：用于表示两个操作数之间的比较，其结果是逻辑值。Access 关系运算符及含义如表 4-8 所示。

表 4-8 关系运算符及含义

关系运算符	说　明	示　例	运算结果
>	大于	5>45	假
>=	大于等于	5>=5	真
<	小于	" a " < " b "	真
<=	小于等于	" 123 " <= " 3 "	真
=	等于	" abc " = " ABC "	假
<>	不等于	" abc " <> " ABC "	真

③ 逻辑运算符：用于将逻辑型数据连接起来，以表示更复杂的条件，其结果仍然是逻辑值。Access 逻辑运算符及含义如表 4-9 所示。

表 4-9 逻辑运算符及含义

逻辑运算符	说　明	示　例	运算结果
Not	逻辑非。当 Not 连接的表达式为真时，整个表达式的值为假，否则为真	Not (10<4)	真
And	逻辑与。当 And 两边的表达式都为真时，整个表达式的值为真，否则为假	5>=5 And 35<25	假
OR	逻辑或。只要 Or 两边的表达式其中之一为真，整个表达式的值为真，否则为假	5>=5 Or 35<25	真

④ 字符运算符：可以将两个字符串连接起来得到一个新的字符串。Access 字符运算符及含义如表 4-10 所示。

表 4-10　　　　　　　　　　　　　　　字符运算符及含义

字符运算符	说　明	示　例	运算结果
+	将两个字符串连接起来形成一个新字符串，要求操作数必须是字符	"教学"+"管理"	教学管理
&	操作数可以是字符、数值或日期/时间型数据；当操作数不是字符时，先转换为字符，再进行连接运算	"教学"&"管理" 123&4*5	教学管理 12320

⑤ 特殊运算符：数据库操作中，还经常用到一组特殊的运算符，其结果为逻辑值。Access特殊运算符及含义如表4-11所示。

表 4-11　　　　　　　　　　　　　　　特殊运算符及含义

特殊运算符	说　明	示　例	含　义
In	用于指定一个字段值的列表，列表中的任意一个值都可与查询的字段相匹配	In("刘芳"，"刘琳")	姓名为刘芳或刘琳
Between	用于指定一个字段值的范围。指定的范围之间用And连接	Between 80 And 90	80~90之间
Like	用于指定查找文本字段的字符模式。在所定义的字符模式中，用"？"表示该位置可匹配任何一个字符；用"*"表示该位置可匹配任何多个字符；用"#"表示该位置可匹配一个数字；用方括号描述一个范围，用于可匹配的字符范围	Like "刘？" Like "刘*" Like "#系" Like "[ac]班"	姓刘且姓名只有2个字的 所有姓刘的 0~9之间任一数字字符的系 a班或c班
Is	与Null一起使用确定字段值是否为空值	Is Null Is Not Null	用于指定一个字段为空 用于指定一个字段为非空

5. Access 的表达式

表达式就是用运算符将常量、函数、字段名、字段值等操作数连接起来构成的式子，例如，5+2*10 Mod 10\9/3+2^2。表4-12所示为运算符的优先级序。

表 4-12　　　　　　　　　　　　　　　运算符优先级

优先级	高　　　　　　　　　　　　　　→　　　　　　低			
高 低	算术运算符	连接运算符	关系运算符	逻辑运算符
	乘方^	字符串连接& 字符串连接+	等于= 不等于<>	逻辑非Not
	负数-			
	乘法和除法*、/		小于< 大于>	逻辑与And
	整数除法\			
	求余Mod		小于等于<= 大于等于>=	逻辑或Or
	加法和减法+、-			

说明：

① 不同类型运算符优先级由高到低为：算术运算符—连接运算符—关系运算符—逻辑运算符。

② 所有算术运算符和逻辑运算符必须按所列优先顺序处理。

③ 所有关系运算符和连接运算符的优先级相同，按从左到右顺序处理。

④ 括号优先级最高。可以用括号改变优先顺序，使表达式的某些部分优先运算。

根据运算优先级原则，上述表达式 5+2*10 Mod 10\9/3+2^2 的值为 11。

在 Access 中对表进行查询时，常常要表示各种条件，对满足条件的记录进行操作，此时就要灵活运用各类表达式来表示查询的条件。表 4-13 所示为一些查询条件示例。

表 4-13　　　　　　　　　　　　　　查询条件示例

字 段 名	条　件	功　能
职称	″教授″ Or ″副教授″	查询职称为教授或副教授的记录
	In(″教授″，″副教授″)	
姓名	Like ″张*″	查询姓张的记录
	Left([姓名],1)= ″张″	
	Mid([姓名],1,1)= ″张″	
民族	Not Like ″汉″	查询少数民族的记录
	Not ″汉″	
	<> ″汉″	
出生日期	Date( )-[出生日期]<=45*365	查询 45 岁以下的记录
	Year(Date( ))- Year([出生日期])<=45	
参加工作日期	Between #2004-01-01# And #2004-12-31#	查询 2004 年参加工作的记录
	Year([参加工作日期])=2004	
	Date( )-[参加工作日期]<15	查询 15 天内参加工作的记录
	>Date( )-15	
	Between Date( )-15 And Date( )	
综合成绩	Between 70 And 90	查询综合成绩在 70～90 之间的记录
	>=70 And <=90	

在表 4-13 的示例中，查找职称为"教授"或"副教授"的教师，查询条件可以表示为：= ″教授″ Or = ″副教授″，但为了输入方便，允许在条件中省去"="。因此可以直接表示为：″教授″ Or ″副教授″。输入时若没有加双引号，则 Access 会自动加上双引号。

注意　　在条件中字段名必须用方括号括起来，而且字段名和数据类型应遵循字段定义时的规则，否则会出现数据类型不匹配的错误。

4.2　创建选择查询

根据指定条件，从一个或多个数据源中获取数据的查询称为选择查询。创建选择查询有两种方法，一是使用查询向导，二是使用查询设计视图。查询向导能够有效地指导用户逐步创建查询，详细说明在创建过程中需要进行的选择。设计视图不仅可以完成新建查询的设计，也可以修改已有查询。两种方法特点不同，查询向导操作简单、方便，设计视图功能丰富、灵活。因此，可以根据实际需要进行选择。

4.2.1　利用查询向导创建

利用查询向导创建查询比较简单，用户可以在向导引导下选择一个或多个表、一个或多个字段，但不能设置查询条件。Access 提供了简单查询向导、查找重复项查询向导和查找不匹配项查询向导来创建选择查询。

1. 简单查询向导

简单查询向导可以从一个或多个表中检索数据，并对记录进行计算。

创建查询时，先要确定数据来源，即创建查询所需要的字段由哪些表或查询提供，然后确定查询中要使用的字段。

【例 4-1】在"教学管理"数据库中，查找教师表中的记录，要求显示教师编号、姓名、性别、参加工作日期和系编号。

操作步骤如下。

① 在 Access 中，单击"创建"选项卡，再单击"查询"组中的"查询向导"按钮，打开"新建查询"对话框，如图 4-5 所示。

② 选择"简单查询向导"，单击"确定"按钮，打开"简单查询向导"第 1 个对话框。

③ 选择查询数据源，添加所需字段。在该对话框中，单击"表/查询"下拉列表框右侧的下拉箭头按钮，从弹出的下拉列表中选择教师表。这时"可用字段"列表框中显示教师表中包含的所有字段。双击"教师编号"、"姓名"、"性别"、"参加工作日期"和"系编号"字段添加到"选定字段"列表框中，结果如图 4-6 所示。单击"下一步"，打开"简单查询向导"第 2 个对话框。

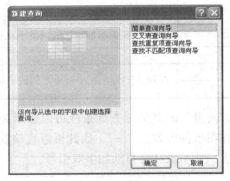

图 4-5　"新建查询"对话框

图 4-6　字段选定结果

④ 指定查询名称。在"请为查询指定标题"文本框中输入所需的查询名称，也可以使用默认标题，本例使用默认标题。如果要打开查询查看结果，则单击"打开查询查看信息"单选按钮；如果要修改查询设计，则单击"修改查询设计"单选按钮。这里单击"打开查询查看信息"单选按钮。

⑤ 单击"完成"按钮。查询结果如图 4-7 所示。

所建查询的数据源既可以是来自一个表或查询中的数据，也可以来自多个表或查询。当所建查询的数据源来自多个表时，在建立查询之前，应先建立表之间的关系。

【例 4-2】在"教学管理"数据库中，查找每名学生选课的末考成绩，要求显示学号、姓名、课程名和末考成绩。查询名为"学生选课末考成绩"。

操作步骤如下。

① 打开"简单查询向导"第 1 个对话框。在该对话框中，单击"表/查询"下拉列表框右侧的下拉箭头按钮，从弹出的下拉列表中选择学生表，然后分别双击"可用字段"的"学号"、"姓名"字段，将它们添加到"选定字段"列表框中。

② 使用相同方法，将课程表中的"课程名"字段和学生选课表中的"末考成绩"字段添加到"选定字段"列表框中。字段选定结果如图 4-8 所示。

图 4-7　查询结果　　　　　　　　　　　　图 4-8　字段选定结果

③ 单击"下一步"按钮，打开"简单查询向导"第 2 个对话框。在该对话框中，需要确定的是建立明细查询还是汇总查询。如果要查看详细信息，则建立明细查询；如果要对一组或全部记录进行统计计算，则建立汇总查询。本例建立明细查询。

④ 单击"下一步"按钮，打开"简单查询向导"第 3 个对话框。在"请为查询指定标题"文本框中输入"学生选课末考成绩"。

⑤ 单击"完成"按钮，查询结果如图 4-9 所示。

用数据表视图显示查询结果时，字段排列顺序与在"简单查询向导"对话框中选定字段的顺序相同。因此在选定字段时，应考虑按照字段的显示顺序选取。当然，也可以在数据表视图中改变字段的顺序。

图 4-9　查询结果

2. 查找重复项查询向导

若要确定表中字段是否具有相同值，可以通过"查找重复项查询向导"建立重复项查询，其数据来源只能有一个。

【例 4-3】在"教学管理"数据库中，查询学生表中的重名学生，要求显示姓名、学号、性别和年级。查询名为"学生重名查询"。

操作步骤如下。

① 打开"新建查询"对话框。选择"查找重复项查询向导"，然后单击"确定"按钮，打开"查找重复项查询向导"第 1 个对话框。

② 选择查询数据源。在该对话框中，单击"表：学生"选项，如图 4-10 所示。单击"下一步"按钮，打开"查找重复项查询向导"第 2 个对话框。

③ 选择包含重复值的字段。双击"姓名"字段，将其添加到"重复字段值"列表框中，如图 4-11 所示。单击"下一步"按钮，打开"查找重复项查询向导"第 3 个对话框。

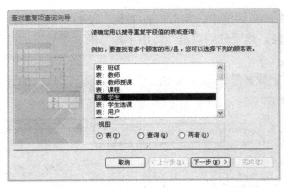

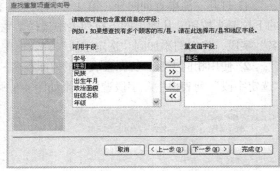

图 4-10　选择数据源　　　　　　　　　图 4-11　选择包含重复值的字段

④ 选择重复字段之外的其他字段。分别双击"学号"、"性别"和"年级"字段，将它们添加到"另外的查询字段"列表框中，如图 4-12 所示。单击"下一步"按钮，打开"查找重复项查询向导"第 4 个对话框。

⑤ 指定查询名称。在"请指定查询的名称"文本框中输入"学生重名查询"，然后单击"查看结果"单选按钮，单击"完成"按钮，查询结果如图 4-13 所示。

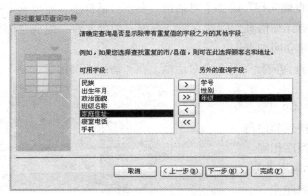

图 4-12　选择重复字段之外的其他字段　　　　　图 4-13　学生重名查询结果

3. 不匹配项查询向导

在关系数据库中，当表间建立了一对多的关系后，通常"一方"表的每条记录与"多方"表的多条记录相匹配，但是也可能存在"多方"表中没有记录与之相匹配。要查找一个表与另一个表不匹配的记录，可以使用"查找不匹配项查询向导"，其数据来源必须是两个。

【例 4-4】在"教学管理"数据库中，查询无人选修的课程，要求显示课程编号和课程名。查询名为"无人选修的课程查询"。

操作步骤如下。

① 打开"新建查询"对话框。选择"查找不匹配项查询向导"，然后单击"确定"按钮，打开"查找不匹配项查询向导"第 1 个对话框。

② 选择包含查询结果的表。单击"表：课程"选项，如图 4-14 所示。单击"下一步"按钮，打开"查找不匹配项查询向导"第 2 个对话框。

③ 选择包含相关记录的表。单击"表：学生选课"选项，如图 4-15 所示。单击"下一步"按钮，打开"查找不匹配项查询向导"第 3 个对话框。

图 4-14　选择包含查询结果的表　　　　　　　图 4-15　选择包含相关记录的表

④ 确定在两个表中都有的信息。Access 将自动找出相匹配的字段"课程编号"，如图 4-16 所示。单击"下一步"按钮，打开"查找不匹配项查询向导"第 4 个对话框。

⑤ 确定查询结果中所需显示的字段。分别双击"课程编号"和"课程名"，将它们添加到"选定字段"列表框中，如图 4-17 所示。单击"下一步"按钮，打开"查找不匹配项查询向导"第 5 个对话框。

图 4-16　确定在两张表中都有的信息　　　　　图 4-17　选择查询结果所需显示的字段

⑥ 指定查询名称。在"请指定查询名称"文本框中输入"无人选修的课程查询"，然后单击"查看结果"单选按钮，单击"完成"按钮。查询结果如图 4-18 所示。

图 4-18　无人选修的课程查询结果

4.2.2　利用查询设计视图创建

在实际应用中，需要创建的查询多种多样，有些带有条件，有些不带任何条件。使用查询向导虽然可以快速、方便地创建查询，但它只能创建不带条件的查询；而对于带有条件的查询则需要通过使用查询设计视图来完成。

1. 查询设计视图的组成

查询有 5 种视图，分别是设计视图、数据表视图、SQL 视图、数据透视表视图和数据透视图视图。在设计视图中，既可以创建不带条件的查询，也可以创建带条件的查询，还可以对已建查询进行修改。

打开"教学管理"数据库，单击"创建"选项卡，再在"其他"命令组中单击"查询设计"命令按钮，打开查询设计视图，如图 4-19 所示。

图 4-19　查询设计视图窗口

查询设计视图窗口分为上下两部分。上半部分为字段列表区，显示所选表的所有字段；下半部分为设计网格区，其中的每一列对应查询动态数据集的一个字段，每一行对应字段的一个属性或要求。设计网格区每行的作用如表 4-14 所示。

表 4-14　　　　　　　　　　　　　　设计网格区每行的作用

行 的 名 称	作　　用
字段	设置查询要选择的字段
表	设置字段所在表或查询的名称
排序	定义字段的排序方式
显示	定义字段是否在数据表视图（查询结果）中显示出来
条件	设置字段限制条件
或	设置"或"条件限制记录的选择

注意

对于不同类型的查询，设计网格区所包含的行项目会有所不同。例如，汇总查询时会出现"总计"行，用于定义字段在查询中的计算方法。

2. 创建不带条件的查询

不带条件的查询属于较简单的查询，虽无法实现对记录的选择，但可以实现对字段的选择。

【例 4-5】在"教学管理"数据库中，查询学生选课成绩信息，要求显示学号、姓名、课程名和综合成绩。查询名称为"学生选课综合成绩查询"。

操作步骤如下。

① 打开"教学管理"数据库，单击"创建"选项卡，再单击"查询"组中的"查询设计"按钮 ，打开查询设计视图，并弹出"显示表"对话框，如图 4-20 所示。

② 选择数据源。分别双击学生表、课程表和学生选课表，将它们添加到查询设计视图的字段列表区。单击"关闭"按钮关闭"显示表"对话框，如图 4-21 所示。

③ 选择字段。在表的字段列表中选择字段并放在设计网格的"字段"行上，有 3 种方法可以实现。

● 单击某字段，按住鼠标左键不松动将其拖到设计网格区的"字段"行上。

- 双击所选字段。
- 单击设计网格区"字段"行中要放置字段的列，再单击下拉箭头按钮，并从下拉列表中选择所需字段。

图 4-20　"显示表"对话框

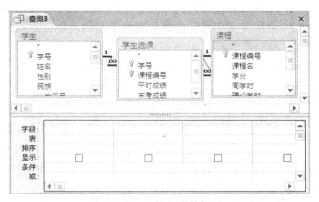

图 4-21　添加查询数据源

这里分别双击学生表中的"学号"和"姓名"字段、课程表中的"课程名"字段和学生选课表中的"综合成绩"字段，将它们添加到"字段"行的第 1 到第 4 列。同时，"表"行上显示了这些字段所在表的名称。设置结果如图 4-22 所示。

可以看到，在设计网格区的"显示"行上每列都有一个复选框，用它来设置其对应字段是否在查询结果中显示。选中复选框表示显示这个字段。根据题目的查询要求和显示要求，这 4 个字段的复选框都要选中。如果其中有些字段仅作为条件使用，而不需要在查询结果中显示，则应取消选中的复选框。

④ 保存查询。单击快速访问工具栏上的"保存"按钮，打开"另存为"对话框，在"查询名称"文本框中输入"学生综合成绩查询"，单击"确定"按钮。

⑤ 查看结果。单击"设计"选项卡，再单击"结果"组中的"视图"按钮或"运行"按钮，切换到数据表视图，可看到学生选课综合成绩查询结果如图 4-23 所示。

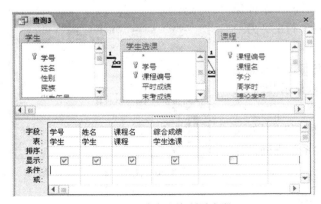

图 4-22　确定查询所需字段

图 4-23　学生选课综合成绩查询结果

3. 创建带条件的查询

带条件的查询可以实现对记录的选择，也可以实现对字段的选择，这是实际应用中最常见的一种选择查询。

【例 4-6】在"教学管理"数据库中,查询 1992 年出生的女生信息,要求显示学号、姓名、出生年月和班级名称。

操作步骤如下。

① 打开查询设计视图,将学生表添加到字段列表区。

② 添加查询字段。在学生表的字段列表中分别双击"学号"、"姓名"、"出生年月"、"班级名称"和"性别"字段。

③ 设置显示字段。按题目要求,不需显示"性别"字段,故单击其显示复选框,使复选框内变为空白。

④ 输入查询条件。在"出生年月"字段列的"条件"行中输入"Year([出生年月])=1992",在"性别"字段列的"条件"行中输入""女"",如图 4-24 所示。

⑤ 保存查询。保存所建查询,将其命名为"1992 年出生的女生"。

⑥ 切换到数据表视图,查询结果如图 4-25 所示。

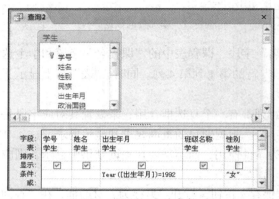

图 4-24 设置查询条件

图 4-25 查询结果

本例中,查询条件涉及"出生年月"和"性别"两个字段,要求两个字段条件同时满足,即两个条件之间是"与"关系,此时应将两个条件同时设置在"条件"行上或同时设置在"或"行上。若两个条件是"或"关系,则应将其中一个条件放在"条件"行上,另一个条件放在"或"行上。

【例 4-7】在"教学管理"数据库中,查询数学与应用数学专业的女生和对外汉语专业的男生,要求显示"姓名"、"性别"和"专业名称"。

根据题意,"数学与应用数学专业的女生"和"对外汉语专业的男生"这两个条件之间是"或"关系,查询设计视图如图 4-26 所示。

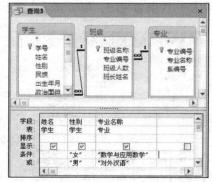

图 4-26 使用"或"行设置条件

4.2.3 在查询中添加计算字段

前面介绍了创建查询的一般方法,同时也使用这些方法创建了一些查询,但所建查询仅仅是为了获取满足条件的记录,并没有对查询结果进行更深入的分析和利用。在实际应用中,常常需要用一个或多个字段的值进行数值、日期或文本计算。例如,用某一个字段值乘以某一数值,用两个日期/时间字段的值相减等。

当需要统计的数据在表中没有相应的字段，或者用于计算的数据值来源于多个字段时，应在设计网格区添加一个新字段。新字段的值是根据一个或多个字段并使用表达式计算得到的，也称为计算字段。创建计算字段的方法是在查询设计视图的设计网格区"字段"行中直接输入计算字段及其计算表达式。输入格式如下。

计算字段名:计算表达式。

计算字段名和计算表达式之间的分隔符是用英文标点符号":"。

【例 4-8】在"教学管理"数据库中，计算每个学生的年龄，要求显示学生姓名和年龄。其中"年龄"为计算字段，根据系统日期和每个人的出生年月计算得到。

操作步骤如下。

① 打开查询设计视图，将学生表添加到字段列表区。

② 添加查询字段、创建计算字段。在学生表的字段列表中双击"姓名"字段，将其添加到设计网格中，并在设计网格中第 2 列"字段"单元格输入"年龄:Year(Date( ))-Year([出生年月])"，如图 4-27 所示。

③ 设置显示字段。"姓名"和"年龄"字段均需显示。

④ 保存查询。保存所建查询，并输入查询名称"学生年龄计算查询"。

⑤ 切换到数据表视图，查询结果如图 4-28 所示。

图 4-27　包含计算字段的查询　　　　　图 4-28　年龄计算查询结果

【例 4-9】在"教学管理"数据库中，计算教科系教师的月收入，要求显示姓名、系名称、基本工资、奖金和月收入。其中奖金为基本工资的 40%，月收入为基本工资与奖金之和。

操作步骤如下。

① 打开查询设计视图，将教师表、院系表添加到字段列表区。

② 添加查询字段、创建计算字段。分别在教师表的字段列表中双击"姓名"、"基本工资"字段，在院系表的字段列表中双击"系名称"字段，将它们添加到设计网格区，并在设计网格中第4 列"字段"单元格输入"奖金:[基本工资]*0.4"，第 5 列输入"月收入:[基本工资]+[奖金]"。

③ 设置显示字段。"姓名"、"系名称"、"基本工资"、"奖金"和"月收入"5 个字段均需显示。

④ 设置查询条件。在"系名称"字段列的"条件"行输入"教科系"，设置情况如图 4-29 所示。

⑤ 保存查询。

⑥ 切换到数据表视图，查询结果如图 4-30 所示。

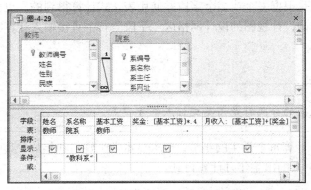

图 4-29　条件设置和添加计算字段　　　　图 4-30　教科系教师月收入计算查询结果

4.3　创建参数查询

Access 为用户提供了参数查询，其查询条件是动态的，可以在每次运行查询时输入不同的条件值，然后检索符合条件的记录。当用户希望根据某个或某些字段不同的值来查找记录，就可以使用参数查询，利用弹出的对话框，提示用户输入参数，并检索符合所输参数的记录。这样在查询的过程中体现了更强的交互性，查询也更灵活。

创建参数查询的步骤和普通的选择查询类似，只是在设计网格区的"条件"行中不再输入具体的查询条件，而是使用方括号"[ ]"占位，并在其中输入提示文字，实现参数查询的设计。运行参数查询时，会弹出对话框，并显示方括号中的提示文字以指导用户输入参数值。用户输入并确认后，系统会用这个参数值替换"[ ]"占位的内容，动态地生成查询条件，再执行查询以获得用户所需数据。

根据查询中参数的不同，参数查询可以分为单参数查询和多参数查询。

4.3.1　单参数查询

创建单参数查询，就是在字段中指定一个参数，在执行参数查询时，输入一个参数值。

【例 4-10】在"教学管理"数据库中创建一个参数查询，按照用户输入的职称条件，查询符合该职称条件的教师信息，包括教师编号、姓名、学历和系名称。

操作步骤如下。

① 打开查询设计视图，将教师表和院系表添加到字段列表区。

② 添加查询字段。分别在教师表的字段列表中双击"教师编号"、"姓名"、"学历"和"职称"字段，在院系表的字段列表中双击"系名称"字段，将它们添加到设计网格的第 1 到第 5 列上。

③ 设置显示字段。"教师编号"、"姓名"、"学历"和"系名称"这 4 个字段需显示。

④ 设置单参数查询条件。在"职称"字段列的"条件"行输入"[请输入教师职称：]"，设置情况如图 4-31 所示。

⑤ 保存查询。

⑥ 切换到数据表视图，弹出对话框，在"请输入教师职称:"文本框中输入"副教授"，如图 4-32 所示。

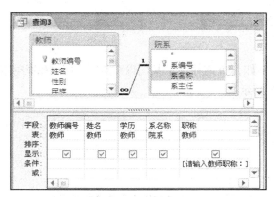

图 4-31 设置单参数查询　　　　　图 4-32 运行查询时输入参数值

对话框中的提示文本正是在查询字段的"条件"行中输入的内容。按照提示输入查询条件，如果条件有效，则查询结果将显示所有满足条件的记录；否则不显示任何记录。

⑦ 单击"确定"按钮。本次单参数查询结果如图 4-33 所示。

图 4-33 教师职称参数查询的查询结果

4.3.2　多参数查询

创建多参数查询，即指定多个参数。在执行多参数查询时，需要依次输入多个参数值。

【例 4-11】在"教学管理"数据库中创建一个参数查询，根据用户输入的班级名称和课程名查询学生选课信息，包括姓名和综合成绩。

操作步骤如下。

① 打开查询设计视图，将学生表、课程表和学生选课表添加到字段列表区。

② 添加查询字段。将学生表的"姓名"和"班级名称"字段、课程表的"课程名"字段和学生选课表的"综合成绩"字段添加到设计网格的第 1 到第 4 列上。

③ 设置显示字段。"姓名"和"综合成绩"这 2 个字段需显示。

④ 设置多参数查询条件。在"班级名称"字段列的"条件"行输入"[请输入班级名称:]"，在"课程名"字段列的"条件"行输入"[请输入课程名:]"，设置情况如图 4-34 所示。

⑤ 保存查询。

⑥ 切换到数据表视图，在弹出的"请输入班级名称:"文本框中输入"10 会计 1 班"，单击"确定"按钮，接着在弹出的"请输入课程名:"文本框中输入"大学计算机基础"，如图 4-35 所示。

⑦ 单击"确定"按钮。本次多参数查询结果如图 4-36 所示。

图 4-34 设置多参数查询

 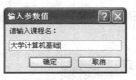 

图 4-35　依次输入 2 个参数　　　　　　　　　　图 4-36　查询结果

也可以在条件表达式中使用参数提示。例如，查询并显示某门课程某范围成绩的学生姓名、课程名和综合成绩信息，设计结果如图 4-37 所示。

图 4-37　在条件表达式中使用参数提示

在参数查询中，如果要输入的参数表达式较长，则可右键单击"条件"单元格，在弹出的快捷菜单中选择"显示比例"命令，打开"缩放"对话框。在该对话框内输入表达式，如图 4-38 所示，然后单击"确定"按钮，表达式将自动出现在"条件"单元格中。

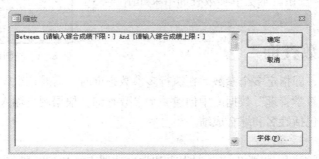

图 4-38　"缩放"对话框

4.4　创建交叉表查询

交叉表查询以一种独特的概括方式返回一个表内的总计数字，它将来源于某个表中的字段分组，一组列在交叉表左侧，一组列在交叉表上端，并在交叉表行与列交叉处显示表中某个字段的各种计算值。交叉表查询为用户提供了非常清楚的汇总数据，便于分析和使用。

在创建交叉表查询时，需要指定 3 种字段：一是放在交叉表最左端的行标题，它将某一字段的各类数据放入指定的行中；二是放在交叉表最上端的列标题，它将某一字段的各类数据放入指定的列中；三是放在交叉表行与列交叉位置上的值，需要为该字段指定一个总计项，如合计、平均值、计数等。在交叉表查询中，只能指定一个列标题和一个值。

创建交叉表查询有两种方法：一是使用交叉表查询向导，二是使用查询设计视图。

4.4.1 利用查询向导创建

Access 提供交叉表查询向导,用于快速创建交叉表查询。

【例 4-12】创建统计各类职称男女教师人数的查询。

查询中显示职称和性别,它们都来源于教师表。作为行标题的是"职称"字段的取值,而作为列标题的是"性别"字段的取值。行和列的交叉点采用"计数"运算来计算字段取值而非空的记录个数,因此可以选取不允许为空的"教师编号"字段进行计算。

操作步骤如下。

① 在"新建查询"对话框中双击"交叉表查询向导",在弹出的对话框中选择教师表作为数据来源,单击"下一步"按钮。

② 选择行标题。双击"职称"字段将它添加到"选定字段"列表框中,如图 4-39 所示,然后单击"下一步"按钮。

③ 选择列标题。选择"性别"字段,如图 4-40 所示,然后单击"下一步"按钮。

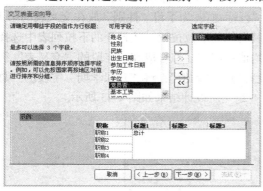

图 4-39 选择行标题字段   图 4-40 选择列标题字段

④ 确定用于计算的字段和计算函数。在字段列表中选择"教师编号"字段,在函数列表中选择"计数"函数。若需在交叉表的每行前面显示总计数,应选中"是,包括各行小计"复选框,如图 4-41 所示,然后单击"下一步"按钮。

⑤ 在出现的对话框中输入查询的名称,单击"完成"按钮,即可看到查询结果如图 4-42 所示。

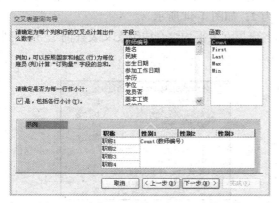

图 4-41 确定用于计算的字段和计算函数

图 4-42 交叉表查询结果

4.4.2 利用查询设计视图创建

使用查询向导创建交叉表查询需要先将所需的数据集中到一个表或查询里，然后才能创建查询，有时查询所需数据来源于多个表，这时使用查询设计视图来创建交叉表查询更方便。

【例 4-13】使用查询设计视图创建交叉表查询，其功能是统计第 2 学期各班男女生的综合成绩的平均值（保留 2 位小数）。

操作步骤如下。

① 打开查询设计视图，将学生表、学生选课表和课程表添加到字段列表区。

② 在字段列表区分别双击学生表中的"班级名称"字段和"性别"字段、学生选课表中的"综合成绩"字段及课程表中的"开课学期"字段，将它们添加到设计网格区"字段"行的第 1 列到第 4 列。

③ 单击"查询类型"组中的"交叉表"按钮 ，这时查询设计网格中显示一个"总计"行和一个"交叉表"行。

④ 为了将"班级名称"放在交叉表的第 1 列，应单击"班级名称"字段的"交叉表"行，再单击其右侧的下拉按钮，从打开的下拉列表中选择"行标题"；为了将"性别"放在交叉表的第 1 行，应单击"性别"字段的"交叉表"行，再单击其右侧的下拉按钮，从打开的下拉列表中选择"列标题"；为了在行和列交叉处显示综合成绩的平均值，应在"综合成绩"字段的"交叉表"行选择"值"，并将"综合成绩"字段的"总计"行设置为"平均值"；将"开课学期"字段的"总计"行设置为"Where"，并在"条件"行中输入""2""。设计结果如图 4-43 所示。

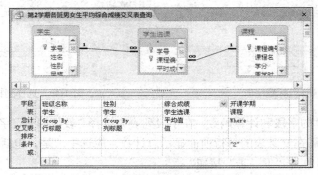

图 4-43 交叉表查询设计视图

⑤ 右键单击"综合成绩"字段任何位置，从弹出的快捷菜单中选择"属性"命令，打开属性对话框，设置"格式"为固定，"小数位数"为 2，如图 4-44 所示。

⑥ 保存查询，并将其命名为"第 2 学期各班男女生平均综合成绩交叉表查询"。切换到数据表视图，查询结果如图 4-45 所示。

图 4-44 设置字段属性

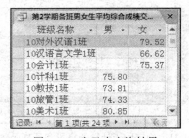

图 4-45 交叉表查询结果

4.5　创建汇总查询

Access 提供的汇总查询可以实现对记录或记录组的汇总计算，比如对查询中的记录组和全部记录进行合计、平均值、计数等计算，比如根据查询条件选择相应的分组、第一条记录、最后一条记录、表达式、条件等。

在创建汇总查询时，应在查询设计视图中单击"设计"选项卡，再在"显示/隐藏"组中单击"汇总"按钮 Σ，这时在设计网格区出现"总计"行。对设计网格中的每个字段，均可在"总计"行中选择所需总计项来对查询的一条、多条或全部记录进行计算。

"总计"行包含 12 个总计项，其名称与含义如表 4-15 所示。

表 4-15　　　　　　　　　　　　　　　总计项名称及含义

总　计　项		作　用
函数	合计	求一组记录中某字段的合计值
	平均值	求一组记录中某字段的平均值
	最小值	求一组记录中某字段的最小值
	最大值	求一组记录中某字段的最大值
	计数	求一组记录中某字段的非空值个数
	标准偏差	求一组记录中某字段值的标准偏差
	方差	求一组记录中某字段值的总体方差值
其他功能	Group By	定义要执行计算的组
	First	求一组记录中某字段的第一个值
	Last	求一组记录中某字段的最后一个值
	Expression	创建一个由表达式产生的计算字段
	Where	指定不用于分组的字段条件

【例 4-14】创建一个按授课学期汇总教师课时的查询，名称为教师课时汇总，要求显示教师编号、姓名、授课学期和汇总学时。

操作步骤如下。

① 打开查询设计视图，将教师表、课程表和教师授课表添加到字段列表区。

② 添加"教师编号"字段、"姓名"字段到设计网格区"字段"行的第 1、2 列中；在"字段"行的第 3 列中输入 "授课学期: Val("20" & Left([班级名称],2))+[开课学期]\2 & IIf(Val([开课学期]) Mod 2=0,"上","下")"；添加"总学时"字段到"字段"行的第 4 列中。

③ 单击"显示/隐藏"组中的"汇总"按钮 Σ，这时查询设计网格中显示一个"总计"行。

④ 单击需要进行汇总运算的字段对应的"总计"单元格，单元格右侧出现下拉列表按钮，单击此按钮，打开其下拉列表，可以从中选择适当的总计项。为 "总学时"字段选择总计项"合计"，并设其名字为"汇总学时"，如图 4-46 所示，否则系统将使用默认字段名，如"总学时之和"。为"教师编号"、"姓名"和"授课学期"字段选择总计项"分组"。

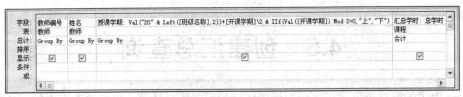

图 4-46　汇总查询设计

⑤ 保存查询，并将其命名为"教师课时汇总"。切换到数据表视图，查询结果如图 4-47 所示。

此例完成了最基本的汇总计算，不带有任何条件。但在实际应用中，往往需要对符合某条件的记录进行汇总统计，比如统计 2001 年参加工作的教师人数，其汇总查询设计结果如图 4-48 所示。

在该查询中，由于"参加工作日期"只作为条件，并不参与计算或分组，因此在"参加工作日期"字段的"总计"行上选择"Where"。Access 规定，"Where"总计项指定的字段不能出现在查询结果中，因此此查询的结果中将只显示统计人数，不显示参加工作日期。

图 4-47　汇总查询结果　　　　　图 4-48　设计带条件的汇总查询

4.6　创建操作查询

选择查询、参数查询、交叉表查询和汇总查询都是按照用户的需求，根据一定的条件从已有的数据源中选择满足特定准则的数据形成一个动态集，将已有的数据源再组织或增加新的统计结果，这种查询方式不改变数据源中原有数据的状态。而操作查询不同，除了可以从数据源中选择数据外，还可以对数据源中的数据进行增加、修改、删除或生成新表。

操作查询包括生成表查询、删除查询、更新查询和追加查询。操作查询会引起数据源的改变，并且这种改变是不可恢复的。通过创建操作查询，可以更加有效地管理数据表中的数据。

4.6.1　创建生成表查询

生成表查询是利用一个或多个表中的全部或部分数据生成新表。在 Access 中，从表中访问数据要比从查询中访问数据快得多，因此如果经常要从几个表中提取数据，最好的方法是使用生成表查询，将从多个表中提取的数据组合起来生成一个新表。

【例 4-15】将外语系政治面貌为"团员"的学生基本信息存储到一个新表中，要求包含学号、姓名、性别和出生年月信息，新表名称为"外语系团员信息"。

操作步骤如下。

① 打开查询设计视图，将学生表、班级表、专业表和院系表添加到字段列表区。

② 在字段列表区分别双击学生表中的"学号"、"姓名"、"性别"、"政治面貌"和"出生年月"字段及院系表中的"系名称"字段，将它们添加到设计网格区"字段"行的第 1 列到第 6 列。

③ 在"政治面貌"字段的"条件"行中输入条件""团员"",在"系名称"字段的"条件"行中输入""外语系"",生成表查询设计如图 4-49 所示。

图 4-49 生成表查询设计

④ 单击"查询类型"组中的"生成表"按钮，打开"生成表"对话框。在"表名称"文本框中输入"外语系团员学生信息"，单击"当前数据库"单选按钮，将新表放入当前打开的"教学管理"数据库中，设置结果如图 4-50 所示。单击"确定"按钮。

⑤ 切换到数据表视图，预览新建表。如果不满意，可再次单击"结果"组中的"视图"按钮，返回到设计视图，对查询进行修改，直到满意为止。

⑥ 在设计视图中，单击"结果"组中的"运行"按钮，弹出一个生成表提示框，如图 4-51 所示。单击"是"按钮，系统开始生成表。

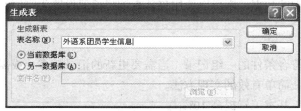

图 4-50 "生成表"对话框

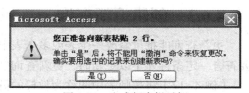

图 4-51 生成新表提示框

⑦ 在数据库的导航窗格中，可以看到名为"外语系团员学生信息"的新表。在设计视图中打开这个新表，将"学号"设置为主键。

生成表查询创建的新表将继承源表字段的数据类型，但不继承源表字段的属性及主键设置，因此往往需要为生成的新表设置主键。

4.6.2 创建删除查询

删除查询可以从单个表中删除记录，也可以从多个相互关联的表中删除记录。如果删除的记录来自多个表，则必须满足以下几点要求：在"关系"窗口中定义了表间的相互关系；在"编辑关系"对话框中选中"实施参照完整性"复选项；在"编辑关系"对话框中选中"级联删除相关记录"复选项。删除查询设计完成后，运行查询将删除选择的记录。

【例 4-16】创建删除查询，删除"外语系团员学生信息"表中姓刘的同学的记录。

操作步骤如下。

① 打开查询设计视图，将"外语系团员学生信息"表添加到字段列表区。

② 单击"查询类型"组中的"删除"按钮，这时查询设计网格中显示一个"删除"行。

③ 双击字段列表中的"姓名"字段，将其添加到设计网格中"字段"行的第 1 列。同时在该字段的"删除"行中选择"Where"，表示要删除哪些记录。

④ 在"姓名"字段的"条件"行中输入"Like "刘*""，删除查询设计结果如图 4-52 所示。

⑤ 切换到数据表视图，预览"删除查询"检索到的记录。如果这些记录不是要删除的，可再次单击"结果"组中的"视图"按钮，返回到设计视图，对查询进行修改，直到确认删除内容为止。

⑥ 在设计视图中，单击"结果"组中的"运行"按钮，弹出一个删除提示框，如图 4-53 所示。单击"是"按钮，系统开始删除表。

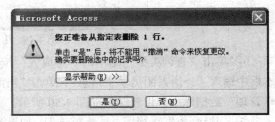

图 4-52　删除查询设计　　　　　　　　　　　图 4-53　删除提示框

删除查询将永久删除指定表中的记录，并且无法恢复。因此在运行删除查询时要格外小心，最好事先对表进行备份，以防由于误操作而引起数据丢失。删除查询每次删除整条记录，而不是指定字段中的数据。如果只要删除指定字段中的数据，则可以使用更新查询将该值设置为空值。

4.6.3　创建更新查询

更新查询能批量修改一个表或多个表中符合条件的一组记录。当需要更新的记录较多，或需要符合一定条件才予以更新时，更新查询是最简单有效的实现方法。

【例 4-17】将教师表中职称为教授的员工基本工资提高 10%。

操作步骤如下。

① 打开查询设计视图，将教师表添加到字段列表区。

② 单击"查询类型"组中的"更新"按钮　，这时查询设计网格中显示一个"更新到"行。

③ 双击教师表字段列表中的"职称"和"基本工资"字段，将它们添加到设计网格中"字段"行的第 1 列和第 2 列上。

④ 在"职称"字段的"条件"行中输入条件""教授""；在"基本工资"字段的"更新到"行中输入"[基本工资]+ [基本工资]*0.1"，更新查询设计结果如图 4-54 所示。

⑤ 切换到数据表视图，预览要更新的一组记录。再次单击"结果"组中的"视图"按钮，返回到设计视图，可对查询进行修改。

⑥ 在设计视图中，单击"结果"组中的"运行"按钮，弹出一个更新提示框，如图 4-55 所示。单击"是"按钮，系统开始更新这一组记录。

图 4-54　更新查询设计　　　　　　　　　　　图 4-55　更新提示框

更新查询可以更新一个字段的值，也可以更新多个字段的值。创建和运行更新查询要注意：一是更新数据之前一定要确认检索到的数据是不是准备更新的数据；二是每执行一次更新查询就会对源表更新一次；三是如果建立表间关系时设置了级联更新，那么运行更新查询也可能引起其他表的变化。

4.6.4 创建追加表查询

追加查询可以将一个或多个表中符合条件的数据追加到另一个表的尾部。通过创建和运行追加查询，能大大提高数据输入的效率。

【例 4-18】创建一个追加查询，将外语系学生党员信息添加到已经建立的"外语系团员学生信息"表中。

操作步骤如下。

① 打开查询设计视图，将学生表、班级表、专业表和院系表添加到字段列表区。

② 单击"查询类型"组中的"追加"按钮 📷，打开"追加"对话框。

③ 在"表名称"组合框的下拉列表中选择"外语系团员学生信息"表；选中"当前数据库"单选按钮，设置结果如图 4-56 所示。

④ 单击"确定"按钮。这时查询设计网格中显示一个"追加到"行。

⑤ 在字段列表区分别双击学生表中的"学号"、"姓名"、"性别"、"政治面貌"和"出生年月"字段及院系表中的"系名称"字段，将它们添加到设计网格区"字段"行的第 1 列到第 6 列。

⑥ 在"系名称"字段的"条件"行中输入条件""外语系""；在"政治面貌"字段的"条件"行中输入""党员""，追加查询设计结果如图 4-57 所示。

图 4-56 "追加"对话框　　　　　　　　图 4-57 追加查询设计

⑦ 切换到数据表视图，预览要追加的一组记录。再次单击"结果"组中的"视图"按钮，返回到设计视图，可对查询进行修改。

⑧ 在设计视图中，单击"结果"组中的"运行"按钮，弹出一个追加提示框，如图 4-58 所示。单击"是"按钮，系统开始追加这一组记录。

图 4-58 追加提示

无论何种操作查询，都可以在一个操作中更改许多记录，并且在执行操作查询后，不能撤销所做的更改操作。因此，在执行操作查询之前，最好单击"结果"组中的"视图"按钮，预览即将更改的记录。如果预览结果就是要操作的记录，则执行操作查询，以防误操作。另外，在执行操作查询之前，应对数据进行备份。

4.7 SQL 查询

结构化查询语言（Structured Query Language，SQL）是集数据定义、数据查询、数据操纵和数据控制功能于一体的关系数据库语言，是在数据库领域中应用最为广泛的数据库语言。

4.7.1 SQL 语言概述

SQL 语言是一种功能齐全的数据库语言。最早的 SQL 标准是 1986 年 10 月由美国国家标准学会（American National Standards Institute，ANSI）公布的。随后，国家标准化组织（International Standards Organization，ISO）于 1987 年 6 月正式确定它为国际标准，并在此基础上进行了补充。到 1989 年 4 月，ISO 提出了具有完整性特征的 SQL，1992 年 11 月又公布了 SQL 的新标准，从而建立了 SQL 在数据库领域中的核心地位。SQL 语言的主要特点可以概括为以下几个方面。

① SQL 是一种一体化语言，它包括了数据定义、数据查询、数据操纵和数据控制等方面的功能，可以完成数据库生命周期中的全部工作。

② SQL 是一种高度非过程化语言，它只需要描述"做什么"，而不需要说明"怎么做"。

③ SQL 是一种非常简单的语言，它所使用的语句接近于自然语言，易于学习和掌握。

④ SQL 是一种共享语言，它全面支持客户机/服务器模式。

SQL 语言设计巧妙，语言简单，完成数据定义、数据查询、数据操纵和数据控制的核心功能只用 9 个动词，如表 4-16 所示。

表 4-16　　　　　　　　　　　　　　　SQL 的动词

SQL 语句功能	动　　词
数据定义	CREATE，DROP，ALTER
数据操纵	INSERT，UPDATE，DELETE
数据查询	SELECT
数据控制	GRANT，REVOKE

4.7.2 在 Access 中使用 SQL

现在很多数据库应用开发工具都将 SQL 语言直接融入到自身语言中，但它们所支持的 SQL 语言与 ISO 颁布的标准 SQL 语言或多或少存在差别，Access 也不例外。在 Access 中，SQL 语句的使用界面是 SQL 视图，打开 SQL 视图的操作步骤如下。

① 打开查询设计视图，关闭"显示表"对话框。

② 单击"结果"组的"SQL"按钮 ，打开 SQL 视图，即可编写 SQL 语句，如图 4-59 所示。

对于已经建立的查询，也可以将查询设计视图转换成 SQL 视图，以查看、编写或修改该查询的 SQL 语句。具体方法是：打开一个已建查询的设计视图，如图 4-60 所示；然后单击"结果"组的"视图"按钮 ，在出现的下拉列表中选择"SQL 视图"，即可在 SQL 视图中查看该查询对应的 SQL 语句，如图 4-61 所示。

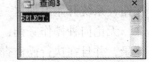

图 4-59　SQL 视图

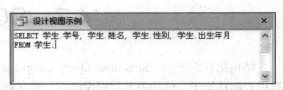

图 4-60　查询设计视图　　　　　　　　　图 4-61　查询的 SQL 语句

在编辑 SQL 语句时需要注意以下几点。

① 窗口中每次只能输入一条语句，但可分行输入，系统会把英文标点符号"；"作为语句的结束标志；当需要分行输入时，不能把 SQL 语言的关键字或字段名分在两行。

② 语句中所有的标点符号和运算符号均为 ASCII 字符。

③ 每两个单词之间至少要有一个空格或有必要的逗号。

4.7.3　使用 SQL 进行数据定义

数据定义是指对表一级的定义。SQL 语言的数据定义功能包括创建表结构、修改表结构、删除表结构、建立索引和删除索引，语句基本格式如下。

1．创建表结构

语句基本格式为：

```
CREATE  TABLE <表名>（<字段名1> <数据类型>  [字段完整性约束条件1]
                 [,<字段名2> <数据类型>  [字段完整性约束条件2] ]
                 [,…]
                 [,<字段名n> <数据类型>  [字段完整性约束条件n] ]）
                 [,<表级完整性约束条件>]；
```

2．修改表结构

语句基本格式为：

```
ALTER  TABLE <表名>
           [ADD  <新字段名>  <数据类型> [字段完整性约束条件] ]
           [DROP  [<字段名> ]…]
           [ALTER  <字段名>  <数据类型>]；
```

3．删除表

语句基本格式为：

```
DROP  TABLE  <表名>；
```

4．建立索引

语句基本格式为：

```
CREATE  INDEX  <索引名>
ON <表名>（ <字段名> [ASC/DESC] [, <字段名> [ASC/DESC])… )；
```

5．删除索引

语句基本格式为：

```
DROP  INDEX  <索引名>  ON  <表名>；
```

【例 4-19】利用 SQL 语句在 Access 2010 中实现以下功能。

① 定义"学生 1"表，表结构如表 4-17 所示。

表 4-17　　　　　　　　　　　　　"学生 1"表结构

字 段 名 称	数 据 类 型	字段大小（格式）	说　　明
学号	文本型	4	主键
姓名	文本型	4	不允许为空
出生日期	日期/时间型		
性别	文本型	1	
入学总分	数字型	整型	
简历	备注型		

② 在"学生 1"表中增加一个籍贯字段。

③ 将"学生 1"表中的学号字段增加到 12 个字符的宽度。

④ 将"学生 1"表籍贯字段删除。

⑤ 在"学生 1"表的出生日期和性别字段上建立一个名为 csrq_xb 的索引，要求先按出生日期升序，再按性别降序排列。

⑥ 删除"学生 1"表上名为 csrq_xb 的索引。

⑦ 删除"学生 1"表。

在 Access 2010 中，SQL 语句如下：

① CREATE TABLE 学生 1

    (学号 CHAR(4) PRIMARY KEY,

    姓名 CHAR(4) NOT NULL,

    出生日期 DATE,

    性别 CHAR(1),

    入学总分 INT,

    简历 MEMO);

② ALTER TABLE 学生 1 ADD 籍贯 CHAR(20);

③ ALTER TABLE 学生 1 ALTER 学号 CHAR(12);

④ ALTER TABLE 学生 1 DROP 籍贯;

⑤ CREATE INDEX csrq_xb ON 学生 1(出生日期 ASC,性别 DESC);

⑥ DROP INDEX csrq_xb ON 学生 1;

⑦ DROP TABLE 学生 1;

一个表上可以建立多个索引。索引可以提高查询效率，应该在使用频率高的、经常用于连接的字段上建立索引。但是索引过多会耗费存储空间，且降低了插入、删除和更新的效率。

4.7.4 使用 SQL 进行查询

SQL 语句最主要的功能就是查询功能。SQL 语言提供了简单而又丰富的 SELECT 数据查询语句，可以检索和显示一个或多个表中的数据。SELECT 查询语句基本格式如下：

SELECT [ALL | DISTINCT | TOP n] *|<字段列表>[,<表达式> AS <标识符>]

FROM <表名 1> [,<表名 2>]…

[WHERE <条件表达式>]

[GROUP BY <字段名> [HAVING <条件表达式>]]

[ORDER BY <字段名>[ASC | DESC]];

该语句从指定的基本表中，创建一个在指定范围内、满足条件、按照某字段分组、按照某字段排序的指定字段组成的新记录集。其中，命令说明如下。

- ALL：查询结果是满足条件的全部记录，默认值为 ALL。
- DISTINCT：查询结果是不包含重复行的所有记录。
- TOP n：查询结果是前 n 条记录，其中 n 为整数。
- *：查询结果包含所有字段。

- <字段列表>：使用英文标点符号 "," 将各项分开，这些项可以是字段名、字段表达式或聚集函数。
- <表达式> AS <标识符>：表达式可以是字段名，也可以是一个计算表达式。AS <标识符>是为表达式指定新的字段名，新字段名应符合 Access 规定的命名规则。
- FROM <表名>：说明查询的数据源，可以是单个表，也可以是多个表。
- WHERE <条件表达式>：说明查询的条件，<条件表达式>可以是关系表达式，也可以是逻辑表达式。查询结果是显示表中满足<条件表达式>的记录集。
- GROUP BY <字段名>：用于对查询结果进行分组，查询结果是按<字段名>分组的记录集。
- HAVING：必须跟随 GROUP BY 使用，用来限定分组必须满足的条件。
- ORDER BY <字段名>：用于对查询结果进行排序，查询结果可按某一字段值排序。
- ASC：必须跟随 ORDER BY 使用，查询结果按某一字段升序排列。
- DESC：必须跟随 ORDER BY 使用，查询结果按某一字段降序排列。

下面将通过以下 5 类查询详细介绍 SELECT 语句的功能。

1. 简单查询

简单查询是一种最简单的查询操作，其数据来源于一个表。

① 检索表中所有记录和所有字段。

【例 4-20】查找并显示学生表中所有记录的全部情况。

```
SELECT  *
FROM  学生;
```

由于查询中无限制条件，因此省略了 WHERE 子句。SELECT 子句中的 "*" 表示全部字段。

② 检索表中所有记录的指定字段。

【例 4-21】查找并显示学生表中 "姓名"、"性别"、"出生年月" 3 个字段。

```
SELECT  姓名,性别,出生年月
FROM  学生;
```

由于查询指定了多个显示字段，因此在 SELECT 子句中要一一列出，并使用英文标点符号 ","分隔开来。

③ 检索表中满足条件的记录的指定字段。

【例 4-22】查找 1992 年出生的学生，并显示 "姓名"、"性别"、"出生年月"、"家庭住址" 和 "手机" 5 个字段。

```
SELECT  姓名,性别,出生年月,家庭住址,手机
FROM  学生
WHERE  YEAR( [出生年月] )=1992;
```

④ 检索表中前 n 个符合条件的记录。

【例 4-23】显示年龄排在前 5 位的教授或副教授的 "姓名"、"出生日期" 和 "职称"。

```
SELECT  TOP  5  姓名,出生日期,职称
FROM  教师
WHERE  职称 IN("教授","副教授")
ORDER  BY 出生日期 ASC;
```

注意　TOP 不在相同值间做选择。如果指定年龄排在前 5 个的记录，但第 5、6、7 个符合条件的教师出生日期相同，则查询结果将显示 7 条记录。

⑤ 用新字段显示表中计算结果。

【例 4-24】计算每名教师的工龄，并显示"姓名"和"工龄"。

```
SELECT   姓名, ROUND( ( DATE( )-[参加工作日期] ) / 365,0 ) AS 工龄
FROM    教师;
```

由于查询中需要显示的"工龄"字段不在教师表中，但使用"参加工作日期"字段进行计算可以获得，因此需要增加"工龄"字段，并使用 AS 子句为其命名。"工龄"字段的计算公式有多种表示方法，比如也可以表示成"YEAR(DATE( ))-YEAR([参加工作日期])"。

2. 联接查询

查询的数据源来自多个表时，称为联接查询。

【例 4-25】查找学生的选课情况，并显示"学号"、"姓名"、"课程编号"和"综合成绩"。

```
SELECT   学生.学号, 姓名, 课程编号, 综合成绩
FROM    学生, 学生选课
WHERE   学生.学号=学生选课.学号;
```

由于此查询数据源来自学生表和学生选课表，因此在 FROM 子句中列出了两个表的名称，同时使用 WHERE 子句指定连接表的条件。注意，在涉及多表的查询中，应在所有字段的字段名前面加上表名，并且使用英文标点符号"."分开，除非字段唯一。

【例 4-26】查找选修了课程名中包含"数据库"的课程的学生选课情况，并显示"学号"、"姓名"、"课程编号"、"课程名"和"综合成绩"。查询结果按课程编号升序排列，按综合成绩降序排列。

```
SELECT   学生.学号, 姓名, 课程.课程编号, 课程名, 综合成绩
FROM    学生, 学生选课, 课程
WHERE   学生.学号=学生选课.学号 AND 课程.课程编号=学生选课.课程编号 AND 课程名 LIKE " *数
据库* "
ORDER BY 课程.课程编号, 综合成绩 DESC;
```

3. 嵌套查询

嵌套查询是指在查询语句 SELECT…FROM…WHERE 内再嵌入另一个查询语句。被嵌入的查询称为子查询。子查询是一个用括号括起来的特殊条件，可以代替 WHERE 子句、HAVING 子句中的表达式。子查询一般由比较运算符或谓词引导，可以引导子查询的谓词有 IN、ALL、ANY 和 EXISTS。

【例 4-27】查询选修 000GB001 课程的学生中综合成绩最高的学生学号、综合成绩。

```
SELECT   学号,综合成绩
FROM    学生选课
WHERE   课程编号="000GB001" AND 综合成绩 >= ALL
            (SELECT   综合成绩
             FROM    学生选课
             WHERE   课程编号="000GB001");
```

此查询中，子查询由">= ALL"引导，表示"综合成绩"值要大于等于子查询的"综合成绩"结果中的所有值，即为最高的综合成绩。

4. 汇总查询

在查询中使用聚集函数，可以对查询的结果进行统计计算。常用的聚集函数如下所示。

- 平均值：AVG( )。
- 总和：SUM( )。
- 最小值：MIN( )。
- 最大值：MAX( )。
- 计数：COUNT( )。

【例 4-28】计算各类职称的教师人数，并显示"职称"和"人数"。

```
SELECT  职称,  COUNT(教师编号)  AS  人数
FROM  教师
GROUP  BY  职称;
```

由于查询中需要按职称分类计算人数，因此使用了 GROUP BY 子句，并用 AS 子句定义了统计结果的显示字段名。

【例 4-29】计算每名学生的平均综合成绩，并显示平均综合成绩超过 80 分的学生的"学号"、"平均综合成绩"。

```
SELECT  学号,  AVG(综合成绩)  AS  平均综合成绩
FROM  学生选课
GROUP  BY  学号  HAVING  AVG(综合成绩)>80;
```

由于查询中要求显示符合某个条件的分组统计结果，因此使用了 HAVING 子句。HAVING 子句通常在 GROUP BY 子句之后，其作用是限定分组检索条件，即在 GROUP BY 子句分组统计这些记录后，满足 HAVING 子句中检索条件的分组记录才能显示出来。

5. 联合查询

联合查询（UNION）是将多个查询的结果集合并在一起。使用联合查询可以合并多个表中的数据，并可以根据联合查询创建生成表查询以生成一个新表。创建联合查询时，可以使用 WHERE 子句，进行条件筛选。但是，联合查询中合并的选择查询必须具有相同的输出字段数、采用相同的顺序并包含相同或兼容的数据类型。

【例 4-30】查询女学生或年龄不大于 20 岁的学生信息，并显示"姓名"、"性别"和"出生年月"。

```
SELECT  姓名,性别,出生年月
FROM  学生
WHERE  性别="女"
UNION
SELECT  姓名,性别,出生年月
FROM  学生
WHERE  ( YEAR( DATE( ) ) - YEAR( [出生年月] ))<=20;
```

4.7.5 使用 SQL 进行数据更新

SQL 中的数据更新功能包括数据插入、数据删除和数据修改。

1. 数据插入

（1）插入一条记录

该语句一次完成一条记录的插入，语句基本格式为：

```
INSERT  INTO  <表名>  [ ( <字段名1>[,<字段名2>…] ) ]
VALUES ( <常量1>[,<常量2>…] );
```

注意　　　VALUES 子句中常量的个数与数据类型必须要与 INTO 子句中所对应字段的个数和数据类型相同。

【例 4-31】 向学生表中插入一条记录。

```
INSERT  INTO  学生 (学号,姓名,班级名称)
VALUES ( "201001010106" , "张红" , "10 会计 1 班" );
```

（2）成批追加数据

该语句一次完成批量记录数据的插入，语句基本格式为：

```
INSERT  INTO  <表名>  [ ( <字段名1>[,<字段名2>…] ) ]
子查询;
```

【例 4-32】 将 2011 级全体学生选修 "法律基础" 的信息加入学生选课表。

```
INSERT  INTO  学生选课 ( 学号,课程编号,平时成绩,末考成绩,综合成绩 )
SELECT  学号,课程编号,NULL,NULL,NULL
FROM  学生，课程
WHERE  年级="2010"  AND  课程名="法律基础";
```

2. 数据删除

DELETE 语句可以对表中所有记录或满足条件的记录进行删除操作，语句基本格式为：

```
DELETE  FROM  <表名>
[ WHERE  <条件> ]
```

【例 4-33】 删除学号为 201001010106 的学生记录。

```
DELETE  FROM  学生
WHERE  学号="201001010106";
```

3. 数据修改

UPDATE 语句可以对表中所有记录或满足条件的记录进行更新操作，语句基本格式为：

```
UPDATE  <表名>
SET  <字段名1>=<表达式1>  [ ,<字段名2>=<表达式2> ]…
```

【例 4-34】 将教师表中的基本工资提高 100 元。

```
UPDATE  教师
SET  基本工资=基本工资+100;
```

执行 SQL 的数据更新语句时要注意表之间关系的完整性约束。在 Access 中建立表之间的关系时，可以选择 "实施参照完整性"、"级联更新相关字段" 和 "级联删除相关记录"，这样在进行更新操作时，系统会自动地维护参照完整性或给出相关提示信息。

4.8　使用 SQL 创建特定查询

在 Access 中，创建和修改查询最方便的方法是使用查询设计视图。但是，并不是所有查询都可以在查询设计视图中创建，有些查询只能通过 SQL 语句来实现，这些查询被称为 SQL 特定查询。SQL 特定查询可以分为 4 类：联合查询、传递查询、数据定义查询和子查询。

1. 联合查询

在 4.7.4 小节中已经介绍了联合查询。下面简单介绍使用 SQL 视图创建联合查询的操作方法。

【例 4-35】查找选修课程编号为 000GB003 或综合成绩高于 80 分的学生的"学号"、"课程编号"和"综合成绩"。

操作步骤如下。

① 打开查询设计视图，关闭"显示表"对话框。

② 单击"查询类型"组的"联合"按钮 <u>⑩ 联合</u>，打开 SQL 视图。

③ 在 SQL 视图空白区域输入如下 SQL 语句，输入语句后的 SQL 视图如图 4-62 所示。

```
SELECT  学号,课程编号,综合成绩
FROM  学生选课
WHERE  课程编号="000GB003"
UNION
SELECT  学号,课程编号,综合成绩
FROM  学生选课
WHERE  综合成绩>80;
```

④ 保存查询，切换到数据表视图，查询结果如图 4-63 所示。

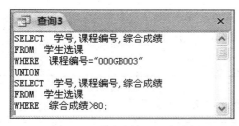

图 4-62　联合查询 SQL 视图

图 4-63　联合查询结果

2. 传递查询

传递查询将 SQL 命令直接送到 ODBC 数据库服务器上，例如 SQL Server 等大型的数据库管理系统。ODBC 即开放式数据库连接，是一个数据库的工业标准，就像 SQL 语言一样，任何数据库管理系统都是运行 ODBC 连接。在 Access 中，通过传递查询，可以直接使用其他数据库管理系统中的表，这里不做详细介绍。

3. 数据定义查询

数据定义查询可以创建、删除或更改表，也可以在数据库表中创建索引。在 4.7.3 小节中已经详细介绍了相关的 SQL 语句。下面简单介绍使用 SQL 视图创建数据定义查询的操作方法。

【例 4-36】使用 CREATE ABLE 创建学生情况表。

操作步骤如下。

① 打开查询设计视图，关闭"显示表"对话框。

② 单击"查询类型"组的"数据定义"按钮 <u>数据定义</u>，打开 SQL 视图。

③ 在 SQL 视图中输入 SQL 语句，如图 4-64 所示。

④ 单击"运行"按钮执行此查询。在导航窗格的"表"对象下，可以看到新建的学生情况表。

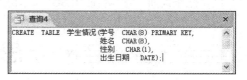

图 4-64　数据定义查询 SQL 视图

4. 子查询

子查询由另一个查询之内的 SELECT 语句组成。在查询设计视图中，可以在查询设计网格区的"字段"行或者"条件"行的单元格内创建一条 SELECT 子查询语句。SELECT 子查询语句放在"字段"行单元格里可创建一个新字段，放在"条件"行单元格里可作为限制记录的条件。4.7.4 小节已经介绍了包含子查询的 SQL 语句的用法，下面重点介绍如何在查询设计视图中应用子查询。

【例 4–37】查询并显示教师表中高于平均基本工资的教师记录。

操作步骤如下。

① 打开查询设计视图，双击教师表将其添加到字段列表区。

② 双击字段列表中的"*"，将其添加到"字段"行的第 1 列；双击字段列表中的"基本工资"，将其添加到在"字段"行的第 2 列。

③ 单击"基本工资"字段的显示复选框，使其变空白。在"基本工资"字段的"条件"行中输入">(SELECT AVG([基本工资]) FROM [教师])"。设置结果如图 4-65 所示。

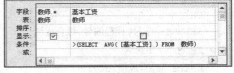

图 4-65　设置子查询

该设置结果对应的 SQL 语句为：

```
SELECT  教师.*
FROM    教师
WHERE   ((  (教师.基本工资) >  (SELECT  AVG( [基本工资]) FROM  教师)));
```

④ 切换到数据表视图，可以看到查询结果。

注意　　子查询的 SELECT 语句不能定义联合查询或交叉表查询。

本章小结

本章主要介绍了 Access 查询的基本概念、查询条件的表示方法以及在 Access 中创建选择查询、参数查询、交叉表查询、操作查询和 SQL 查询这 5 类查询的方法。在 Access 中创建查询的方法主要有 3 种：利用查询向导、利用查询设计视图和利用 SQL 查询语句。利用查询向导可以创建简单查询、查找重复项查询、查找不匹配项查询和交叉表查询，这是初学者入门经常采用的方法。利用查询设计视图创建和修改各类查询是建立查询最主要的方法，它可以帮助用户更好地理解数据库中数据之间的关系。由查询向导和查询设计视图建立的查询实质上就是 SQL 语句编写的查询命令，也可以直接使用 SQL 查询语句编写查询命令。通过本章的学习，要求学生理解查询的基本概念、功能和类型，学会利用表达式表示查询的条件，会使用查询向导和查询设计视图创建查询，熟练掌握选择查询、参数查询及操作查询，并学会使用 SQL 查询语句进行查询，为后续学习打下良好基础。

思考与练习

1. 查询的作用是什么？查询有哪几种类型？

2. 查询和表有什么区别？查询和筛选有什么区别？

3. 为什么说查询的结果是动态的数据集合？

4. 创建查询有哪几种方法？分别如何完成操作？

5. 选择查询与操作查询有何区别？

6. 汇总查询的意义是什么？

7. 查询对象中的数据源有哪些？

8. 写出根据参加工作日期求教师工龄的表达式（至少 3 种不同表示方法）。

9. 写出"综合成绩在 70 分到 80 分之间"的表达式（至少 2 种不同表示方法）。

10. 写出"职称为教授或副教授的基本工资低于 2000 元的少数民族男教师"的表达式。

11. 简述在查询中进行计算的方法。

12. 简述参数查询的操作步骤。

第5章 窗体设计

　　窗体是 Access 数据库中的对象，也是用户对数据库进行操作的界面。通过窗体，用户可以对数据库进行数据浏览、数据查询、数据输入、数据编辑、数据分析等操作。窗体是数据库应用程序的重要组成部分，一个数据库应用程序一般是由若干个窗体所组成，因此，能熟练设计窗体具有十分重要的意义。

本章学习目标：

- 了解窗体的功能、窗体的基本类型以及窗体的 6 种视图；
- 掌握窗体的设计视图的组成；
- 会利用"窗体"组中的工具以及窗体向导快速创建窗体；
- 会创建切换窗体和导航窗体；
- 掌握常用控件的功能及简单应用；
- 熟练掌握利用窗体设计视图创建和修饰窗体。

5.1　窗　体　概　述

　　窗体是应用程序运行时的窗口，是非常重要的人机操作界面。在数据库应用系统中，用户对数据库的操作一般通过窗体来完成。通过窗体，用户可以浏览、查询、输入、编辑和分析数据。一个数据库应用系统是由多个窗体组成的。因此，窗体的设计是构建大型应用程序的基础。

5.1.1　窗体的类型

　　在 Access 中，按照窗体上显示数据的方式，可以将窗体分为以下 7 类：纵栏式窗体、数据表窗体、表格式窗体、主/子窗体、分割窗体、数据透视表窗体和数据透视图窗体。

　　① 纵栏式窗体。纵栏式窗体将字段排成列，每列的左边显示字段名称，右边显示字段的内容。一次显示一条记录的内容。纵栏式窗体一般用于数据输入，如图 5-1 所示。

　　② 数据表窗体。数据表窗体可以在窗口中显示多条记录，它与表对象在数据表视图中显示的界面相同。数据表窗体通常被作为一个窗体的子窗体，如图 5-2 所示。

　　③ 表格式窗体。表格式窗体与数据表窗体相似，一次可以显示多条记录。在数据表窗体的页眉区域中添加的控件在窗体视图中不显示，但表格式窗体可以。而且，在表格式窗体里能显示 OLE 对象的内容，如图 5-3 所示。

图 5-1　纵栏式窗体　　　　　　　　　图 5-2　数据表窗体

④ 主/子窗体。窗体中的窗体称为子窗体，包含子窗体的窗体称为主窗体。主/子窗体通常用来显示表之间具有一对多关系的数据。主窗体显示"一"方数据表的数据，一般采用纵栏式窗体；子窗体显示"多"方数据，通常采用数据表窗体或表格式窗体，如图 5-4 所示。

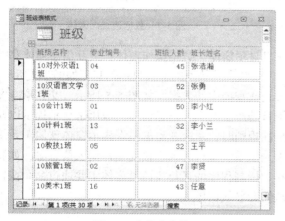

图 5-3　表格式窗体　　　　　　　　　图 5-4　主/子窗体

⑤ 分割窗体。分割窗体由纵栏式窗体和表格式窗体两部分组成，分割条把窗体分为上下或左右两部分，可以在设计视图中设置分割方向。分割窗体和主/子窗体有很大区别，前者来自同一数据源，并且总是保持同步；后者主窗体的数据源和子窗体的数据源一般是不同的，分割窗体如图 5-5 所示。

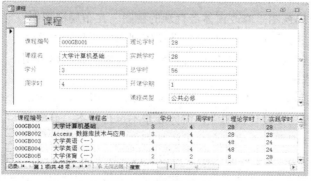

图 5-5　分割窗体

⑥ 数据透视表窗体。数据透视表窗体是以指定的数据表或查询为数据源，产生一个 Excel

的分析表而建立的窗体。数据透视表是一个交叉表，用于汇总和分析数据，可以定义行、列、页和汇总数据。图 5-6 是按系别统计各种职称人数的数据透视表窗体。

⑦ 数据透视图窗体。数据透视图窗体用于数据的图形分析，以图形的方式展示数据。图 5-7 是按性别统计各民族学生人数的数据透视图窗体。

图 5-6　数据透视表窗体

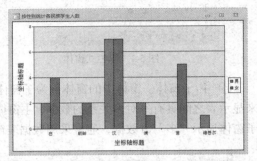

图 5-7　数据透视图窗体

此外，按功能可以将窗体分为以下 4 类：信息显示窗体、数据操作窗体、交互信息窗体和控制窗体。其中，信息显示窗体主要用来显示信息，以图表或数值的形式显示信息，如图 5-7 所示。数据操作窗体主要用来显示、浏览、输入、修改表或查询中的数据，如图 5-5 所示。交互信息窗体包括用户自定义窗体和系统产生的窗体，系统自动产生的交互信息窗体一般用来显示提示以及各种警告信息。比如当我们在表中输入违反完整性规则时，系统弹出的错误提示窗体就属于系统自动产生的交互信息窗体；用户自定义窗体用来显示系统运行结果、接受用户输入信息等，如我们常用的 QQ 登录窗体。控制窗体主要用来操作、控制程序的运行，该类窗体主要通过命令按钮等控件对象来对用户的请求作出响应，如切换窗体和导航窗体等。

5.1.2　窗体的视图

Access 2010 提供了 6 种视图，包括窗体视图、布局视图、设计视图、数据表视图、数据透视表视图和数据透视图视图。利用"窗体设计"工具新建一个窗体时，在"开始"选项卡的"视图"组单击"视图"工具下端的下三角按钮，就能看到视图的列表，如图 5-8 所示。

① 窗体视图：窗体视图是用户操作数据的界面，当创建好窗体后，通常用窗体视图来预览窗体的运行效果。

② 布局视图：布局视图是修改窗体最直观的视图。在布局视图中，窗体实际正在运行，此时看到的数据与他们在窗体视图中的显示外观非常相似，如果希望在修改窗体的同时能同时看到运行效果，就可以采用该视图来对窗体进行修改。

③ 设计视图：设计视图提供了更详细的窗体结构，可以看到窗体的页眉、主体和页脚部分。在设计视图中，窗体处于不运行状态，此时看不到基础数据。在设计视图中，可以向窗体添加控件，可以调整窗体页

图 5-8　窗体的 6 种视图

眉/页脚、页面页眉/页脚以及主体的大小，可以更改无法在布局视图中更改的某些窗体属性。设计窗体或者对已创建的窗体进行修改时，一般需要在窗体的设计视图中进行。

④ 数据表视图：数据表视图以表格的形式显示该窗体的数据源（包括表和查询）。

⑤ 数据透视表视图：数据透视表视图是用来创建数据透视表的设计界面。

⑥ 数据透视图视图：数据透视图视图是用来创建数据透视图的设计界面。

5.2　快捷创建窗体

在 Access 2010 的数据库窗口中，通过"创建"选项卡下的"窗体"组可以看到创建窗体的工具，这些工具包括："窗体"工具、"窗体设计"工具、"空白窗体"工具、"窗体向导"工具、"导航"窗体创建工具、"其他窗体"创建工具。其中"其他窗体"工具又包括以下工具："多个项目"工具、"数据表"工具、"分割窗体"工具、"模式对话框"工具、"数据透视表"工具和"数据透视图"工具。在上述工具中，除了"窗体设计"工具外，用其他的工具都能快捷创建窗体。快捷创建窗体的方法功能有限，而利用"窗体设计"工具能创建界面更加美观、功能更加强大的窗体。本节通过举例介绍快捷创建窗体的方法。在快捷创建窗体时，大多数情况下先要在"导航"窗格中选定（或打开）一个表或一个查询，然后选用快捷创建窗体的工具来创建窗体。

5.2.1　利用"窗体"工具创建窗体

创建窗体最快捷的方法是利用"窗体"工具创建窗体。

【例 5-1】在"教学管理"数据库中，以表对象"班级"为数据源创建如图 5-1 所示的纵栏式窗体，窗体名称为"班级纵栏式"。

操作步骤如下。

① 在"导航"窗格中，单击"班级"表对象。

② 在"创建"选项卡中的"窗体"组中，单击"窗体"工具按钮。此时，Access 将自动创建窗体，并以布局视图的方式显示窗体。

③ 单击快捷访问工具栏中的"保存"工具，在弹出的"另存为"对话框中输入"班级纵栏式"，单击"确定"保存。

采用类似的方法可以创建表格式窗体、分割窗体、数据表窗体。

注意

① 利用"窗体"工具创建窗体时，若选择的表对象和其他表对象有一对多的关系，则创建的窗体的下部分会出现一张数据表，该表显示与窗体上部分当前显示的记录相关的所有记录。比如，若以"学生"表为数据源利用"窗体"工具创建窗体时，窗体的上部分将会按纵栏式显示"学生"表的一条学生记录，在下部分将会显示当前学生的选课情况。如果不需要下面的数据表，可以在窗体的设计视图中删除。

② 在创建表格式窗体时，在"创建"选项卡中的"窗体"组中，单击"其他窗体"工具按钮，再在下拉列表中选择"多个项目"选项即可。

5.2.2　利用窗体向导创建窗体

利用"窗体"工具创建的窗体，其数据源只能来自一个表或查询，而且默认的情况下显示在窗体上的字段只能是表或查询中的全部字段，这显然不能满足复杂的要求。而使用"窗体向导"创建的窗体，其数据既可以是一个表或查询，也可以是多个表或查询，更重要的是，使用"窗体向导"使得创建主/子窗体更加容易。

【例 5-2】在"教学管理"数据库中，创建如图 5-4 所示的主/子窗体，主窗体和子窗体的名称分别为"教师授课主窗体"和"教师授课子窗体"。

操作步骤如下。

① 确定数据源和字段。本例要创建的窗体涉及到的数据源为以下 3 个表对象：教师、教师授课、课程。涉及的字段有：教师编号、姓名、课程编号、课程名、班级名称、开课学期，如图 5-4 所示。

② 利用向导建立主/子窗体时，首先应设置表与表之间的关系。在本例中，首先应在关系图中设置教师、教师授课、课程这 3 个表之间的关系。具体操作方法请参见 3.3.4 小节。

③ 在"导航"窗格中，单击"教师"表对象。在"创建"选项卡中的"窗体"组中，单击"窗体向导"工具按钮。打开如图 5-9 所示的"窗体向导"对话框。

④ 在"表/查询"下拉列表中选择"教师"，在左侧的"可用字段"列表中选择需要显示在窗体中的字段名称"教师编号"和"姓名"，将其双击到选定字段列表中。

⑤ 在"表/查询"下拉列表中选择"教师授课"，然后在"可用字段"列表中选择"课程编号"字段，将其双击到右侧的"选定字段"列表中，采用类似方法将"课程"表中的"课程名"字段、"教师授课"表中的"班级名称"字段、"课程"表中的"开课学期"字段双击到右侧的"选定字段"列表中。单击"下一步"按钮，在"请确定查看数据的方式："列表中选择"通过教师"，如图 5-10 所示。单击"下一步"按钮，在弹出的界面中确定子窗体的布局，本例采用默认的"数据表"布局，如图 5-11 所示。单击"下一步"按钮，在弹出的界面中为窗体指定标题，将窗体和子窗体的标题分别改为"教师授课主窗体"和"教师授课子窗体"，如图 5-12 所示。单击完成按钮。这时会发现在导航窗格中出现两个窗体，名称分别为"教师授课主窗体"和"教师授课子窗体"。

图 5-9 "窗体向导"对话框

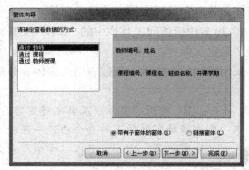

图 5-10 确定查看数据的方式

图 5-11 确定子窗体布局图

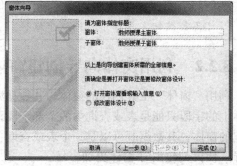

图 5-12 给主、子窗体指定标题

需要说明的是，按照上述步骤生成的主/子窗体没有图 5-4 所示的那么美观，需要在窗体设计视图下对其进行调整。后续部分会介绍如何在设计视图下调整控件，设置窗体或控件的属性来对窗体进行美化。

5.2.3　使用"模式对话框"工具创建窗体

当要创建一个类似于 QQ 登录界面的交互信息窗体时，使用"模式对话框"工具创建窗体是最快捷的方式。

模式对话框具有下面的特点：当该类窗体运行时，不能打开或操作其他数据库对象。

【例 5-3】在"教学管理"数据库中，创建如图 5-13 所示的名为"系统登录"的"模式对话框"窗体。

操作步骤如下。

在"创建"选项卡中的"窗体"组中，单击"其他窗体"工具按钮，在下拉列表中选择"模式对话框"选项，如图 5-14 所示。系统会自动生成"模式对话框"窗体，此时窗体处于"设计"视图状态，在数据库窗口的快捷访问工具栏中单击"保存"按钮，将该窗体命名为"系统登录"。

需要说明的是，要想该窗体能实现应有的功能，还需在该窗体的设计视图下对其进行修改，比如添加文本框和组合框控件，对默认的两个标题分别为"确定"和"取消"的命令按钮的功能通过"宏"或 VBA 编程来实现，等等。

图 5-13　利用"模式对话框"工具生成的窗体

图 5-14　"其他窗体"列表

5.2.4　使用"空白窗体"按钮创建窗体

使用"空白窗体"按钮特别适合创建只在窗体上放置少数几个字段的数据表窗体，采用该方法创建窗体时，打开的是窗体的"布局视图"，同时会在右侧出现"字段列表"对话框，可以在该对话框中展开需要的表对象，找到需要的字段，双击该字段就可以将该字段对应的控件放到窗体上，也可以用鼠标拖动字段到窗体上。下面举例说明。

【例 5-4】在"教学管理"数据库中，创建如图 5-15 所示的名为"教师简况"窗体。

操作步骤如下。

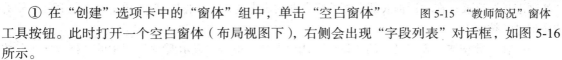

图 5-15　"教师简况"窗体

① 在"创建"选项卡中的"窗体"组中，单击"空白窗体"工具按钮。此时打开一个空白窗体（布局视图下），右侧会出现"字段列表"对话框，如图 5-16所示。

② 在"字段列表"对话框中单击"教师"表对象左侧的"＋"展开教师表中的字段列表，分

别双击"教师编号"和"姓名"字段，此时在窗体中会出现两个标签控件和两个文本框这4个控件，如图5-17所示。

③ 保存窗体。在数据库窗口的快捷访问工具栏中单击"保存"按钮，将该窗体命名为"教师简况"。

图 5-16 空白窗体及"字段列表"对话框

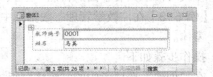

图 5-17 拖动到窗体上的控件

① 在上例中，如果将"班级名称"字段拖到窗体上，此时会在窗体上产生一个"子窗体/子报表"控件。

② 有关"字段列表"对话框及控件的概念会在5.3节介绍。

5.2.5 创建数据透视图和数据透视表窗体

下面通过实例介绍如何创建"数据透视表"窗体和"数据透视图"窗体。

1. 使用"数据透视表"创建窗体

【例5-5】在"教学管理"数据库中，创建如图5-6所示的名为"按系部统计教师职称人数"的数据透视表窗体。

操作步骤如下。

① 在"导航"窗格中，单击"教师"表对象。

② 在"创建"选项卡中的"窗体"组中，单击"其他窗体"工具按钮。在下拉列表中选择"数据透视表"，出现如图5-18所示的数据透视表视图，同时打开了"数据透视表字段列表"对话框。

③ 将"系编号"字段拖到"将行字段拖至此处"，或在"数据透视表字段列表"对话框选择"系编号"，在对话框底部右侧的组合框列表中选择"行区域"，单击对话框底部左侧的"添加到"按钮。

④ 将"职称"字段拖到"将列字段拖至此处"。或在"数据透视表字段列表"对话框选择"职称"，在对话框底部右侧的组合框列表中选择"列区域"，单击对话框底部左侧的"添加到"按钮。

图 5-18 数据透视表视图和字段列表

⑤ 对主关键字"教师编号"进行汇总统计。选中
"教师编号"字段，在对话框底部右侧的组合框列表中选择"数据区域"，单击对话框底部左侧的"添加到"按钮。

⑥ 在"数据透视表工具"的"设计"选项卡中，单击"显示/隐藏"组中的"拖放区域"按钮，隐藏"将筛选字段拖至此处"。

⑦ 单击快捷访问工具栏中的"保存"工具，在弹出的"另存为"对话框中输入"按系部统计教师职称人数"，单击"确定"按钮保存。

2. 使用"数据透视图"创建窗体

【例 5–6】在"教学管理"数据库中，创建如图 5-7 所示的名为"按性别统计各民族学生人数"的数据透视图窗体。

操作步骤如下。

① 在"导航"窗格中，单击"学生"表对象。

② 在"创建"选项卡中的"窗体"组中，单击"其他窗体"工具按钮。在下拉列表中选择"数据透视图"，出现如图 5-19 所示的数据透视图视图，同时打开了"图表字段列表"对话框。

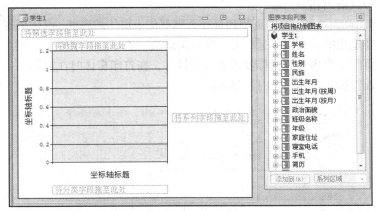

图 5-19　数据透视图和字段列表

③ 将"民族"字段拖到"将分类字段拖至此处"。或在"图表字段列表"对话框选择"民族"，在对话框底部右侧的组合框列表中选择"分类区域"，单击对话框底部左侧的"添加到"按钮。

④ 将"性别"字段拖到"将系列字段拖至此处"。或在"图表字段列表"对话框选择"性别"，在对话框底部右侧的组合框列表中选择"系列区域"，单击对话框底部左侧的"添加到"按钮。

⑤ 对主关键字"学号"进行汇总统计。选中"学号"字段，在对话框底部右侧的组合框列表中选择"数据区域"，单击对话框底部左侧的"添加到"按钮。

⑥ 在"数据透视图工具"的"设计"选项卡中，单击"显示/隐藏"组中的"拖放区域"按钮，隐藏"将筛选字段拖至此处"；单击"图例"按钮，显示图例。

⑦ 单击快捷访问工具栏中的"保存"工具，在弹出的"另存为"对话框中输入"按性别统计各民族学生人数"，单击"确定"保存。

5.3　利用设计视图创建窗体

利用"窗体"工具、向导等快捷创建窗体的方法创建的窗体只能满足有限的需求，当需要创建功能强大、布局美观的窗体或者要对已创建的窗体进行修改时，就要用到窗体设计视图。

5.3.1　窗体的设计视图

1．设计视图的组成

窗体的设计视图是用来修改或设计窗体的窗口，它由主体、窗体页眉、窗体页脚、页面页眉、页面页脚这 5 个节组成。图 5-20 为窗体的设计视图。在设计视图中能看到窗体的节。

① 窗体页眉和页面页眉。窗体页眉和页面页眉都位于窗体的顶部。窗体页眉主要用来放置标签控件显示标题或字段名称，也可以放置其他控件实现相应功能。在窗体运行时，窗体页眉会一直显示在窗体上；但在打印时只在第一页显示；页面页眉一般用来设置窗体在打印时的页头信息，比如，标题以及用户要在每一页上方显示的内容等，页面页眉在窗体运行时不显示，只在打印窗体时在窗体的每一页输出相应内容。

② 窗体页脚和页面页脚。窗体页脚和页面页脚都位于窗体的底部。窗体页脚通常用来放置命令按钮控件实现特定功能。在窗体运行时，窗体页脚会一直显示在窗体上，但在打印时只在最后一页显示；页面页脚主要用来放置标签或文本框控件，在打印窗体时在窗体每一页的底部输出页汇总、页码，页面页脚在窗体运行时不显示。

图 5-20　窗体的设计视图

③ 主体。主体位于页眉和页脚之间，又称为主体节，是窗体的核心部分，主要用于显示数据源的内容。

　　　　　　在利用窗体的设计视图创建窗体时，默认时只有主体节，可以右击鼠标，在弹出的快捷菜单里选择"窗体页眉/页脚"命令添加窗体页眉和窗体页脚，选择"页面页眉/页脚"命令添加页面页眉和页面页脚。重复上述操作可以删除页眉和页脚。若要调整节的高度，可以将鼠标指向节与节之间的分隔线上，当鼠标变成"✚"形状时，拖动鼠标可以调整各节的高度。

2．窗体设计工具

（1）"控件"工具

"控件"工具是设计窗体的重要工具。当利用设计视图创建窗体时，单击"设计"选项卡，在

"控件"组里会看到常用控件，如图 5-21 所示。单击"控件"组右下角的下三角按钮，可以看到更多的控件。可以将控件放置到窗体上。常用控件的功能请参见 5.4.2 小节。

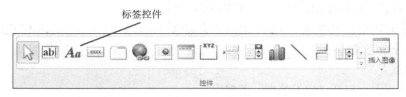

标签控件

图 5-21　控件工具

（2）"属性表"对话框

"属性表"对话框是设置窗体及控件对象属性的重要工具。当利用设计视图创建窗体时，在"设计"选项卡的"工具"组里单击"属性表"工具按钮，打开"属性表"对话框，如图 5-22 所示。也可以右击鼠标，在弹出的快捷菜单里选择"属性"命令打开"属性表"对话框。

下面简单说明一下对象和属性的概念。在 8.2 节有详细描述。

对象是任何可操作的实体。一个窗体就是一个对象，将一个标签控件放到窗体中后，该标签控件就成为一个标签对象。属性是对象的性质，用来描述和反映对象特征。比如，窗体的"标题"属性值就是窗体的标题。名称属性是能够唯一标识某一控件的属性。

在"属性表"对话框中，紧接着标题栏下的文字显示了当前编辑的对象的类型，如图 5-22 所示，当前选中的是"标签"控件，接下来是对象组合框下拉列表，组合框里显示的是当前选中对象的"名称"，在图 5-22 中，标签对象的名称为"Label1"。单击该组合框右侧的下三角按钮可以看到当前窗体各对象的名称。在对象组合框下面是属性或事件选项卡，包括"格式"、"数据"、"事件"、"其他"、"全部"。其中"格式"、"数据"以及"其他"是对属性的详细分类，"事件"选项卡所表示的该对象所具有的事件名称（有关事件的知识将在 8.2 节介绍），"全部"选择卡包含了前面 4 个选项卡的所有属性名及事件名称。

在"属性表"对话框中，若要设置窗体、节及窗体内各控件对象的属性，首先在对象组合框中选择控件对象的名称，然后选择相应的选项卡及属性进行设置。

（3）"字段列表"对话框

如果窗体上显示的数据来自于表或查询，最好在设计窗体时通过"属性表"对话框来设置"记录源"的属性（在对话框的"数据"选项卡里），然后在"设计"选项卡的"工具"组里单击"添加现有字段"工具按钮打开"字段列表"对话框。图 5-23 是窗体的记录源设置为"专业"表对象的字段列表。

对象组合框

图 5-22　"属性表"对话框

图 5-23　"字段列表"对话框

5.3.2　使用设计视图创建窗体的一般步骤

下面通过例题来讲述使用设计视图创建窗体的步骤。

【例 5-7】利用设计视图以"专业"表对象为数据源设计如图 5-24 所示的纵栏式窗体，将窗体命名为"专业信息窗体"。

操作步骤如下。

① 打开数据库。打开"教学管理"数据库。

② 新建窗体。选择"创建"选项卡，单击"窗体"组里的"窗体设计"工具按钮，出现如图 5-25 所示的窗体设计视图。此时的窗体只有"主体"节。

图 5-24　专业信息窗体

图 5-25　只有主体节的窗体

③ 添加窗体页眉、页脚。右击鼠标，在弹出的快捷菜单里选择"窗体页眉/页脚"命令添加"窗体页眉"和"窗体页脚"这两个节，如图 5-26 所示。在本例中不需用到窗体页脚，将鼠标指向页脚部分的下边缘，当鼠标变为双向上下箭头形状时，向上拖动鼠标，直到看不到页脚节区域。

④ 从"控件"组中将控件添加到窗体上。本例中要将"标签"控件添加到窗体页眉区域里。方法为：单击"设计"选项卡，在"控件"组单击如图 5-21 所示的"标签"控件，将鼠标移到窗体页眉区域，此时鼠标形状变成"⁺A"形状，拖动鼠标在窗体页眉区域画一个矩形，最后松开鼠标，在矩形框里输入"专业基本信息"。

⑤ 设置控件的属性。本例要将上述的标签控件里的文字设置成合适的字体和大小，需要设置标签控件的属性。方法为：右击窗体页眉中的标签控件，选择"属性"命令，打开"属性表"对话框，选择格式选项卡，此时会发现标题属性的值为输入的"专业基本信息"，拖动右侧的滚动块，找到字体和字号属性，将其分别设置为"华文楷体"、"18 磅"。在窗体上选中标签控件，将其拖动到合适的位置，并用鼠标调整窗体页眉、主体的高度以及窗体的宽度。设置结果如图 5-27 所示。也可以单击"窗体设计工具"|"设计"选项卡，在"工具"组中单击"属性表"按钮打开"属性表"对话框。

⑥ 设置窗体的数据源。窗体的数据源通过窗体对象的"记录源"属性来设置。本例要将窗体的数据源设置为"专业"表对象。方法是：在窗体区域右击鼠标，在快捷菜单里选择"属性"命令，单击"属性表"对话框里的对象组合框右侧的下三角按钮，在列表中选择"窗体"对象，再在该对话框里选择"数据"选项卡，单击"记录源"属性右侧的下拉列表，选择"专业"。

图 5-26　含有"窗体页眉、页脚"的窗体　　　　　图 5-27　在"属性表"对话框设置属性值

⑦ 将"字段列表"对话框中的字段拖到主体部分。在设置数据源后，单击数据库窗口里的"设计"选项卡，在"工具"组中单击"添加现有字段"显示"字段列表"对话框。单击字段列表中的"专业编号"字段，将其拖动到窗体的主体区，松开鼠标，此时窗体上出现一个标签控件和一个文本框控件，且标签控件的"标题"属性值为字段名称，文本框的"控件来源"属性值也为字段名称。用同样的方法将"专业名称"和"系编号"拖到窗体上，如图 5-28 所示。

⑧ 设置窗体和控件的其他属性。打开"属性表"对话框，在对象组合框的下拉列表中选中某个对象，设置对象的其他属性。本例中，将窗体标题属性设置为"专业表"，如图 5-29 所示。

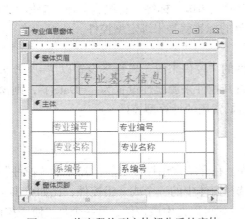

图 5-28　将字段拖到主体部分后的窗体　　　　　图 5-29　设置窗体"标题"属性值

⑨ 保存窗体。单击工具栏中的"保存"按钮，将窗体命名为"专业信息窗体"。

① 利用设计视图创建窗体时，上述步骤中的某些步骤有时是不需要的，有些步骤的顺序不是固定不变的。比如，如果一个窗体不需要数据源，就可以省掉步骤⑥和步骤⑦；保存窗体不一定是最后一步，可以是第二步，当保存窗体后可以再打开窗体的设计视图对窗体进行后续部分的操作。

② 可以通过"标题"工具按钮在"窗体页眉"里设置标题。方法是：在窗体的设计视图下单击"设计"选项卡，在"页眉/页脚"组里单击"标题"工具按钮，此时会在

窗体的"窗体页眉"区域里出现设置好了的标题属性值以及其他格式的标签控件。

③ 如果不事先设置"窗体"的记录源属性,可以在"工具"组中单击"添加现有字段"按钮,在"字段列表"对话框中单击"专业"表对象,将所有的字段双击或拖到窗体中,但"窗体"的记录源将是下面的 SQL 语句:"SELECT 专业.专业编号, 专业.专业名称, 专业.系编号"。

5.4　常用的窗体控件

控件是窗体中用于显示数据、执行操作和装饰窗体的对象。比如,利用命令按钮打开另一个窗体、利用文本框显示和输入数据、利用直线和矩形分隔与组织控件等。常用的控件主要有:标签、文本框、命令按钮、选项组、列表框、组合框、复选框、选项按钮、直线、矩形、图像、子窗体/子报表控件等。

5.4.1　常用窗体控件的分类

根据控件与窗体数据源的关系,可以将控件分为绑定型、未绑定型、计算机型这 3 种类型。

1.　绑定型控件

绑定型控件主要用于显示、输入、更新数据表中的字段。该类控件通过"控件来源"属性绑定表或查询中的字段。图 5-27 所示窗体中显示专业编号的文本框就是绑定型控件。

2.　未绑定型控件

未绑定型控件可以用来显示信息、线条、矩形或图像。标签、直线、图像、矩形等控件就是未绑定型控件。图 5-27 所示窗体中显示专业编号的标签就是未绑定型控件。

3.　计算型控件

计算型控件用表达式作为数据源。通过控件的"控件来源"属性来设置以"="开头的表达式。例如,可以在窗体上放一个文本框控件,将其控件来源属性设置为"=Date()",则窗体运行时,该文本框会显示系统当天的日期。文本框是最常用的计算型控件。

5.4.2　常用窗体控件的功能

在"控件"组中所显示的控件是常用的控件。在介绍常用控件之前,先介绍"控件"组中的两个工具:一个是"选择"工具 ,其功能是选择窗体中的一个或一组控件,比如单击"控件"组里的"选择"工具,再单击窗体中的一个控件,就可以选中该控件;另一个是"使用控件向导"工具 (如果在"控件"组里看不到该工具,单击"控件"组右下角的下三角按钮就可以看到),在默认的情况下呈被选中状态,当将文本框、命令按钮等大部分控件画在窗体中时,会弹出控件向导对话框,用户可以根据向导的提示轻松地实现控件常见的功能。当不需要控件向导时,可以在弹出的控件向导对话框中单击"取消"按钮,也可以单击"控件"组中的"控件向导"工具,若再需要该向导时,再单击该工具即可。

1.　标签控件 Aa

标签用来显示说明性文本。比如,在例 5-7 中,在窗体页眉上添加的标签控件用来标识本窗体和显示专业基本信息。在 Access 中,当在窗体上添加其他控件时,一般会附加一个标签控件。

标签控件的常用的属性如下。

① 名称和标题：在编程时用名称属性引用标签；标题属性用来显示在标签上的文字。

② 字体和字号：字体和字号属性分别用来显示标签上的文字的字体类型和字的大小。

③ 前景色和背景色：前景色属性显示标签上的文字的颜色；背景色属性显示标签背景的颜色。

④ 左和上边距：左属性用来表示标签的左边缘距窗体左边缘的距离；上边距属性用来表示标签的上边缘距窗体上边缘的距离。默认单位为 cm。

⑤ 高度和宽度：标签的大小可以分别用高度和宽度精确。默认单位为 cm。

说明：下面介绍的控件中，和前述控件相同的属性将不再赘述。

2. 文本框控件 abl

文本框控件用于文本编辑，用户可以在该控件对象区域内输入、编辑和显示文本内容。

文本框控件除了具有标签控件中的部分属性外，还包括以下常用属性。

① 控件来源：窗体运行时，文本框里显示的值。包括表、查询或 SQL 语句结果的字段以及以"="开头的表达式。

② 小数位数：数值型数据显示的小数位数。

③ 文本对齐：文本框中的字符的对齐方式。

④ 可用：默认值为"是"，表示该控件能正常使用。若要使控件在窗体运行时暗淡显示且不能接受焦点，则将该属性设置为"否"。

⑤ 是否锁定：默认值为"否"，表示该控件中的数据能被编辑。若要使控件中的数据变成可读，但不允许用户更改数据，可将该属性设置为"是"。

⑥ 输入掩码：该属性与教材"3.1.4 字段属性的设置"之"输入掩码"类似。用于设定控件的输入格式。比如，该属性值设置为"密码"时，在文本框输入的每个字符将以"*"显示。

3. 命令按钮控件 XXXX

命令按钮控件主要用来执行某项操作或某些操作。窗体处于运行状态时，通过单击命令按钮来引发一定的事件，从而执行相应的动作。

命令按钮常用的属性如下。

① 可见性：窗体运行时是否显示该命令按钮。默认为"是"。

② 图片：显示在命令按钮上的图像。若该属性非空，则"标题"属性值无效。可以直接删除图片属性右边的文字"(图像)"来删除显示在命令按钮上的图片。

③ Tab 键索引：窗体运行时，从键盘上按 Tab 键时控件被选中的次序。最小值为 0，值越小，越先被选中。

④ 默认：默认值为"否"。若设为真，则窗体处于运行状态时，从键盘上按"回车"键等同于单击该按钮。

　　　　若希望窗体运行时，单击命令按钮能实现关闭窗体、移动记录、查找记录等操作时，利用"控件向导"不需用户编程就能轻松地实现。当弹出命令按钮向导时，只需要在左侧列表框中选择分类，右侧列表中选择要实现的操作，再单击"下一步"按钮按照提示操作即可，如图 5-30 所示。

图 5-30　命令按钮向导

4. 列表框控件 ▦ 和组合框控件 ▦

列表框控件主要用来列出一列或多列数据供用户选择，用户不能输入新值。

在设计时，列表框的值可以通过向导来源于用户"自行键入的值"以及"使用列表框查阅表或者查询中的值"，如图 5-31 所示。操作方法与"3.1.5 建立查阅列表字段"类似。

组合框控件就是我们平常所说的下拉列表框。组合框由多行组成，在默认的情况下只显示一行，需要选择其他行时，单击右侧的下三角按钮，如图 5-32 所示。

在设计组合框时，默认情况下也会弹出"组合框向导"，用户可以根据提示一步步地进行快捷设计。

用户除了在组合框中可以选择值外，还可以输入值。这也是组合框和列表框的主要区别。

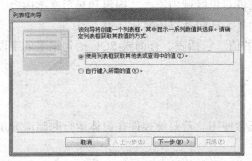

图 5-31　列表框向导图

图 5-32　组合框例

5. 选项按钮控件 ◉ 、复选框控件 ☑ 、切换按钮控件 ▰

这三个控件通常用作选项组的一部分，这三个控件都可以和"是/否"字段绑定。复选框是在窗体或报表中添加"是/否"字段时创建的默认控件类型。图 5-33 显示了这三个控件以及它们表示"是"和"否"值的方式。"是"和"否"列分别表示控件被选中和未选中的状态。

6. 选项组控件 ▣

选项组是由一个组框和一组复选框、选项按钮或切换按钮组成。选项组控件用来控制在多个选项中，只选择其中一个选项的操作。当从"控件"组中将一个选项组控件放入窗体中时，会弹出"选项组向导"对话框，如图 5-34 所示。可以根据需要将一组复选框、选项按钮或切换按钮通过向导放入选项组中。

图 5-33　复选框、选项按钮、切换按钮
　　　　　选中与否的状态

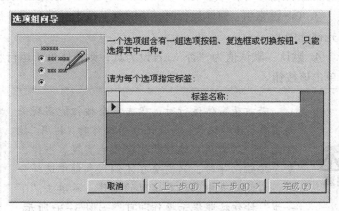

图 5-34　选项组向导对话框

7. 选项卡控件 ▭

选项卡控件用来将多个不同格式的数据操作窗体封装在一个窗体中。换言之，选项卡控件能够在一个"窗体"中包括多页数据操作窗体，而且在每页窗体中包括多个控件。选项卡控件能够实现如图 5-32 所示的多个选项卡的效果。

8. 子窗体/子报表控件 ▣

子窗体/子报表控件用来在主窗体中显示与其数据源相关的子数据表中数据的窗体。

9. 图像控件 ▨

为了在窗体中放置一副图片来美化窗体，可以使用图像控件。图像控件对象中的图像通过"图片"属性设置。

10. 矩形控件 ▭

可以将一组相关的控件对象放入一个矩形控件对象中以起到突出显示效果。

11. 直线控件 ◥

直线控件一般用作分隔线以修饰窗体。

12. 绑定对象框 ▨

用于在窗体或报表上显示 OLE 对象，例如一系列的图片。比如当我们将"学生"表中的"照片"字段通过字段列表拖曳到窗体上时，会生成一个绑定对象框控件对象。当在记录间移动时，不同学生的照片会显示在窗体上。

13. 非绑定对象框 ▨

用于在窗体中显示未绑定 OLE 对象，例如 Word 文档。

14. 分页符 ▦

分页符控件标记新屏幕、打印的页的窗体或报表上的开始。

15. ActiveX 控件

单击该控件将弹出"插入 Active 控件"对话框，可以在列表中选择所需要的项目添加到窗体中。

5.4.3　操作与布局控件

操作窗体中的控件包括选择控件、移动控件、调整控件大小、对齐控件、调整多个控件的大小和间距、复制控件、删除控件等。布局控件能轻松地对一组控件进行整体操作。

1. 控件的基本操作

（1）选择控件

在移动、复制、对齐、删除控件之前，先要选择控件。选定控件后，控件的周围出现 8 个方块，其中，左上角的方块最大，且颜色和其他 7 个方块的颜色有别。这些方块称为控制柄。选择控件的方法和选择 Word 中的自选图形的方法类似。

① 选择一个控件：鼠标单击一个控件。

② 选择多个不连续的控件：按住【Ctrl】键或【Shift】键，再单击要选择的控件。

③ 任意选择一个矩形区域内的所有控件：从空白处拖动鼠标左键画一个矩形虚框可以选中虚框内所有的控件。

④ 选择水平或垂直区域内的控件：在水平标尺或垂直标尺上按下鼠标左键，此时会出现一条水平线或垂直线，松开鼠标后，直线经过的控件都会被选中。

需要特别注意的是，当我们在窗体上放置某些控件（比如文本框控件）时，会在其左侧附加一个标签控件，我们称这两个控件是相关联的。

（2）移动控件

先选择要移动的控件，然后将鼠标指向控件的非控制柄的边缘线上，当鼠标指针呈十字型时，拖动鼠标即可。需要说明的是，此时相关联的控件也会随之移动。对于相关联的两个控件，当选中其中一个时，另一个的左上角也会出现控制柄，如果只要移动其中一个，只要将鼠标指向要移动的控件的左上角，当鼠标指针呈十字型时，拖动鼠标即可。也可以在对象属性表对话框内通过设置"上边距"和"左"属性的值来移动控件。

（3）调整控件大小

调整控件大小时先选中控件，将鼠标指向非左上角的其他7个控制柄，鼠标指针呈左右或上下箭头时，可以调整所选中控件的宽度或高度；当鼠标指针呈双向斜箭头时，可以同时调整所选中控件的宽度和高度。也可以在对象属性表对话框内通过设置"宽度"和"高度"属性的值来调整控件大小。

（4）对齐控件

将多个控件对齐有利于布局的美观。虽然可以通过拖动鼠标来对齐控件，但若需要对齐的控件较多，这显然是一种低效率同时还不能保证绝对对齐。可以通过"对齐"快捷菜单命令来实现快速对齐：首先选择需要对齐的控件，然后右击鼠标，在弹出的快捷菜单里选择"对齐"命令，再在下一级菜单里选择对齐的方式命令。也可以在"窗体设计工具|排列"选项卡里单击"调整大小和排列"组中的"对齐"按钮下的三角形按钮，在下拉列表中选择对齐的方式。

（5）调整多个控件的大小和间距

为了美观起见，有时需要将多个控件调整成同样的大小或者需要将多个控件的间距设置成相同。最快最准确的方法仍然要借助于系统提供的命令。方法如下：首先选择需要调整的控件，在"窗体设计工具|排列"选项卡里单击"调整大小和排列"组中的"大小/空格"按钮下的三角形按钮，在下拉列表中根据设置要求选择需要的命令即可。

复制、删除控件与复制、删除文件夹的操作相似，需要注意的是，对于有关联的两个控件（比如文本框和附带的标签控件），附带的标签控件可以单独删除或复制，但若删除或复制另外一个非标签控件时（如说文本框），附带的标签控件也会被删除或复制。

2. 控件的布局

在窗体设计视图下选中通过快捷窗体工具创建带有数据源的窗体中的单个控件时，在控件及其周围控件的四周会出现一个虚框，此时只能集中调整虚框中的所有控件，而无法只调整一个控件。出现这种状况的原因是系统对这些控件创建了布局。

布局是一些参考线，用来集中控制多个控件的水平或垂直对齐方向。也可以将布局看作是由多个单元格组成的一张表，其中每个单元格可以为空，也可以包含一个控件。可以将布局中的控件当成一个控件来操作，从而可以轻松地重新排列布局中的所有控件。

（1）控件布局的分类

控件布局分为堆叠式布局和表格式布局。在堆叠式布局中，所有控件按垂直方向进行排列，每个控件左侧都有一个标签，该布局一般会包含在窗体或报表的主体节中；在表格式布局中，每个控件按行和列进行排列，该布局会跨越窗体或报表的两个节（对于窗体来说是窗体页眉节和主体节；对于报表来说是页面页眉节和主体节），标签位于页眉节，控件位于主体节。打开例5-7建立的"专业信息窗体"的设计视图，选中主体部分的所有控件，在"窗体设计工具"下单击"排列"选项卡，在"表"组中单击"堆积"按钮即可看到堆叠式布局，如图5-35所示；再在"表"

组中单击"表格"按钮则可看到表格式布局，如图 5-36 所示。

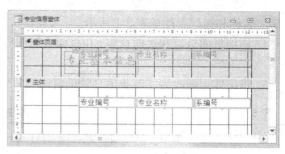

图 5-35　"堆叠式"布局　　　　　　　　图 5-36 在"表格式"布局

（2）选择布局

选中某个控件，在"排列"选项卡上的"行和列"组中，单击"选择布局"按钮，则能选中布局中的所有单元格。

（3）创建新布局

在窗体中选择需要创建布局的一个或多个控件，在"窗体设计工具"下单击"排列"选项卡，在"表"组中单击"堆积"按钮或"表格"按钮。

（4）删除整个布局

选择整个布局，布局周围会出现虚线方框，在"排列"选项卡中单击"表"组中的"删除布局"按钮。可以对删除布局后的单个控件进行移动或调整其大小。

（5）在布局中添加控件

将"控件"组或"字段列表"对话框中的字段拖到布局中时，出现的水平条或垂直条用来指示在释放鼠标按钮时字段将要放置的位置，确定位置后松开鼠标，控件将会插入到指示的位置。

（6）删除布局中的控件

删除布局中的控件并不是让该控件从窗体中消失，而是从布局的约束中解放出来，可以将这样的控件放置在窗体或报表中的任何位置，而不会影响任何其他控件的位置。删除布局中的控件的方法是：右击要删除的控件，在弹出的快捷菜单中选择"布局|删除布局"命令。

5.4.4　常用控件示例

在例 5-7 中介绍了标签控件及其属性设置的方法。下面通过几个例子来介绍命令按钮、文本框、列表框、组合框、选项组、选项按钮、复选框、切换按钮、选项卡控件、子窗体/子报表等控件的应用。

1．列表框、命令按钮、文本框控件的应用

下面通过一个比较综合的例子来介绍列表框、命令按钮、文本框的使用方法。

【例 5-8】复制在例 5-7 中创建的名为"专业信息窗体"的窗体对象，复制后的窗体对象名称为"专业信息管理窗体"，修改复制后的窗体，要求如下。

① 删除窗体页眉部分标签，利用"标题"工具按钮生成标题，标题名为："专业信息管理"。

② 删除名为"系编号"的文本框控件，在"控件"组中将列表框控件加入到所删除的控件位

置，并将列表框的名称改为"lst_xbh"，列表框的内容来自"院系"表对象中的系名称字段值，且与"专业"表对象的"系编号"字段绑定。列表框附带的标签控件的标题为"系编号"，标签的名称修改为"lbl_xbh"。

③ 在窗体页脚部分添加 5 个命令按钮，这 5 个命令按钮上的标题字体都为"黑体"，字号为 16 磅。名称和标题属性如表 5-1 所示。

④ 添加页面页眉和页面页脚，在页面页眉部分插入系统的日期时间；在页面页脚部分插入页码。

⑤ 将窗体标题改为"专业信息管理窗体"。

表 5-1　　　　　　　　　　　　命令按钮属性设置功能

控件名	属 性 名	属 性 值	控件名	属 性 名	属 性 值
命令按钮 1	名称	cmd_add	命令按钮 3	功能	删除一条记录
	标题	添加记录	命令按钮 4	名称	cmd_cancel
	功能	添加一条记录		标题	撤消记录
命令按钮 2	名称	Cmd_save		功能	撤消操作
	标题	保存记录		名称	cmd_close
	功能	保存一条记录	命令按钮 5	标题	关闭窗体
命令按钮 3	名称	Cmd_del		功能	关闭当前窗体
	标题	删除记录			

操作步骤如下。

① 右击在"导航"窗格中的"专业信息窗体"的窗体对象，在弹出的菜单中选择"复制"命令，再在"导航"窗格中右击，在弹出的菜单中选择"粘贴"命令，在弹出的对话框中将窗体名称修改为"专业信息管理窗体"。

② 打开"专业信息管理窗体"的设计视图，选中窗体页眉部分的标签，按【delete】键删除该标签，然后在"窗体设计工具"下的设计选项卡中，单击"页眉/页脚"组中的"标题"工具，此时自动在窗体的页眉部分生成名为"Auto_Header0"、标题为"专业信息管理窗体"的标签控件，将标题改为"专业信息管理"，并调整标签的大小和位置。

③ 选中名为"系编号"的文本框控件，按【delete】键，此时该文本框左边的标签也随之删除。在"控件"组中将列表框控件加入到所删除的控件位置，此时弹出"列表框向导"对话框，如图 5-37 所示，选择默认的第一个选项。单击"下一步"按钮，在对话框中选择"院系"表对象；单击"下一步"按钮，在对话框中将左侧列表框中的"系编号"和"系名称"这两个字段双击到右侧列表框中，如图 5-38 所示；单击"下一步"按钮，在第一个组合框里选择"系编号"，单击"下一步"按钮，调整列表框的宽度，如图 5-39 所示；单击"下一步"按钮，在对话框中进行如图 5-40 所示的设置，单击下一步按钮；在对话框里设置列表框附带标签的标题为"系编号"，单击"完成"按钮。

在窗体的设计视图中，分别选中列表框和它的附带标签，在"属性"表对话框中将列表框的名称改为"lst_xbh"，标签的名称改为"lbl_xbh"。

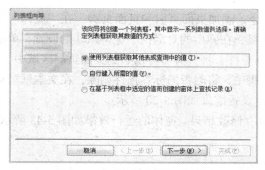

图 5-37　"列表框向导"对话框

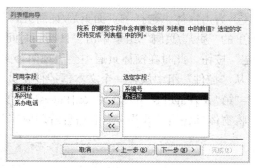

图 5-38　在"列表框向导"对话框中选择字段

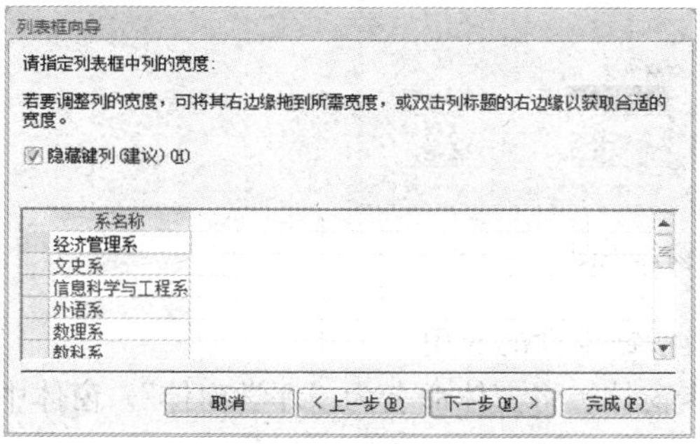

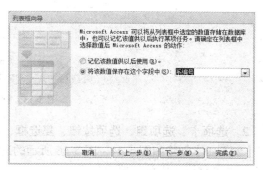

图 5-39　设置"列表框"的宽度

图 5-40　让列表框和"系编号"字段绑定

④ 将鼠标指向窗体页脚的下边缘，增加其高度，并用鼠标增加窗体的宽度。在"控件"组中将命令按钮控件放到页脚的左侧，此时弹出"命令按钮向导"对话框，在左侧列表框中选择"记录操作"，右侧列表框中选择"添加新记录"，如图 5-41 所示，单击"下一步"按钮，在对话框中将默认的选项更改为文本，文本采用默认值"添加记录"，如图 5-42 所示，单击"下一步"按钮，将命令按钮的名称改为表 5-1 所示的名称 "cmd_add"。单击"完成"按钮。

图 5-41　在"命令按钮向导"对话框中
选择类别和操作

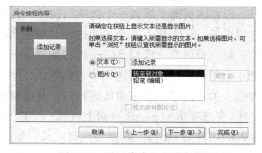

图 5-42　设置命令按钮的标题

采用类似的方法添加其他 4 个命令按钮，在添加最后一个命令按钮时，在图 5-41 所示的对话框的左侧选择"窗体操作"，右侧选择"关闭窗体"。

选中上述 5 个命令按钮，进行下述操作：在"属性表"对话框里将字体属性设置为"黑体"，字号属性设置为 16 磅。在功能区中的"排列"选项卡中按照 5.4.3 介绍的方法将这 5 个命令按钮调整成间距相同、靠上对齐、相同大小。

再将窗体页眉部分的标签以及主体部分的所有控件移到窗体的中间位置，并将主体部分的控件的字号设置为合适的字号，比如"16 磅"，并调整控件的大小和间距。

⑤ 右击窗体，选择"页面页眉/页面页脚"命令，添加页面页眉和页面页脚。在"设计"选项卡里的"页眉/页脚"组里单击"日期和时间"工具，在弹出的对话框中保持默认的设置，单击"确定"按钮，此时在窗体页眉中会出现两个文本框控件，将其剪切再粘贴到页面页眉区域中。

从"控件"组中放置一个文本框控件在页面页脚中，将附带的标签控件删除，在文本框里输入"="第" & [Page] & "页,总共" & [Pages] & "页""。设置结果如图 5-20 所示。

将窗体标题属性改为"专业信息管理窗体"，保存修改结果。窗体的运行效果如图 5-43 所示。

图 5-43　例 5-8 窗体视图

2. 选项卡、选项组、选项按钮、复选框、切换按钮控件的应用

【例 5-9】创建如图 5-44 ~ 图 5-46 所示的选项卡窗体，将窗体命名为"评学窗体"。窗体中标签控件的名称皆为默认。要求如下。

① 在窗体的页眉部分放一个文本框，要求能显示出当前"班级"表中的"班级名称"字段值。

② 在主体部分放一个选项卡控件，要求有 3 个页面，每个页面的名称和标题从左往右依次是 page1，整体评价；page2，建议；page3，所属专业。

③ 在选项卡的 page1 页面上放置一个选项组控件，名称为：: fra_jl，附带标签的标题为：纪律。在选项组 fra_jl 上放上 4 个选项按钮，按钮名称默认，附带标签标题分别为：好、较好、差、很好。再在该页面上放置一个选项组控件，名称为：: fra_zz，附带标签的标题为：自主学习能力。在选项组 fra_zz 上放上 5 个切换按钮，按钮名称默认，附带标签标题分别为：强、很强、较强、较差、差。最后在选项组 fra_zz 的右侧放一个标签控件，标签标题为：班级特点；在标签的下面放置 4 个复选框控件，复选框的名称默认，附带的标签标题分别为：思维活跃、尊重老师、动手能力强、关心同学，要求窗体运行时，复选框能实现多选，如图 5-44 所示。

④ 在选项卡的 page2 页面上放置一个标签控件和一个文本框控件，标签控件的标题为：建议。文本框的名称为 txt_jy。其他格式自定义，如图 5-45 所示。

⑤ 在选项卡的 page3 页面上放置一个选项组控件，名称为 fra_sz，附带标签的标题为：专业名称，在选项组里放上 4 个复选框按钮，按钮名称默认，附带标签标题分别为：会计、教育技术学、小学教育、数学与应用数学。要求页眉上的文本框中显示的班级属于标签所列的专业时，该标签前的复选框打钩，如图 5-46 所示。

操作步骤如下。

① 利用设计视图新建一个窗体，将窗体的记录源设置为"班级"表对象。右击窗体，在弹出的菜单中单击"窗体页眉/页脚"命令生成窗体页眉和窗体页脚，单击窗体页脚标题，在属性表对话框中将其"高度"属性值设置为"0cm"。从"控件"组中将一个文本框控件放在窗体的页眉部分，将附带标签的标题改为"班级名称"，将文本框的控件来源属性设置为"班级名称"。

图 5-44　选项卡窗体的页面 1　　　图 5-45　选项卡窗体的页面 2　　　图 5-46　选项卡窗体的页面 3

② 从"控件"组中将一个选项卡控件放在主体部分，并将其扩大到整个主体区域。此时在选项卡的左上角有"页 1"和"页 2"这两个页面，用鼠标单击"页 1"和"页 2"这两个标题，会显示不同的页面。单击"页 1"，在"属性表"对话框中当前的对象为名为"页 1"的页对象，将其名称属性改为"page1"，将其标题属性设置为"整体评价"；在"属性表"对话框中的对象组合框里的下拉列表中选择"页 2"对象，将其名称改为"page2"，并将其标题属性设置为"建议"；在窗体的"主体"节中右键单击"建议"标题，在弹出的菜单中单击"插入页"命令，此时在"page2"后面出现"页 3"，按照修改前两个页面的方法将其名称和标题分别修改为：page3，所属专业。

③ 单击 page1 页面，从"控件"组中将一个选项组控件放置在该页的左侧，在弹出的"选项组向导"对话框的表格中从上到下分别输入图 5-44 所示的选项按钮附带标签的标题文字："好"、"较好"、"差"、"很好"，输入结果如图 5-47 所示；单击"下一步"按钮，在对话框中设置了默认的选项"好"，采用默认设置；单击"下一步"按钮，在如图 5-48 所示的对话框中为 4 个选项设置了默认的 4 个选项值，采用默认设置；单击"下一步"按钮，此时的对话框需要设置在选项组中需要放置的控件，如图 5-49 所示，默认的是"选项按钮"控件，这里采用默认设置；单击"下一步"按钮，在对话框中将选项组的标题改为"纪律"，单击"完成"按钮。此时的窗体设计视图如图 5-50 所示。

图 5-47　在"选项组向导"对话框
　　　　中标签标题

图 5-48　为每个选项赋值

在属性表对话框里将"选项组"的名称属性修改为：fra_jl。采用上述方法在"page1"上放置第二个选项组，在图 5-47 所示的对话框的表格中分别输入：强、很强、较强、较差、差；在图 5-49 所示的对话框中单击"切换按钮"；操作进行到最后一步时，将选项组的附带标签的标题修改为：自主学习能力。再在"属性表"对话框中将该"选项组"的名称属性修改为：fra_zz。

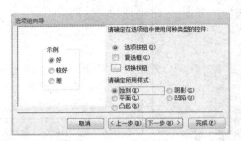

图 5-49　确定在选项组中的控件

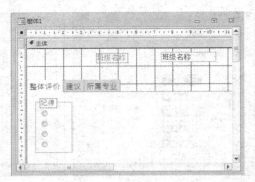

图 5-50　例 5-9 窗体设计视图 1

接下来，在选项组 fra_zz 的右侧放一个标签控件，将标签标题设置为：班级特点；从"控件"组中将一个复选框控件放置在标签的下面，此时在属性表对话框中当前的对象为复选框控件，名称为 check17（不同的操作可能会让该名称后面的序号不一样），该复选框右侧是一个附带标签，将其标题修改为：思维活跃。调整这两个控件的位置和大小，也可以将其字体和大小进行设置。将这两个控件复制 3 次在"page1"页上，并按照图 5-44 所示的位置放好，分别将其附带标签的标题改名为：尊重老师、动手能力强、关心同学。

④ 单击选项卡上标题为"建议"的 page2 页面，从"控件"组中将一个文本框控件放置在该页面上，将附带标签的标题改为：建议。并将其移到文本框的上面。扩大文本框，并将文本框的名称改为 txt_jy。同时选中上述两个控件，将其字体设置为"黑体"，字号设置为"16 磅"，再根据情况调整控件的位置和大小。

⑤ 单击选项卡上标题为"所属专业"的 page3 页面，从"控件"组中将一个选项组控件放置在该页面上，在弹出来的"选项组向导"对话框中单击"取消"按钮。选中该选项组控件，在属性表对话框中将名称属性改为 fra_sz，将附带标签的标题改为：专业名称，将该选项组的控件来源属性设置为"专业编号"。选中该选项组，从"控件"组中将一个复选框控件放置在该选项组中，在"属性表"对话框中将附带标签的标题属性设置为：会计，复选框的"选项值"属性值设置为"会计"专业对应的专业编号"01"，调整该复选框控件及其附带标签的大小和位置。再选中这两个控件，右击鼠标，在弹出的菜单中选择"复制"命令，再选中该选项组，在选项组上右击 3 次粘贴，调整复制的 3 组复选框在选项组中的位置，将其附带标签的标题属性值分别设置为：教育技术学、小学教育、数学与应用数学，并将对应的复选框的"选项值"属性值分别设置为上述 3 个专业的"专业编号"对应的值：05、11、09。

保存该窗体，将窗体命名为"评学窗体"。

3. 子窗体/子报表、组合框控件的应用

"子窗体/子报表"控件主要用来创建主/子窗体或主/子报表。主/子窗体一般用来显示一对多关系的表或查询中的数据。在本章第 2 节介绍过使用窗体向导来创建主/子窗体，还可用下面的方法创建主/子窗体：一是创建分别用来作为主窗体和子窗体两个窗体，然后打开主窗体的设计视图，将导航窗格中的子窗体对象用鼠标拖到主窗体里面；二是先创建主窗体，然后在主窗体的设计视图下利用子窗体/子报表控件来创建子窗体。本节通过例子讲述如何利用"子窗体/子报表"控件来创建主/子窗体。

【例 5-10】 创建如图 5-51 所示的主/子窗体，将主窗体命名为"教师课时汇总主窗体"，子窗体命名为"教师课时汇总子窗体"。窗体中标签控件的名称皆为默认。要求如下。

　　主窗体的主体部分放一个组合框，组合框的附带标签的标题为：教师编号；在组合框的下拉列表中能显示教师表中的所有教师编号。在下拉列表中选择某个教师编号，就能在子窗体中显示该教师的姓名以及每个学期的总课时，如图 5-51 所示。

　　操作步骤如下。

　　① 选择"创建"选项卡，单击"窗体"组里的"窗体设计"工具按钮，打开窗体的设计视图。在"属性表"对话框中将窗体的"记录源"属性设置为"教师"。将"控件组"中的组合框放到窗体主体的上部分，在弹出的如图 5-52 所示的"组合框向导"对话框中选择默认的选项"在基于组合框中选定的值而创建的窗体上查找记录"；单击"下一步"按钮，在对话框中将左侧的"教师编号"双击到右侧列表，如图 5-53 所示；单击"下一步"按钮，在对话框中用鼠标调整组合框下拉列表的宽度；单击"下一步"按钮，在对话框中设置组合框附带标签的标题为"教师编号"，如图 5-54 所示；最后单击"完成"按钮。单击快捷访问工具栏中的保存按钮，将主窗体命名为"教师课时汇总主窗体"。

图 5-51　例 5-10 主窗体视图

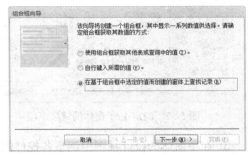

图 5-52　确定获取数值的方式

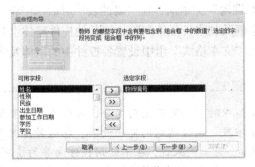

图 5-53　选择数值来源

图 5-54　为附带标签设置标题

　　② 将"控件组"中的"子窗体/子报表"控件放到窗体的主体的下部分，此时弹出如图 5-55 所示的对话框，选择默认的选项"使用现有的表或查询"；单击"下一步"按钮，在对话框中的上部分选择名为"教师课时汇总"的查询（该查询的创建请参见本书 4.5 节），在下部分将左侧列表框中的所有字段双击到右侧列表框中，如图 5-56 所示。

　　单击"下一步"按钮，在对话框中确定主窗体和子窗体用来链接的字段"教师编号"，设置结果如图 5-57 所示；单击"下一步"按钮，在对话框中修改子窗体的名称为"教师课时汇总子窗体"，如图 5-58 所示，单击"完成"按钮。此时在"导航"窗格中会出现名为"教师课时汇总子窗体"的窗体对象。单击快捷访问工具栏中的保存按钮，将主窗体命名为"教师课时汇总主窗体"。

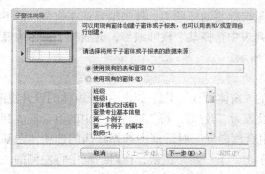

图 5-55　确定子窗体的来源方式

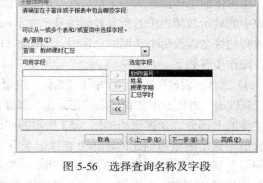

图 5-56　选择查询名称及字段

图 5-57　确定主/子窗体的链接字段

图 5-58　修改子窗体的名称

③ 在主窗体的设计视图中调整各控件的大小和位置，并设置控件的某些属性。在主窗体的设计视图中将"子窗体/子报表"控件的附带标签的标题改为"教师课时汇总"，并将其往上移动到合适的位置；在子窗体/子报表控件中，选中"汇总课时"文本框，在"属性表"对话框中将"对齐"属性设置为左，并将该控件中的教师编号文本框及其附带标签删除，将其他控件整体上移到合适的位置；选中所有控件，在"开始"选项卡的"文本格式"组中设置各控件中的字体及大小等属性。

注意

① 将"子窗体/子报表"控件放到窗体中时，如果不使用向导，可以直接设置该控件的"源对象"、"链接主字段"、"链接子字段"属性达到同样的效果。在这种情况下不会在"导航"窗格中产生子窗体对象。例如，对上例来说，在不使用控件向导的情况下，将"源对象"属性设置为"查询.教师课时汇总"，"链接主字段"和"链接子字段"都设置为"教师编号"。

② 利用"空白窗体"工具创建窗体时，如果将主表中的某个字段拖动窗体的主体中，再将子表中的某个字段拖到窗体的主体节时，会在窗体中出现"子窗体/子报表"控件。在这种情况下也不会在"导航"窗格中产生子窗体对象。

5.5　窗体的属性及修饰

窗体的外观可以通过属性设置来实现，也可以应用主题来让数据库中的所有窗体具有统一的色调，还可以在窗体上放置图像、矩形或直线控件来修饰窗体。

需要注意的是，无论是在窗体设计时，还是在窗体运行时，窗体在默认的情况下是不能移动的，也看不到窗体的最大化和最小化按钮，可以通过下面的方法更改：在 Access 数据库窗口中选择"文件"菜单，单击"选项"命令，在弹出的"Access 选项"对话框中的左侧选择"当前数据库"，将右侧的"文档窗口选项"区域里默认的"选项卡式样文档"选项修改成"重叠窗口"即可，如图 5-59 所示。再单击"确定"按钮，此时会弹出提示为"必须关闭并重新打开数据库，指定选项才能生效"的对话框，单击"确定"按钮，最后关闭数据库再打开即可。

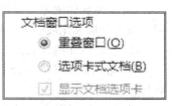

图 5-59 设置为"重叠窗口"

5.5.1 窗体的属性

窗体的属性较多，用来修饰窗体的有"格式"属性，该类属性在"属性表"对话框中的"格式"选项卡中，如图 5-60 所示。还有用来对窗体中的所有数据进行控制的属性，如图 5-61 所示。除了"格式"和"数据"属性，还有"其他"属性，如图 5-62 所示。

当需要对窗体中的控件的数据进行整体控制时，就需要用到图 5-61 所示的属性。比如，如果不允许修改窗体中的数据，将窗体的"允许编辑"属性值设置为"否"即可。

图 5-60 窗体的部分格式属性图

图 5-61 窗体的数据属性

图 5-62 窗体的其他属性

当单击属性表对话框中的某个属性时，在屏幕左下角会显示属性的功能。因此本书不单独对属性的功能做介绍。

下面通过实例来介绍通过窗体的属性来对窗体进行修饰。

【**例 5-11**】复制在例 5-8 中创建的名为"专业信息管理窗体"的窗体对象，复制后的窗体对象名称为"专业信息管理窗体 2"。修改复制后的窗体，要求如下。

① 去掉窗体的记录选择器，边框样式设置为细边框，去除水平滚动条和垂直滚动条，去掉关闭按钮以及最大化最小化按钮，去掉控制菜单。

② 设置窗体的背景为图片文件，路径如下：D:/access 2010/photo/tu1.jpg。平铺图片。

③ 为"系编号"列表框控件添加提示信息："虽然选中的是系名称，但存储的是对应的系编号！"。

设置效果如图 5-63 所示。

操作步骤如下。

① 复制在例 5-8 中创建的名为"专业信息管理窗体"的窗体对象，复制后的窗体对象名称为"专业信息管理窗体 2"，具体方法参见例 5-8。

② 打开"专业信息管理窗体 2"窗体的设计视图，对窗体的下列属性进行设置："图片"、"图片平铺"、"边框样式"、"记录选择器"、"滚动条"、"控制框"、"关闭按钮"、"最大化最小化按钮"。设置结果如图 5-64 所示。

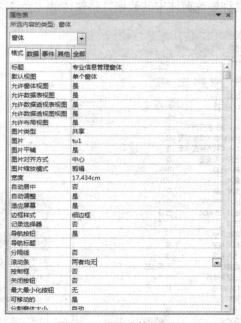

图 5-63　例 5-7 设置后的窗体视图　　　　图 5-64　设置窗体的属性

在设置图片为窗体的背景时，单击"图片"属性右侧的按钮，打开"插入图片"对话框，按照题目给出的路径找到图片即可。如果要删除背景，只要删除图 5-64 所示的"图片"属性右侧的"tu1"即可。

③ 控件的提示信息是指当焦点落到某个控件上时，在数据库窗口的左下角的状态栏中显示的提示文字。对于本例来说就是在窗体运行时鼠标选中某个列表项时，状态栏会显示"虽然选中的是系名称，但存储的是对应的系编号！"这样的提示信息。设置方法是：在窗体的设计视图中，选中主体中的列表框控件，单击属性表对话框的"其他"选项卡，在"状态栏文字"属性的输入框中输入"虽然选中的是系名称，但存储的是对应的系编号！"。

需要说明的是，如果要将窗体的导航去掉，可以将"导航按钮"的属性设置为"否"。但本例不能去掉，原因是：如果需要删除某个指定的专业，就没法进行了。而在有导航的情况下，可以在导航的搜索框里输入专业编号，单击"删除"按钮即可。

5.5.2 窗体的修饰

可以在窗体上添加图像框、直线或矩形控件对象窗体进行修饰，也可以通过应用"主题"来对窗体进行修饰，甚至可以利用条件格式来使窗体中的数据根据不同的值来显示不同的格式。下面举例介绍。

【例 5-12】复制在例 5-11 中创建的名为"专业信息管理窗体 2"的窗体对象，复制后的窗体对象名称为"专业信息管理窗体 3"。修改复制后的窗体，要求如下。

① 在窗体窗体页眉下边画一条直线，直线的边框宽度为"6pt"，特殊效果为"凹陷"。

② 在窗体主体的左侧放一副"玫瑰"图片，图片文件的位置为：D:/access 2010/photo/rose.png。设置后的窗体运行效果如图 5-65 所示。

图 5-65　例 5-7 的窗体视图

操作步骤如下。

① 复制在例 5-11 中创建的名为"专业信息管理窗体 2"的窗体对象，复制后的窗体对象名称为"专业信息管理窗体 3"，具体方法参见例 5-8。

② 打开"专业信息管理窗体 3"窗体的设计视图，从"控件"组中将"直线"控件放到窗体页眉上，在按住【shift】键的同时在窗体页眉下方从左往右拖动鼠标，再在"属性表"对话框中的"格式"选项卡下设置两个属性："边框宽度"属性为"6pt"，"特殊效果"属性为"凹陷"。

③ 从"控件"组中将"图像"控件放置在主体部分的右侧，此时会弹出"插入图片"对话框，找到玫瑰图片所在的位置，选择"rose.png"，单击"确定"按钮。最后调整图像控件的大小。

【例 5-13】以学生选课为数据源，创建一个名为"学生选课"的表格式窗体，要求如下。

① 期末成绩小于 60 分的数据用红色标识，大于 90 分的数据用绿色标识。

② 将该窗体的样式套用名为"行云流水"的主题，观察本窗体及其他窗体的外观是否有变化。

窗体的窗体视图如图 5-66 所示。

图 5-66　例 5-8 的窗体视图

操作步骤如下。

① 创建名为"学生选课"的表格式窗体。在"导航"窗格中，单击"学生选课"表对象。在"创建"选项卡中的"窗体"组中，单击"其他窗体"工具按钮，在弹出的下拉列表中单击"多个项目"，此时会生成表格式窗体。保存，将其命名为"学生选课"。

② 打开"学生选课"窗体的设计视图，选中主体部分的"综合成绩"文本框，在"窗体设计工具|格式"选项卡中，单击"控件格式"组中的"条件格式"按钮，打开"新建格式规则管理器"对话框，单击"新建规则"按钮，在弹出的"新建格式规则"对话框中进行如图 5-67 所示的设置。单击"确定"按钮，回到"新建格式规则管理器"对话框，再单击"新建规则"按钮，重复前述操作，在对话框里的格式区域的左侧选择"大于"，右侧输入"90"，在颜色区域里选择"绿色"。设置完后单击"确定"按钮，返回到"新建格式规则管理器"对话框，如图 5-68 所示。单击"确定"按钮。按【F5】键运行窗体视图，此时，综合成绩列的成绩小于 60 的呈红色显示，大于 90 的呈绿色显示。

图 5-67　设置小于 60 分的格式　　　　图 5-68　设置后的"条件格式规则管理器"对话框

③ 在"学生选课"窗体的设计视图中选择　"窗体设计工具|设计"选项卡，在"主题"组中单击"主题"按钮，在弹出的主题图标中单击提示为"行云流水"的图标，此时窗体的页眉区域的背影颜色会发生变化，标签和文本框里的字体也会发生变化。

运行其他窗体，其样式和"学生选课"窗体一样。图 5-69 是例 5-13 所建立的"专业信息管理窗体 3"的窗体视图。

图 5-69　设置主题后的例 5-7 的"专业信息管理窗体"窗体视图

主题是一套统一的设计元素和配色方案，可以使数据库中的所有窗体具有统一的色调。

从上述实例中可以看出，"主题"是修饰窗体的快捷方法，

5.6　创建系统控制窗体

对于一个由少数几个功能构成的应用程序，我们可以先创建几个窗体来实现相应的功能，然后创建一个应用程序入口的窗体，在该窗体上放置几个命令按钮，每个命令按钮的功能为：鼠标单击命令按钮后，能打开实现对应功能的窗体。通过这样的方式可以将一个应用程序集成，如图 5-70 所示。

事实上，Access 系统提供的导航窗体和切换面板管理器能方便地将一个应用程序的多项功能集成起来，能够创建具有统一风格的应用程序控制界面。

图 5-70　教学管理系统入口窗体

5.6.1　创建切换面板

使用切换面板管理器创建的窗体称为切换面板，也称为切换窗体。

切换面板本质上是一个控制菜单，通过菜单可以实现所需的功能。每一级控制菜单对应一个切换面板页，也就是一个界面；每个切换面板页提供菜单项。下面通过实例来讲解如何在 Access 中创建切换面板。

【例 5-14】创建"教学管理系统"切换面板。系统所要实现的功能如图 5-71 所示。

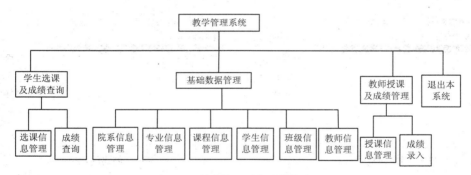

图 5-71　教学管理系统功能模块图

操作步骤如下。

① 将"切换面板管理器"工具放到功能区的"创建"选项卡中。

在 Access 2010 里，创建切换面板的"切换面板管理器"工具并没有在功能区中，下面介绍将其放在功能区"创建"选项卡里的方法。

- 选择"文件"菜单，单击"选项"命令，在弹出的"Access 选项"对话框中的左侧选择"自定义功能区"，在右侧的"主选项卡"区域单击"创建"，再单击"新建组"，右键单击"创建"最后面出现的"新建组（自定义）"，选择"重命名"，在"重命名"对话框中输入"系统定制窗体"。

- 在"Access 选项"对话框左侧的"从下列位置选择命令" 组合框的下拉列表中单击"不在功能区中的命令"，单击下面列表框中的"切换面板管理器"，再单击"添加"按钮，此时在"系统定制窗体"下面会出现"切换面板管理器"项，单击"确定"按钮。

通过上述操作，Access 功能区的"创建"选项卡增加了"系统定制窗体"组，而"切换面板管理器"工具就在该组里。

② 打开"切换面板管理器"。在"创建"选项卡中，单击"系统定制窗体"组中的"切换面板管理器"工具，如果是第一次创建切换面板，会弹出"切换面板管理器没有找到有效的切换面板。是否创建一个？"的提示，单击"是"，此时出现如图 5-72 所示的"切换面板管理器"对话框。在"切换面板页"列表中有一个由系统创建好了的"主切换面板（默认）"。

③ 创建新的切换面板页。"教学管理系统"切换面板需要建立 4 个切换面板页，分别为：教学管理系统、学生选课及成绩查询、基础数据管理、教师授课及成绩管理。其中，"教学管理系统"为主切换面板页。下面介绍创建切换面板页的步骤。

- 如图 5-72 所示，单击"新建"按钮，在弹出的"新建"对话框中将默认的面板页名改为：教学管理系统。单击"确定"按钮。
- 仿照上面的方法分别创建名为"学生选课及成绩查询"、"基础数据管理"、"教师授课及成绩管理"这三个切换面板页，如图 5-73 所示。

④ 设置默认切换面板页。

默认的切换面板页是启动切换面板时最先打开的切换面板页，也就是主切换面板页，该切换面板页后面有"(默认)"的标示。在这里我们需要将"教学管理系统"页设置为默认的切换面板页。方法如下：在如图 5-73 所示的对话框中选中"教学管理系统"项，在右侧单击"创建默认"按钮。此时会发现在教学管理系统后面出现"（默认）"。再在左侧单击"主切换面板"项，在右侧单击"删除"按钮。设置效果如图 5-74 所示。

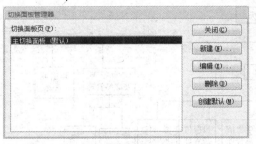

图 5-72 "切换面板管理器"初始状态

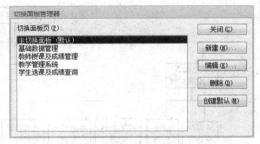

图 5-73 创建的切换面板页

⑤ 在切换面板页上创建切换面板项目。

通过上述操作，我们并没有将非默认的其他三个切换面板页和默认的"教学管理系统"页关联起来，我们希望在"教学管理系统"切换面板上出现 3 个项目，同时增加一个"退出系统"项目。图 5-75 是切换面板的第一个窗体的运行效果。

操作步骤如下：在图 5-74 所示的对话框中，选择"教学管理系统（默认）"，单击右侧的"编辑"按钮，在弹出来的"编辑切换面板页"对话框中单击右侧的"新建"按钮，进行如图 5-76 所示的编辑，然后单击"确定"按钮。采用上述方法加入其他两个项目，最后建立一个"退出本系统"项目来实现退出应用程序，方法是：在"编辑切换面板页"对话框中单击"新建"按钮，在弹出的"编辑切换面板项目"对话框中，在"文本"文本框中输入"退出本系统"，在"命令"文本框中选择"退出应用程序"命令，单击"确定"按钮，编辑结果如图 5-77 所示。单击"关闭"按钮回到"切换面板管理器"对话框。单击"关闭"按钮。此时在导航窗格的"窗体"对象中会出现名为"切换面板"的窗体，双击该窗体，就能看到如图 5-75 所示的运行效果。

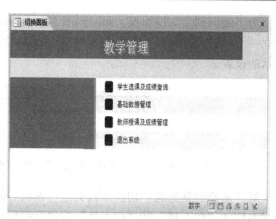

图 5-74　设置好默认切换面板的对话框　　　　图 5-75　切换面板的第一个窗体的运行效果

图 5-76　创建切换面板页上的切换面板项目　　　图 5-77　编辑"教学管理系统"切换面板页

⑥ 为切换面板上的切换项目设置内容，实现有关功能。

通过上面的操作，对于教学管理切换面板页，只有单击"退出系统"项才实现退出应用程序功能，如何单击其他项目实现相应的功能呢？这里以"基础数据管理"项为例介绍如何打开"专业信息管理窗体"来实现对专业表对象的信息管理。

首先应创建好"专业信息管理窗体 3"（在本章例 5-12 已经创建），接下来进行下面的操作。

打开切换面板管理器（如果当前的切换面板关闭了，则在"创建"选项卡的"系统定制窗体"组中单击"切换面板管理器"工具），打开如图 5-74 所示的对话框，单击左侧的"基础数据管理"按钮，单击右侧的"编辑"按钮，在打开的对话框中单击"新建"按钮，在对话框中进行如图 5-78 所示的设置。单击"确定"按钮，设置效果如图 5-79 所示。采用上述方法在"基础数据管理"切换面板页上创建"院系信息管理"、"课程信息管理"、"学生信息管理"、"班级信息管理"、"教师信息管理"这 6 个切换项，每一个切换项都对应一个建立好的窗体。

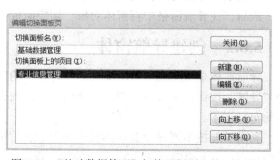

图 5-78　编辑"基础数据管理"切换面板页　　　图 5-79　"基础数据管理"切换面板页上的一个项目

为了能回到主切换面板，即回到图 5-75 所示的状态，需要在"基础数据管理"切换面板页上建立一个项目，方法如下：在图 5-79 所示的对话框中，单击"新建"，在对话框中进行如图 5-80 所示的设置。

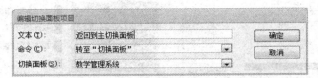

图 5-80   在"基础数据管理"切换面板页上新建"返回到主切换面板"项

对"基础数据处理"切换面板页进行编辑后的结果如图 5-81 所示。从图 5-81 中可以看出，通过右侧的"向上移"和"向下移"按钮可以将左侧的项目的顺序进行调整。

单击"关闭"按钮完成对"基础数据管理"面板页的编辑。单击"关闭"，再打开"导航"窗格的"切换面板"窗体对象，在打开的如图 5-75 所示的窗体中单击"基础数据管理"项，打开如图 5-82 所示的"基础数据管理"运行页面，单击"专业信息管理"项，就能打开"专业信息管理窗体 3"窗体对"专业"进行编辑。单击"返回到主切换面板"项，就能关闭当前页，回到如图 5-75 所示的"教学管理系统"页。

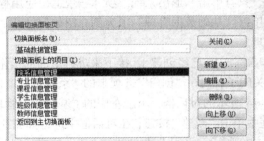

图 5-81   编辑"基础数据管理"切换面板页

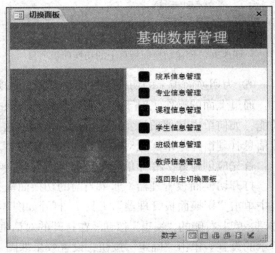

图 5-82   "基础数据管理"切换面板页的运行效果

采用上述方法可以将如图 5-82 所示的"教学管理系统"的功能集成在切换面板中。

最后，在导航窗格中将窗体对象"切换面板"改名为"教学管理系统"。

5.6.2   创建导航窗体

导航窗体是 Access 2010 提供的一种新型的窗体，在"创建"选项卡的"窗体"组中，有一个"导航"按钮，单击该按钮，从弹出的下拉列表中选择所需要的窗体样式，就可以进入导航窗体的布局视图。

利用导航按钮创建导航窗体实现应用系统的集成比利用"切换面板管理器"创建切换面板要方便、直观。下面仍以图 5-71 所示的教学管理系统要实现的功能为目标，使用"导航"按钮来创建"教学管理系统"控制窗体。

【**例 5–15**】创建"教学管理系统"导航窗体。系统所要实现的功能如图 5-71 所示。

操作步骤如下。

① 单击"创建"选项卡的"窗体"组中的"导航"按钮，在下拉列表中单击"水平标签和垂直标签，左侧"，此时会出现导航窗体的布局视图。将主菜单放在水平标签上，将子菜单放在垂直标签上。

② 在水平标签上添加 4 个主菜单，它们分别是："学生选课及成绩查询"、"基础数据管理"、"教师授课及成绩管理"、"退出本系统"。方法是：双击导航窗体的第 1 个水平标签，此时呈输入状态，输入"学生选课及成绩管理"，选中该标签，用鼠标将其拉宽，使得标签里的字全部显示。此时水平方向会出现第 2 个水平标签，按照前述方法输入"基础数据管理"，在出现的第 3 个水平标签里输入"教师授课及成绩管理"；在出现的第 4 个水平标签里输入"退出本系统"。输入结果如图 5-83 所示。

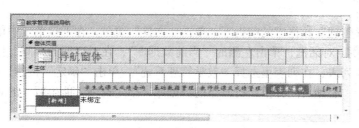

图 5-83　在导航窗体中输入的主菜单项

③ 在垂直标签上为每一个主菜单输入子菜单项。仍以"基础数据管理"主菜单为例介绍操作方法：单击水平标签上的标题为"基础数据管理"的水平标签，在左侧的第一个垂直标签上输入"院系信息管理"，在垂直方向新增的 6 个标签上分别输入"专业信息管理"、"课程信息管理"、"学生信息管理"、"班级信息管理"、"教师信息管理"。输入结果如图 5-84 所示。

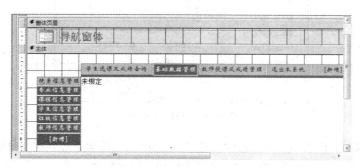

图 5-84　为主菜单设置的子菜单项

④ 为子菜单项设置相应功能。假设在此前已经建好能打开"专业信息管理窗体 3"的名为"打开专业信息管理窗体宏"的宏对象（有关如何创建宏的知识请参见第 7 章）。仍以"基础数据管理"的子菜单项"专业信息管理"为例来介绍设置方法：在如图 5-84 所示的导航窗体中，右击"专业信息管理"子菜单，在弹出的菜单中单击"属性"命令，在属性表对话框中单击"事件"选项卡，单击"单击"事件右侧的下三角按钮，选择已建好的宏"打开专业信息管理窗体宏"，如图 5-85 所示。打开导航窗体的"窗体视图"，单击"基础数据管理"下的"专

图 5-85　在属性表对话框中进行功能设置

业信息管理"菜单项,就能打开"专业信息管理窗体 3"。采用类似的方法为其他子菜单项设置相应功能。

⑤ 保存导航窗体。单击快捷访问工具栏中的保存按钮,在弹出的"另存为"对话框中输入"教学管理系统导航",单击"确定"按钮。

显然,用导航窗体将应用系统集成的操作比利用切换面板要快捷、直观。

5.6.3 设置启动窗体

所谓启动窗体是指打开数据库时就自动运行的窗体。下面以设置"教学管理系统"窗体为启动窗体为例来介绍设置启动窗体的方法。

【例 5-16】设置"教学管理系统"窗体为启动窗体。

操作步骤如下。

在打开"教学管理"数据库的前提下,单击"文件"菜单,在下拉菜单中单击"选项"命令打开"Access 选项"对话框,单击左侧的"当前数据库",在对话框的右侧,打开"显示窗体"右侧的组合框下拉列表,在列表里选择"教学管理系统",单击"确定"按钮,如图 5-86 所示。此时会弹出提示为"必须关闭并重新打开当前数据库,指定选项才能生效"的对话框,单击"确定"按钮。

图 5-86 设置启动窗体

关闭当前数据库,再重新打开"教学管理"数据库时,"教学管理系统"窗体会自动运行。如果不想自动运行,可以在打开数据库时,按住【Shift】键来终止自动运行启动窗体。

此外,在图 5-84 中可以进行其他设置,比如,如果将右侧的"导航"区域下的"显示导航窗格"前的"√"去掉,数据库窗口中就不会出现"导航"窗格。

本章小结

本章主要介绍了窗体的功能、种类及组成,如何利用"窗体"组中的工具快捷创建窗体,重点介绍了如何利用设计视图创建和修饰窗体。在利用设计视图创建窗体的过程中,讲解了常用控件的功能及使用方法、"属性表"对话框的使用、"控件"工具以及"字段列表"对话框等工具的使用。最后介绍了创建切换窗体、导航窗体以及设置启动窗体的方法。通过本章的学习，要求学生熟悉窗体的功能、种类及组成，会利用"窗体"组中工具按钮快速创建窗体，熟练掌握常用控件的功能及操作方法，熟练利用设计视图设计美观、实用的窗体，会创建系统控制窗体来集成应用程序，为后续创建数据库应用程序打下良好的基础。培养学生具有利用数据库应用程序来处理和解决本专业问题的意识和能力。

思考与练习

1. 简述窗体的类型。

2. 窗体有哪几种视图，运行窗体时是采用的哪种视图？

3. 举例简述利用设计视图创建窗体的一般步骤。

4. 能否先利用"窗体"工具快捷创建一个窗体，然后对该窗体进行修改后创建主/子窗体？若能，请举例说明。

5. 控件分为哪几类？举例说明。

6. "字段列表"对话框什么时候出现，若隐藏了该对话框，如何将其显示？

7. 举例说明使用选项组控件向导创建一组复选框的方法。若要在选项组里创建一组复选框，不使用选项组向导，应该如何操作？

8. 举例说明子窗体/子报表控件的使用方法。

9. 若要单击窗体时打开另一个窗体，应该如何设计呢？举例简介操作步骤。

10. 如果要使窗体上的所有控件都能只读，应该设置窗体的什么属性？如何设置？

11. 在课外查找相关资料，实现类似于 QQ 登录面板的功能。

第6章
报表

报表是 Access 2010 数据库中的一个重要的对象。报表对象可以将数据库中的数据以格式化的形式显示和打印输出。报表的数据来源与窗体相同，可以使用已有的数据表、查询或者是新建的 SQL 语句，但报表只能查看数据，不能通过报表修改或输入数据。本章主要介绍报表的一些基本应用操作，如报表的创建、报表的设计、报表的应用等内容。

本章学习目标：

- 理解报表的基本概念；掌握报表的组成、报表的类型及报表视图的概念；
- 掌握创建简单报表的基本方法；
- 掌握使用报表设计来完成报表制作；
- 掌握报表中各种控件的创建及属性的设置；
- 掌握报表的分组、计算和统计功能。

6.1 报表概述

报表由从表或查询中获取的信息以及在设计报表时所提供的信息（如标签、标题和图形等）组成。报表可以对数据库中的数据进行分组、排序和筛选，另外在报表中还可以插入文本、图形和图像等其他对象。报表和窗体的创建过程基本上是一样的，只是创建的目的不同而已，窗体的目的是用于显示和交互，报表的目的是用于浏览和打印。

6.1.1 报表的概念

报表是 Access 数据库的一种对象，报表的功能包括：可以以格式化形式输出数据；可以对数据分组，进行汇总；可以包含子报表及图表数据；可以输出标签、发票、订单和信封等多种样式报表；可以进行计数、求平均、求和等统计计算；可以嵌入图像或图片来丰富数据表现形式。

Access 2010 能创建各种类型的报表，根据报表的输出形式主要分为以下 4 种类型：纵栏式报表、表格式报表、图表报表和标签报表。

① 纵栏式报表。纵栏式报表在一页的主体节内以垂直列表的方式显示记录信息。每一个字段显示在一个独立的行。

② 表格式报表。表格式报表一般每条记录显示为一行，每个字段显示为一列。在一页中显示多条记录。

③ 图表报表。图表报表指以图表为主要内容的报表。图表可以直观地表示数据之间的关系。

④ 标签报表。标签报表是一种特殊形式的报表，主要用于输出和打印不同规格的标签，如价格标签、书签、信封、名片盒邀请函等。

6.1.2　报表的视图

为了能够以各种不同的角度与层面来查看报表，Access 为报表提供了多种视图，不同的视图下报表以不同的布局形式来显示数据源。在 Access 2010 环境下，报表主要有 4 种视图类型：报表视图、打印预览视图、布局视图、设计视图。打开任意报表，单击屏幕左上角"视图"按钮下面的小箭头，可以弹出如图 6-1 所示的视图选择菜单。

1. 报表视图

报表视图用于显示报表，并可以执行数据的筛选和查找操作。该视图时报表的数据显示视图效果，并不是实际的打印效果。

2. 打印预览视图

打印预览视图可以直接查看报表的打印效果。如果效果不理想，可以随时更改打印设置。在打印预览中，可以放大以查看细节，也可以缩小以查看数据在页面上的位置如何。

3. 布局视图

图 6-1　视图选择菜单

布局视图是更改报表时最易于使用的一种视图，它提供了微调报表所需的大多数工具。可以调整列宽、将列重新排列、添加或修改分组级别和汇总；还可以在报表设计上放置新的字段，并设置报表及其控件的属性。采用布局视图的好处是可以在对报表格式进行更改的同时查看数据，因而可以立即看到所做的更改对数据显示的影响。但布局视图不能直接添加常用控件，如标签、按钮等。

4. 设计视图

报表的设计视图用于设计和修改报表的结构，添加控件和表达式，设置控件的各种属性、美化报表等。报表的设计视图如图 6-2 所示。在设计视图中创建报表后，可在报表视图和打印预览视图中查看。

图 6-2　报表设计视图

6.2 快捷创建报表

Access 2010 提供了 5 种创建报表的工具："报表"、"报表设计"、"空报表"、"报表向导"和"标签"。其中"报表"是利用当前打开的数据表或查询自动创建一个报表；"报表设计"是进入报表设计视图，通过添加各种控件自己设计建立一张报表；"空报表"是创建一张空白报表，通过将选定的数据表字段添加进报表中建立报表；"报表向导"是借助向导的提示功能创建一张报表；"标签"是使用标签向导创建一组有机标签报表。

创建报表的报表工具如图 6-3 所示。

图 6-3 创建报表的工具

下面介绍其中 3 种快捷创建报表的方法：利用"报表"工具创建报表、利用"报表向导"创建报表和利用"空报表"工具创建报表。

6.2.1 利用"报表"工具创建报表

"报表"工具提供了最快的报表创建方式。报表工具不向用户提示任何信息，直接生成报表，报表会显示基础表或查询中的所有字段。报表工具无法创建最理想的报表，但对于迅速查看基础数据极其有用。利用"报表"工具创建的报表可以继续在布局视图或设计视图中进行修改和完善。

【例 6-1】在"教学管理"数据库中，使用"报表"工具，以表对象"学生"为数据源创建一个名为"学生"的报表。

操作步骤如下。

① 打开"教学管理"数据库，在"导航"窗格中的"表"对象中单击"学生"表对象。

② 在"创建"选项卡中的"报表"工具组中，单击"报表"按钮。屏幕显示系统自动生成的报表，如图 6-4 所示。

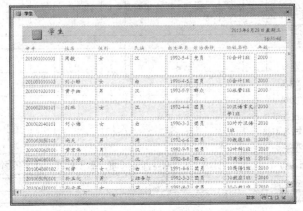

图 6-4 利用"报表"工具自动生成的报表

③ 选择窗体左上角的"保存"按钮，打开如图 6-5 所示的"另存为"对话框，输入报表名称"学生"，单击"确定"按钮。

图 6-5 输入报表名称保存报表

6.2.2 利用"报表向导"创建报表

当使用"报表向导"创建报表时，会自动提示相关的数据源、选用字段、是否分组、设置排序和报表版式等。根据向导提示可以完成报表设计的大部分基本操作，加快了创建报表的过程。

【例 6-2】在"教学管理"数据库中，利用"报表向导"创建"学生选课成绩报表"。

操作步骤如下。

① 在"创建"选项卡"报表"组中单击"报表向导"按钮，弹出如图 6-6 所示的"报表向导"对话框。

② 在"表/查询"下拉列表中指定报表的数据源，这里选择"表:学生选课"。然后在左侧的"可用字段"列表中选择需要显示在报表中的字段名称"学号"、"课程编号"和"综合成绩"，将其双击到"选定字段"列表中，如图 6-7 所示。

图 6-6 报表向导对话框图

③ 单击"下一步"按钮，在打开的对话框中指定分组级别。此时在右边的列表中"学号"字段为默认的分组级别，如图 6-8 所示。

图 6-7 指定数据源与选定字段

图 6-8 确定分组级别

④ 单击"下一步"按钮，在打开的对话框中最多可以选择 4 个字段对记录进行排序，升序或降序。这里选择"综合成绩"为第一排序字段，降序排列，如图 6-9 所示。

⑤ 单击"汇总选项"按钮，弹出"汇总选项"对话框，计算学生的平均成绩，选中"平均"复选框，如图 6-10 所示。

⑥ 单击确定按钮后，返回上一级对话框。单击"下一步"按钮，在打开的对话框中确定报表的布局方式，这里"布局"选择"梯阶"，"方向"选择"纵向"，如图 6-11 所示。

⑦ 单击"下一步"按钮，在打开的对话框中为报表指定标题，输入"学生成绩表"，如图 6-12 所示。

⑧ 选中"预览报表"单选按钮，将以打印预览方式查看报表效果，选中"修改报表设计"单选按钮则进入设计视图。单击"完成"按钮，报表最终结果如图 6-13 所示。

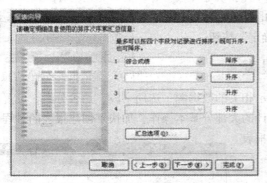

图 6-9　设定排序字段

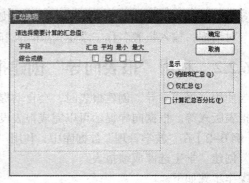

图 6-10　汇总选项

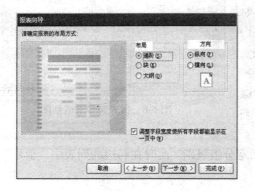

图 6-11　布局方式

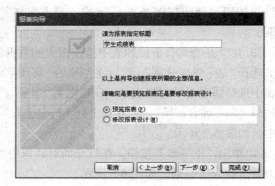

图 6-12　指定报表标题

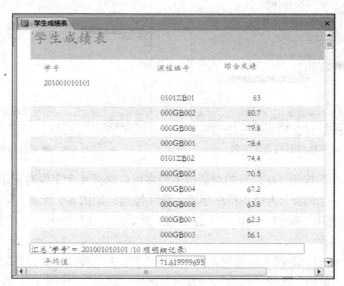

图 6-13　学生成绩报表最终结果

6.2.3　利用"空报表"工具创建报表

使用"空报表"工具可以以所见即所得的方式创建报表。默认情况下使用"空报表"工具时，会自动切换至布局视图，在这种视图模式下比较方便进行格式、排列等方面的设置。

【例 6-3】在"教学管理"数据库中，以"教师"表为数据源，利用"空报表"工具创建"教师职称信息表"。

操作步骤如下。

① 在"创建"选项卡"报表"组中单击"空报表"按钮，自动切换至报表的布局视图，屏幕的右侧自动显示"字段列表"对话框，如图 6-14 所示。

② 在"字段列表"对话框中单击"显示所有表"选项，单击"教师"表前面的"+"号，在对话框中会显示出该表所包含的字段名称，如图 6-15 所示。

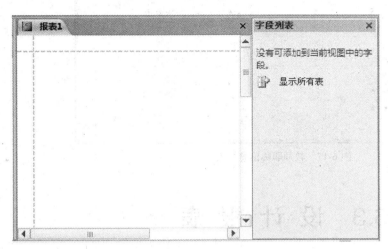

图 6-14　空报表的布局视图　　　　　　　　　图 6-15　在对话框中打开表

③ 依次双击对话框中"教师"表需要输出的字段："教师编号"、"姓名"、"性别"、"学历"和"职称"，结果如图 6-16 所示。

图 6-16　向报表中添加字段

④ 保存设计，输入报表名"教师职称信息表"。切换到"报表视图"，报表输出结果如图 6-17所示。

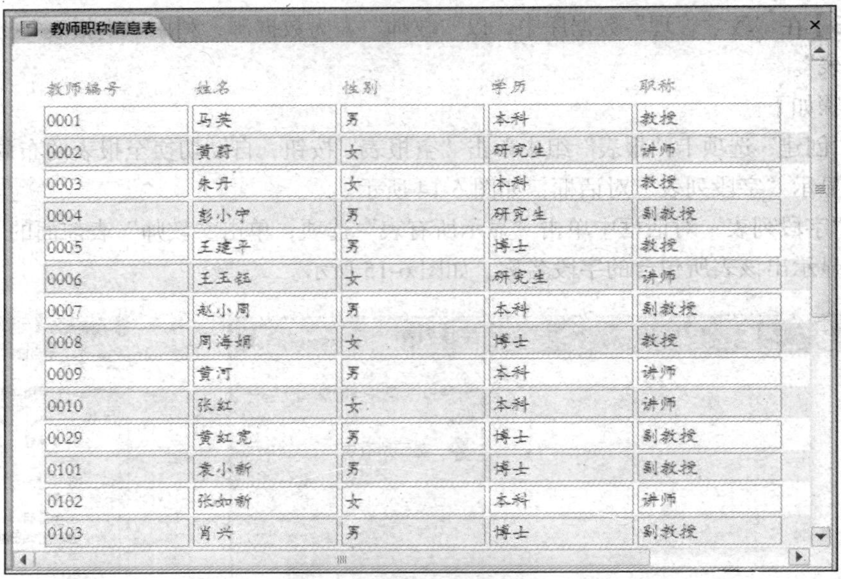

教师职称信息表

教师编号	姓名	性别	学历	职称
0001	马英	男	本科	教授
0002	黄蔚	女	研究生	讲师
0003	朱丹	女	本科	教授
0004	彭小宁	男	研究生	副教授
0005	王建平	男	博士	教授
0006	王玉钰	女	研究生	讲师
0007	赵小周	男	本科	副教授
0008	周海娟	女	博士	教授
0009	黄河	男	本科	讲师
0010	张虹	女	本科	讲师
0029	黄虹亮	男	博士	副教授
0101	袁小新	男	博士	副教授
0102	张如新	女	本科	讲师
0103	肖兴	男	博士	副教授

图 6-17　教师职称信息报表

6.3　设计报表

通过“报表”工具、“报表向导“和“空报表”工具等方法创建的报表只能满足有限的需求，在实际应用中，当需要创建功能强大、布局美观的报表或需要对已创建的报表进行修改时，就要使用报表“设计视图”来设计报表。

例如要创建如图 6-18 所示的“学生成绩报表”，我们就可以在“设计视图”下灵活建立及修改。

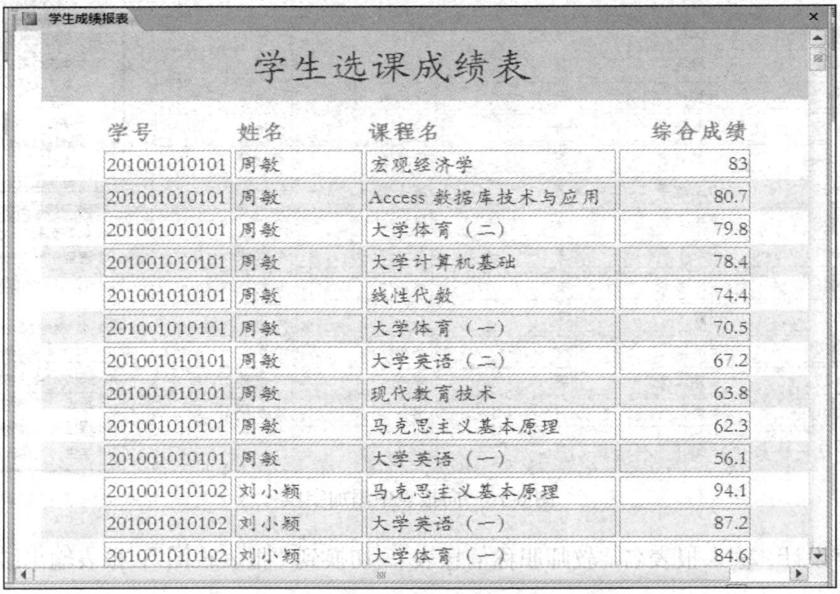

学生成绩报表

学生选课成绩表

学号	姓名	课程名	综合成绩
201001010101	周敏	宏观经济学	83
201001010101	周敏	Access 数据库技术与应用	80.7
201001010101	周敏	大学体育（二）	79.8
201001010101	周敏	大学计算机基础	78.4
201001010101	周敏	线性代数	74.4
201001010101	周敏	大学体育（一）	70.5
201001010101	周敏	大学英语（二）	67.2
201001010101	周敏	现代教育技术	63.8
201001010101	周敏	马克思主义基本原理	62.3
201001010101	周敏	大学英语（一）	56.1
201001010102	刘小颖	马克思主义基本原理	94.1
201001010102	刘小颖	大学英语（一）	87.2
201001010102	刘小颖	大学体育（一）	84.6

图 6-18　学生成绩报表

6.3.1　报表设计区

设计报表时，可以将各种类型的文本和字段控件放在报表"设计窗体"中的各个区域内。在报表设计的时候可以根据数据进行分组，形成一些更小的区段，这些区段称为"节"。报表的设计视图如图 6-19 所示，由报表页眉和报表页脚、页面页眉和页面页脚、主体及组页眉和组页脚 7 个节组成。

1. 报表页眉和报表页脚节

报表页眉中的内容仅在报表的首页打印输出。报表页眉主要用于显示报表封面的信息，如徽标、标题或日期。如图 6-19 中的"学生选课成绩表"放在标签控件中，在报表首页顶端作为报表标题。

报表页脚用来显示整份报表的汇总信息或者是说明信息，在所有报表都被输出后，只输出在报表的结束处。

2. 页面页眉和页面页脚节

页面页眉中的文字或控件一般输出在每页的顶端。通常，它用来显示报表中的字段名称或记录的分组名称，作为报表数据的列标题。如图 6-19 中的页面页眉节中作为标题的"学号"、"姓名"、"课程名"和"综合成绩"等标签控件会输出在每页的顶端。

页面页脚节的内容在每页底端打印输出，通常用于插入页码、日期，完成本页的汇总情况等，数据显示安排在文本框和其他一些类型控件中。

3. 主体节

主体节是报表的关键部分，用来定义报表中最主要的数据输出内容和格式。记录的显示均须通过文本框或其他控件绑定显示，也可以包含字段的计算结果。

4. 组页眉和组页脚节

组页眉是在报表执行"排序和分组"命令，添加分组后才会显示此节。组页眉显示在每个新纪录组的首部，通常使用组页眉来显示组名。例如，在按"学号"分组的报表中，使用组页眉可以按学号分别显示每个学生的选课成绩。一个报表中可以包含多个分组，可以按照分组的级别分别显示。

组页脚节位于每个记录组的末尾，使用组页脚可以显示组的汇总信息。如在组页脚中使用"平均值"函数进行汇总，将计算当前组的平均成绩。

图 6-19　报表设计视图组成

6.3.2 使用设计视图创建报表

在设计视图下建立或修改报表时，熟练掌握"报表设计"工具可提高报表设计的效率。

【例6-4】在"教学管理"数据库中，以"学生"表、"课程"表和"学生选课"表为数据源，使用设计视图创建如图6-18所示的"学生成绩报表"。

操作步骤如下。

① 在"创建"选项卡"报表"组中单击"报表设计"按钮，进入报表设计视图，如图6-20所示。

② 在图6-20所示的报表设计网格右侧的空白区域单击右键，在出现的下拉菜单中选择"属性"，弹出"属性表"对话框，如图6-21所示。

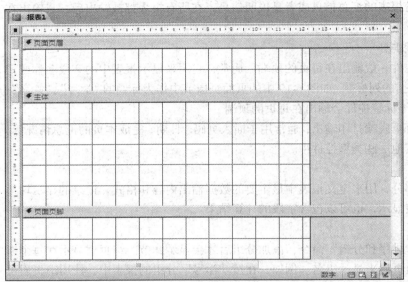

图6-20 报表设计视图

图6-21 "属性表"对话框

③ 在"属性表"对话框中选择"数据"选项卡，单击"记录源"属性右侧的省略号按钮，打开查询生成器，查询生成器和查询设计视图的界面功能完全一样。

④ 在查询生成器中创建以 "学生"表、"课程"表和"学生选课"表为数据源的查询，选择报表需要的字段"学号"、"姓名"、"课程名"和"综合成绩"添加到设计网格中，结果如图6-22所示。

⑤ 关闭查询生成器，将报表保存为"学生成绩报表"。完成数据源设置之后，关闭"属性表"对话框，返回报表的"设计视图"。

⑥ 单击功能区"页眉／页脚"工具组中的"标题"按钮，在报表设计区的两端会新增"报表页眉"节和"报表页脚"节，"报表页眉"节如图6-23所示。此时可以输入报表标题"学生选课成绩表"，并可根据需要设置相关属性。

⑦ 单击工具组中的"添加现有字段"按钮，在屏幕右侧打开如图6-24所示的"字段列表"对话框。将字段列表中的字段依次拖曳到报表的主体节中，将主体节中的标签控件剪切到页面页眉中，并将相应的字段标签和字段文本框垂直对齐。

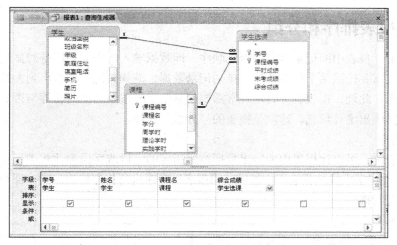

图 6-22　查询设计器创建查询

图 6-23　设计报表页眉

图 6-24　"字段列表"对话框

⑧ 单击功能区"页眉／页脚"工具组中的"页码"按钮，打开如图 6-25 所示的对话框。选择"第 N 页，共 M 页"格式，选择"页面底端（页脚）"位置，单击"确定"按钮。

⑨ 根据需要适当调整相关控件的位置，设置相关属性，并适当调整主体节的宽度，保存。完成后的"设计视图"如图 6-26 所示，切换到打印预览即可得到如图 6-18 所示的报表。

图 6-25　"页码"设置对话框

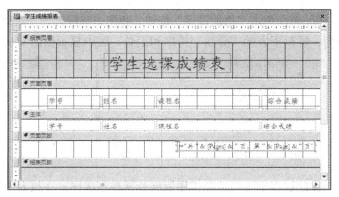

图 6-26　学生成绩表设计完成后的"设计视图"

6.3.3　报表排序和分组

默认情况下，报表中的记录是按照自然顺序，即数据输入的先后顺序排列显示的。在实际应用过程中，经常需要按照某个指定的顺序排列记录数据，例如按照年龄从小到大排列等，称为报表"排序"操作。此外，报表设计时还经常需要就某个字段按照其值的相等与否划分成组来进行一些统计操作并输出统计信息，这就是报表的"分组"操作。

1. 记录排序

在设计报表时，可以让报表中的输出数据按照指定的字段或字段表达式进行排序。

【例 6-5】在"学生成绩报表"中按照"课程名"升序进行排序输出，同一课程按照"综合成绩"由高到低进行排序。

操作步骤如下。

① 打开"学生成绩报表"，进入设计视图，单击"分组与排序"按钮，在屏幕下方显示"分组、排序和汇总"区，如图 6-27 所示。

图 6-27　"分组、排序和汇总"区

②单击"添加排序"按钮，弹出"字段列表"对话框，如图 6-28 所示。选择"课程名"，默认升序排列，屏幕下方的"分组、排序和汇总"区中显示如图 6-29 所示。

图 6-28　"字段列表"对话框

③ 再次单击"添加排序"按钮，弹出"字段列表"对话框。选择"综合成绩"，选择"降序"排列，屏幕下方的"分组、排序和汇总"区中显示如图 6-30 所示。

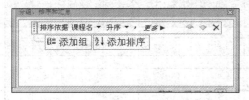

图 6-29　指定"课程名"为排序字段

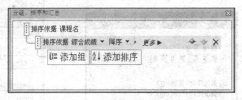

图 6-30　指定"综合成绩"为第二排序字段

在此过程中可以选择排序依据及其排序次序。在报表中设置多个排序字段时，先按第一排序字段值排序，第一排序字段值相同的记录再按第二排序字段值排序，以此类推。

④ 保存报表，进入"打印预览"视图，可得到如图 6-31 所示报表。

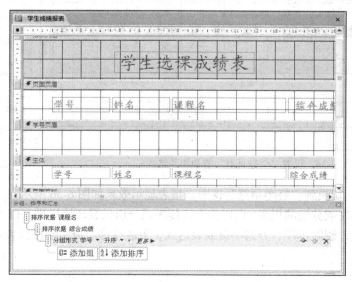

图 6-31　排序后报表预览

2. 记录分组

分组是指报表设计时按选定的某个（或几个）字段值是否相等而将记录划分成组的过程。操作时，先要选定分组字段，将字段值相等的记录归为同一组，字段值不等的记录归为不同组。通过分组可以实现同组数据的汇总和输出，增强了报表的可读性。一个报表中最多可以对 10 个字段或表达式进行分组。

【例 6-6】按学号对"学生成绩报表"进行分组，统计每个学生各门课程的平均成绩。

操作步骤如下。

① 打开"学生成绩报表"，进入设计视图，单击"分组与排序"按钮，在屏幕下方出现"分组、排序和汇总"区。

② 单击"添加组"按钮，在弹出的"字段列表"中选择"学号"，设计视图屏幕显示如图 6-32 所示。此时，在设计视图中增加了"学号页眉"组页眉节，可以根据需要设置其他分组属性。

图 6-32　添加组后的设计视图

如果要添加"学号页脚"节，可单击图 6-32 中 <u>更多</u>▶按钮，将"无页脚节"改为"有页脚节"，即可在设计视图中出现"学号页脚"节，可以在属性表中设置"学号页脚"节的相关属性。

③ 单击学号分组条目行的"上移" ⬆ 按钮，如图 6-33 所示，将学号分组条目移至第一行。这样，之前设置的排序依然有效，只是对"学号"相同的一组内记录再按照"课程名"升序和"综合成绩"降序排列，此时"综合成绩"降序排序已经没有意义，可删除此条目。

图 6-33　将学号分组上移

④ 将原来主体节内的"学号"和"姓名"两个文本框移至"学号页眉"节，同时在"学号页眉"节中添加一个文本框控件，用来统计每位学生的平均成绩。将文本框前面附加的标签控件的标题设置为"平均成绩:"，并设置相关其他属性，如图 6-34 所示。

⑤ 选定新添加文本框，右键单击，在下拉菜单中选择"属性"命令，打开"属性表"对话框，设置文本框的"控件来源"属性为表达式"=Avg([综合成绩])"，并将其"格式"属性设置为"固定"，"小数位数"设置为"2 位"，如图 6-35 所示。

设置文本框控件的"控件来源"属性，也可直接在"设计视图"文本框中输入表达式"=Avg([综合成绩])"。

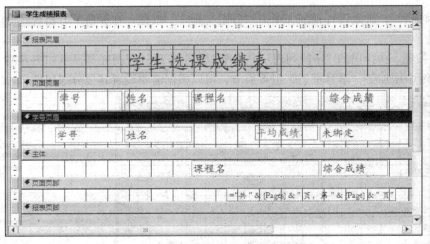

图 6-34　设置"学号页眉"节和相关格式　　　　　　图 6-35　设置文本框属性

⑥ 保存报表，切换到"打印预览"视图，报表显示效果如图 6-36 所示。

对已经设置排序或分组的报表，可以在上述排序或分组设置环境里进行以下操作：添加排序、分组字段或表达式，删除排序、分组字段或表达式，更改排序、分组字段或表达式。

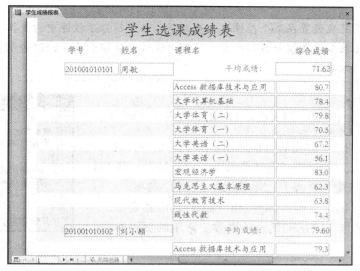

图 6-36　分组统计后报表效果（局部）

6.3.4　报表布局

在报表的"设计视图"中可以创建报表，也可以对已有的报表进行编辑和修改，如添加日期和时间、添加分页符和页码、添加直线和矩形等进行美化工作，以达到一个更好的显示效果。

【例 6-7】对"学生成绩报表"按以下要求进行修饰。

① 在报表页脚添加日期和时间。

② 在报表页眉之后添加分页符，使报表标题单独成页。

③ 在页面页脚添加页码和页数。

④ 在页面页眉的标题字段下添加一条直线控件，并给页面页眉设置背景色。

⑤ 给"学号页眉"中的"平均成绩"标签外添加一个矩形控件。

操作步骤如下。

（1）添加日期和时间

① 打开报表，切换到"设计视图"，在报表设计工具的"页眉／页脚"组中单击"日期和时间"按钮 ，弹出"日期和时间"对话框，如图 6-37 所示。

② 在"日期和时间"对话框中选择显示日期和时间及显示格式，单击"确定"按钮。此时会自动在报表页眉节中出现"日期"和"时间"两个文本框，将其拖至报表页脚节区。

此外，也可以在报表上添加一个文本框，通过设置其"控件来源"属性为日期或时间的计算表达式，例如"=Date( )"或"=Time( )"，可显示日期和时间，该控件可安排在报表的任何节区中。

（2）添加分页符

① 在报表"设计视图"报表设计工具的"控件"组中单击"插入分页符"按钮 。

② 在报表页眉节中的"学生选课成绩表"标签下需要设置分页符的位置单击，分页符会以短虚线标志在报表的左边界上。

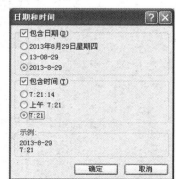

图 6-37　"日期和时间"对话框

注意 | 分页符应设置在某个控件之上或之下，以免拆分了控件中的数据。如果要将报表中的每个记录或记录组都另起一页，则可以通过设置组表头、组注脚或主体节的"强制分页"属性来实现。

（3）添加页码

① 在报表"设计视图"报表设计工具的"页眉／页脚"组中单击"页码"按钮 。弹出如图 6-38 所示的"页码"对话框。

② 在"页码"对话框中，选择页码格式"第 N 页，共 M 页"、位置"页面底端（页脚）"、对齐方式"居中"选项。

也可用表达式创建页码；Page 和 Pages 是内置变量，[Page]代表当前页号，[Pages]代表总页数。常用的页码格式见表 6-1。

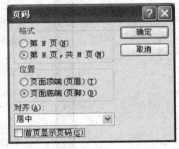

图 6-38 "页码"对话框

表 6-1   页码常用格式

代　码	显　示　文　本
="第"&[Page]&"页"	第 N 页（当前页）
=[Page]" / " [Pages]	N（当前页）／M（总页数）
="第"&[Page]&"页，"共"&[Pages]&"页"	第 N 页，共 M 页

（4）绘制线条与设置背景色

① 在报表的"设计视图"中单击报表设计工具中的向下箭头 ，即可打开其他控件列表。

② 选择直线按钮 ，在页面页眉的标题字段下单击并拖动鼠标生成长短合适的线条。可以在直线的"属性表"对话框中设置线条的"边框样式"和"边框宽度"等属性。

③ 选定"页面页眉"节区，打开其"属性表"对话框，在"格式"选项卡中设置"背景色"。

（5）添加矩形控件

① 在报表"设计视图"的报表设计工具中选择"矩形"工具。

② 在"学号页眉"节中的"平均成绩"标签左上角单击并拖动鼠标创建合适大小的矩形，选定"矩形"右键单击，下拉菜单中设置其"位置"为"置于底层"，并可在"属性表"对话框中设置其背景色等其他属性。

经过以上步骤的修饰后，"学生成绩报表"的"报表视图"效果如图 6-39 所示。

图 6-39 修饰后的学生成绩报表

6.4 使用计算控件

报表设计过程中，除在版面上布置绑定控件直接显示字段数据外，还经常要进行各种运算并将结果显示出来。例如，报表中页码的输出、分组统计数据的输出等均是通过设置控件的控件来源为计算表达式形式而实现的，这些控件就称为"计算控件"。

6.4.1 添加计算控件

计算控件的控件来源是计算表达式，当表达式的值发生变化时，会重新计算结果并输出。文本框是最常用的计算控件。

【例 6-8】在"教学管理"数据库中创建"教师工龄表"报表，报表设计中根据"参加工作日期"字段计算并添加教师"工龄"列。

操作步骤如下。

① 使用前述设计方法，设计出以"教师"表为记录源的一个教师基本信息表，如图 6-40 所示。

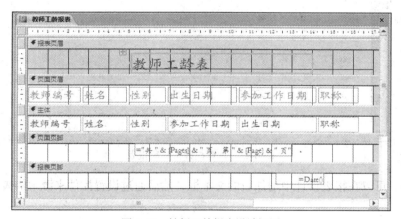

图 6-40 教师工龄报表设计视图

② 在报表"页面页眉"节中添加一个标签控件，标题设置为"工龄"；在"主体"节中添加一个文本框计算控件，用以计算教师工龄，删除其前面附加的标签，效果如图 6-41 所示。

③ 选定新添加文本框，右键单击，在下拉菜单中选择"属性"命令，打开"属性表"对话框，设置文本框的"控件来源"属性为表达式"=Year(Date( )) Year([参加工作日期])"，如图 6-42 所示。

设置文本框计算控件的"控件来源"属性，也可直接在"设计视图"文本框中输入表达式"=Year(Date( )) Year([参加工作日期])"。但计算控件的控件来源必须是等号"="开头的计算表达式。

=Year(Date())-Year([参加工作日期])

图 6-41　在"学号页眉"节添加计算文本框　　　　图 6-42　设置计算控件"控件来源"属性

④ 保存报表，切换到"打印预览"视图，计算控件的显示结果如图 6-43 所示。

图 6-43　计算教师工龄后报表

根据需要，可以在报表设计中增加新的文本框，然后通过设置控件来源中的表达式完成更复杂的计算。

6.4.2　报表常用函数

报表设计中，常用的函数包括统计计算类函数、日期类函数等，主要函数的功能见表 6-2。

表 6-2　　　　　　　　　　　　　　　报表中常用函数及功能

函　　数	功　　能
Avg	在指定范围内，计算指定字段的平均值
Count	计算指定范围内记录个数
First	返回指定范围内多条记录中的第一条记录指定的字段值
Last	返回指定范围内多条记录中的最后一条记录指定的字段值
Max	返回指定范围内多条记录中指定字段的最大值
Min	返回指定范围内多条记录中指定字段的最小值
Sum	计算指定范围内多条记录指定字段值的和

续表

函　　数	功　　能
Date	当前日期
Now	当前日期和时间
Time	当前时间
Year	当前年

6.5　创建其他报表

以上介绍了多种方法设计创建报表，有时为了满足某些特殊的要求，需要设计一些特殊的报表，如标签报表和图表报表。

6.5.1　创建标签报表

Access 中的标签报表可以根据标签纸的大小灵活布局。通过已有的数据源，利用标签报表的独特特性，可以方便快捷地创建大量标签式的信息报表。在制作标签时，一般先用标签向导完成初步制作，然后在报表设计视图中进行格式布局修饰。

【例6-9】以"学生"表为数据源，创建一个名为"学生标签"的标签报表。

操作步骤如下。

① 打开"教学管理"数据库，在导航窗格的"表"对象中，单击选择要作为标签数据源的"学生"表。单击"创建"选项卡，在"报表"命令组中单击"标签"命令按钮，弹出"标签向导"对话框。设置需要的标签尺寸，可以是标准的或者自定义的，如图6-44所示。

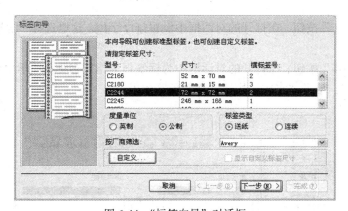

图6-44　"标签向导"对话框

② 单击"下一步"按钮，在打开的对话框中对标签中文字的字体、大小、颜色等字体效果进行设置，如图6-45所示。

③ 单击"下一步"按钮，在打开的对话框中确定标签的显示内容。数据源从"可用字段"中进行选择，静态的内容直接在"原型标签"中输入。在"原型标签"中输入"学生证"，按 Enter 键换行，再输入"学号:"，从左边"可用字段"列表中选择"学号"字段。按同样的方法依次将"姓名"、"性别"、"出生年月"、"政治面貌"、"班级名称"字段添加到"原型标签"中，如图6-46

所示。

图 6-45 设置"字体"效果

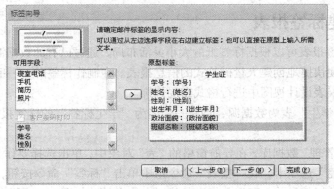

图 6-46 制作"原始标签"

④ 单击"下一步"按钮，在打开的对话框中设置排序字段。这里选择"学号"字段进行排序，如图 6-47 所示。

⑤ 单击"下一步"按钮，在打开的对话框中为标签报表指定名称为"学生证标签"，选择"查看标签的打印预览"，单击"完成"按钮，查看预览效果。

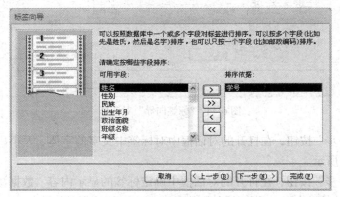

图 6-47 设置排序字段

⑥ 进行局部调整。切换至设计视图，将主体的区域调小，增加矩形控件，放置在底层，设计

视图如图 6-48 所示，最终打印预览效果如图 6-49 所示。

图 6-48　设计视图效果

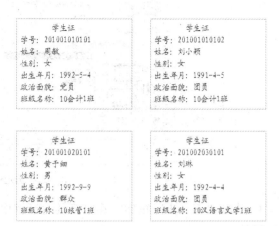

图 6-49　最终打印预览效果

6.5.2　创建图表报表

图表报表是 Access 中一种特殊格式的报表，它通过图表的形式反映数据源中数据的关系，使数据浏览更直观、更形象。Access 2010 没有直接提供"图表向导"的功能，但可以通过"图表"控件来完成图表报表的制作。

【例 6-10】以"学生"表为数据源，使用"图表"控件创建"学生政治情况统计"图表报表。操作步骤如下。

① 打开"教学管理"数据库，在"创建"选项卡的"报表"组中单击选择"报表设计"按钮。再在"报表设计工具／设计"选项卡"控件"组中单击"图表"按钮，在报表的主体节中放置该"图表"控件，即弹出"图表向导"对话框，如图 6-50 所示。

图 6-50　"图表向导"对话框

② 在"图表向导"中选择表或查询来创建图表报表，这里选择"学生"表作为数据源，单击"下一步"按钮。

③ 在打开的对话框中，选择"学号"、"性别"、"政治面貌"作为创建图表的字段，如图 6-51 所示。

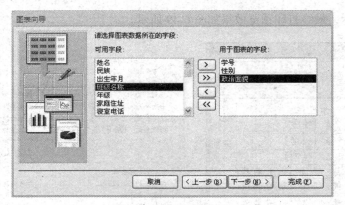

图 6-51　选定图表字段

④ 单击"下一步"按钮，在打开的对话框中选择图表的类型，这里选择"柱形图"，如图 6-52 所示。

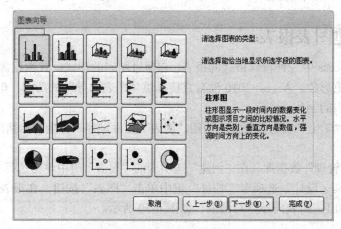

图 6-52　选定图表类型

⑤ 单击"下一步"按钮，指定数据在图表中的布局方式。将"政治面貌"作为分类 X 轴，"性别"作为系列，"学号计数"作为数值 Y 轴，如图 6-53 所示。

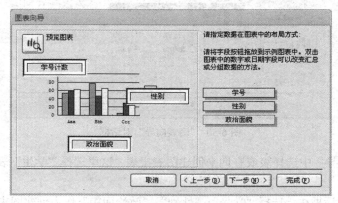

图 6-53　选择图表布局方式

⑥ 单击"下一步"按钮，指定图表的标题为"学生政治情况统计"，单击"完成"按钮，并保存报表为"学生政治情况统计图表"，在打印预览视图下查看报表结果，如图 6-54 所示。

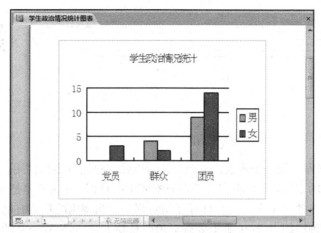

图 6-54 图表报表预览结果

本章小结

本章主要围绕 Access 2010 报表的创建与应用而展开。通过本章的学习，需要了解 Access 2010 报表的类型、视图与组成，掌握 Access 2010 中创建报表的各种方法，能够在报表上添加各种控件，设计报表的样式和控件的格式，进行报表数据分组、排序及统计计算等。

报表主要用于输出和打印数据库中的数据，Access 2010 能创建纵栏式报表、表格式报表、图表报表和标签报表 4 种类型的报表；Access 2010 为报表提供了 4 种视图：报表视图、打印预览、布局视图和设计视图；创建报表有多种方法，包括使用报表工具自动创建报表、使用报表向导、使用空白报表工具以及使用报表设计视图创建；可对报表中的记录进行分组和排序，使用报表函数设计表达式对每组数据进行汇总统计计算。

思考与练习

1. 有哪些常用的报表类型？它们各有什么特点？
2. 报表有哪几种视图？各自有什么用途？
3. 报表由哪几部分组成？每部分的作用是什么？
4. 报表和窗体的区别是什么？
5. 创建报表有几种方法？每种方法需要注意的是什么？
6. 如何在报表设计时添加总计功能？
7. 如何对报表数据进行排序及分组统计？
8. 如何使用计算控件？需要注意什么？

第7章 宏

宏是 Access 数据库中的一个重要的对象，它功能强大且极其容易使用，用户不必要编写代码就能完成大量自动化的工作。宏并不直接处理数据库中的数据，它主要是把 Access 中的表、查询、窗体和报表这 4 个各自独立工作、无法自行互相协调、互相调用的对象有机地整合起来完成特定的任务，因此宏是一种组织 Access 数据处理对象的重要工具，是 Access 的灵魂。本章主要从宏的定义、如何创建宏组和条件宏、宏的运行方式等方面来做介绍。

本章学习目标：
- 了解宏的定义、分类以及宏的运行方法；
- 掌握通过窗体或控件对象的事件触发宏的方法；
- 掌握宏组的创建以及宏中条件的使用方法；
- 熟练掌握独立宏和嵌入宏的创建及简单应用。

7.1 宏 的 定 义

在 Access 中，宏是一个或多个操作命令的集合，其中每个操作均能够实现特定的功能。

宏是由宏操作命令组成的。一个宏命令能够完成一个操作动作。每个宏命令是由动作名和操作参数组成的。

宏操作不是由用户自己创建的，而是预先定义好的，用户只需进行简单的参数设置就可以直接使用。Access 2010 提供为用户提供了 80 多个可选的宏操作命令，每个宏操作命令都可以完成一个特定的数据库操作。使用宏可以完成的任务主要有打开和关闭数据库对象（表、查询、窗体、报表、模块等）、显示及隐藏工具栏、预览或打印报表、执行查询、运行和控制流程、通知或警告、菜单操作等。通过直接执行宏，或者使用包含宏的用户界面，可以完成许多复杂的操作。对于一般用户来说，使用宏不需要编程，也不需要记住各种语法，是一种非常简便的操作，只要将所执行的操作、参数和运行条件输入到宏窗口中即可。

在 Access 中宏的作用主要体现在以下几个方面。

① 同时连接多个窗体和报表：有时候需要同时使用多个窗体或报表来浏览其中相关数据。例如，在"教学管理"数据库中，通过与宏链接的命令按钮或者嵌入宏可以在"学生"窗体中打开"选课"窗体，以了解学生选课情况。

② 自动查找和筛选记录：可以通过在宏的操作参数中指定筛选条件来加快查找所需记录的速度。

③ 自动进行数据校验：在窗体中对特色数据进行处理或校验时，使用宏可以方便地设置检验数据的条件并给出相应的提示信息。

④ 设置窗体和报表属性：使用宏可以设置窗体和报表的大部分属性，在有些情况下使用宏可以将窗体隐藏起来。

⑤ 自定义工作环境：使用宏可以在打开数据库的同时自动打开其他对象，并将几个对象联系在一起来执行特定的工作。另外，使用宏还可以自定义窗体中的菜单栏。

7.2　宏 的 创 建

在 Access 2010 的数据库窗口中，宏的创建主要是通过宏设计窗口来进行的。创建宏一般要完成指定宏名、添加操作、设置操作参数及提供注释说明信息等，其步骤如下。

① 打开宏设计窗口。

② 添加宏操作并设置相关参数。添加宏操作有以下方法。

- 在"添加新操作"框中单击下拉按钮选择宏操作。
- 在"添加新操作"框中直接输入宏操作名称。
- 从"操作目录"面板选择宏操作拖到宏设计器中。
- 双击"操作目录"面板的宏操作。

③ 如果需要添加更多的宏操作，可以继续步骤 2 中的操作。

④ 输入完毕后，保存宏。

【例 7-1】 以"教学管理"数据库为例，创建一个简单宏，其操作功能为打开"学生"窗体，并要求在打开窗体前先弹出一个消息框显示"即将打开窗体"。

具体操作步骤如下。

① 打开"教学管理"数据库。

② 在"创建"选项卡中单击"宏与代码"组中的"宏"按钮，打开宏设计器。

③ 在"添加新操作"下拉列表中选择"MessageBox"操作，并将其参数的值设置为如图 7-1 所示。

④ 在"添加新操作"下拉列表中选择"OpenForm"操作，并将参数的值设置为如图 7-2 所示。

图 7-1　设置"MessageBox"操作

图 7-2　设置"OpenForm"操作

⑤ 保存宏，单击快速访问工具栏上的"保存"按钮，在弹出的"另存为"对话框中默认保存宏名称为"宏 1"，然后单击"确定"按钮。

⑥ 在"宏工具/设计"选项卡单击"工具"组中的"运行"按钮，查看运行结果。

7.2.1　宏的设计窗口

宏的设计窗口是创建宏的唯一环境。Access 2010 在老版的基础上重新设计了宏设计器。通过单击"创建"选项卡中的"宏"按钮，用户可以打开宏设计窗口，在宏设计窗口中出现一个组合框，组合框中显示添加新操作的占位符，如图 7-3 所示。在宏设计窗口中可以完成添加宏操作、设置操作参数、删除宏、更改宏操作的顺序、添加注释、分组等操作。

为了方便用户操作，Access 2010 在用户首次打开宏设计器窗口的同时还会显示"操作目录"面板。在"操作目录"面板中分为 3 大项，分别是"程序流程"、"操作"、"在此数据库中"。当选中每一个选项时，在"操作目录"面板的底部会出现简单的解释。

"操作目录"中的"程序流程"项用于组织宏或者改变宏操作的执行顺序，包括 Comment（注释）、Group（操作组）、If 条件和 SubMacro（子宏），其中注释通常用于设计较复杂的宏时，在宏操作前添加注释行以提高宏的可读性。操作组是为了将宏操作进行分类，将相关的操作集中在一起，提高宏的可读性。If 条件用于控制宏的流程。子宏常用于创建宏组中的宏，以及错误处理。

"操作目录"中的"操作"项按宏操作的操作性质分类列举了 66 个宏操作命令，如图 7-4 所示。

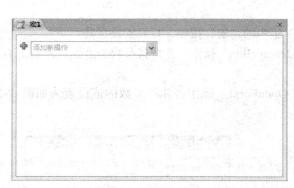

图 7-3　宏设计窗口　　　　　　　　　　图 7-4　"操作目录"面板

"在此数据库中"列出了当前数据库中所有的宏，以便用户可以重复使用所创建的宏和事件过程代码。

7.2.2　宏操作

宏操作是宏的最基本内容。Access 2010 提供了 80 多种宏操作命令，根据宏的用途，可以将常用的宏大致分为几大类，具体如表 7-1 所示。

表 7-1   常用宏操作列表

功 能 分 类	宏 操 作	操 作 说 明
宏命令	CancelEvent	取消引起该宏操作的事件
	ClearMacroError	清除宏对象中上一个错误
	OnError	指定宏出现错误时如何处理
	RemoveAllTempVars	删除用 SetTempVar 操作创建的任意临时变量
	RemoveTempVars	删除通过 SetTempVar 操作创建的单个临时变量
	SetLocal	将本地变量设置为特定值
	SetTempVar	创建一个临时变量并将其设置为特定值
	RunCode	调用 VBA 函数过程
	RunMacro	执行一个宏
	StopAllMacros	终止当前所有宏的运行
	StopMacro	终止当前正在运行的宏
数据对象	GoToControl	将焦点移到打开的窗体、窗体数据表、表数据表、查询数据表中的字段或控件上
	GoToPage	在活动窗体中将焦点移到指定页的第一个控件上
	GoToRecord	在打开的表、窗体或查询结果集中指定当前记录
	OpenForm	在窗体视图、设计视图中打开窗体
	OpenReport	在设计视图或打印预览视图中打开报表或立即打印该报表
	OpenTable	在数据表视图、设计视图或打印预览中打开表
	RepaintObject	完成指定的数据库对象的任何未完成的屏幕更新,此类更新包括该对象的控件的任何未完成的重新计算
查找/筛选/排序记录	ApplyFilter	对表、窗体或报表应用筛选、查询或 SQL WHERE 子句,以便限制或排序表以及窗体或报表的查询记录
	FindNext	查找符合最近 FindRecord 操作或"查找"对话框中指定条件的下一条记录
	FindRecord	在活动的数据表、查询数据表、窗体数据表或窗体中,查找符合条件的记录
	OpenQuery	打开选择查询或交叉表查询
	Requery	通过重新查询控件的数据源来刷新活动对象指定控件中的数据
	RequeryRecord	刷新当前记录
	ShowAllRecords	删除活动表、查询结果集或窗体中已应用过的筛选
窗口管理	CloseWindows	关闭指定的 Access 窗口,如果没有指定窗口,则关闭活动窗口
	MaximizeWindows	放大活动窗口,使其充满 Access 主窗口
	MinimizeWindows	将活动窗口缩小为 Access 窗口底部的小标题栏
	MoveAndSizeWindows	移动活动窗口或调整其大小
	RestoreWindows	将已最大化或最小化的窗口恢复为原来大小
系统命令	Beep	使计算机发出"嘟嘟"声
	CloseDatebase	关闭当前数据库

功 能 分 类	宏 操 作	操 作 说 明
系统命令	QuitAccess	退出 Access
	AddMenu	创建全局菜单栏、全局快捷菜单、窗体或报表的自定义菜单栏、窗体、控件或报表的自定义快捷菜单
	MessageBox	显示包含警告信息或其他信息的消息框
	SetMenuItem	设置"加载项"选项卡上的自定义或全局菜单上的菜单项的状态

7.2.3 宏的类型

在 Access 2010 中 提供了两种不同类型的宏，分别是独立宏和嵌入式宏。独立的宏独立于窗体、报表等对象之外的独立对象，它是包含在宏对象中的宏，即在导航窗格的宏对象中可以看到的宏。嵌入式宏与独立宏相反，它嵌入在窗体、报表或控件对象的事件中，并且它是所嵌入对象或控件的一部分。嵌入宏在导航窗格中是不可见的。独立宏也可以和窗体或报表的事件相关联。

无论是独立的宏还是嵌入式的宏，都是由一个或多个宏操作组成的宏。宏可以是仅包含若干个宏操作的简单宏，也可以是由若干个宏所组成的宏组，还可以是根据条件来执行不同的宏操作的条件宏。

① 简单宏：由一条或多条宏操作组成，又称操作序列宏，执行时按照操作的顺序逐条执行，直到操作执行完毕为止，如例 7-1 所示。

② 宏组：可以将多个宏组织在同一个宏窗口中。宏组是存储在同一个宏名下的多个宏的组合。宏组中的每个宏都可以按照其中的宏名单独执行相应的操作任务，互不相关，本章例 7-3 会介绍。

③ 条件宏：在宏中使用条件表达式来控制宏的流程，根据不同条件执行不同操作任务，本章例 7-4 会介绍。

7.3　宏的运行与调试

创建好一个宏后，需要运行宏，也可以调试宏。

7.3.1 宏的运行

对于简单宏和条件宏，可以直接指定该宏名来运行。对于宏组，如果需要宏组中的任何一个宏，需要使用"宏组名.宏名"格式来运行该宏。

下面列出了运行宏的几种方法。

① 对于一个已经创建好的宏，可以从导航窗格的"宏"类别中双击宏对象。如果是宏组，则仅运行该宏组中的第一个宏名的宏。

② 在"宏设计器"窗口中，在"设计"选项卡中单击"工具"组中的"运行"按钮。

③ 在"数据库工具"选项卡中，单击"宏"组中的"运行"按钮，在弹出的"执行宏"对话框中选择或输入要运行的宏。

④ 从另一个宏中运行宏。通过新建"RunMacro"操作来调用宏。

⑤ 通过响应窗体、报表或控件中的某个事件来运行宏。

在 Access 实际运用中，大多并不是直接运行宏，而是将宏赋值运用在某个窗体、报表或控件的事件属性中，通过触发事件来响应宏，其操作步骤如下。

- 打开窗体或报表的设计视图。
- 在窗体中右击要联系宏的控件对象（也可以是窗体或报表对象），在弹出的快捷菜单中选择"属性"命令，在"属性表"对话框中选择"事件"选项卡和触发动作属性，再选择相应的要运行的宏。
- 运行窗体或报表对象，如果触发已经赋予宏事件的控件（也可以是窗体或报表对象），则会运行设置的宏。

⑥ 在窗体、报表或控件的事件过程中，或者在 VBA 过程的代码中，使用如下格式语句：

DoCmd.RunMacro "宏名"

或 　　　　　　　　　　　　DoCmd.RunMacro "宏组名.宏名"

上述语句表示调用 DoCmd 对象中的 RunMacro 方法。

⑦ 在打开数据库时自动运行宏。

如果将宏名设置为"AutoExec"，则在打开该数据库时将首先自动运行该宏。如果在打开数据库时不想执行"AutoExec"宏，可以在打开数据库时按住【Shift】键不放，直到数据库打开。

7.3.2　宏的调试

为了找出宏的错误原因和出错位置，就要对宏进行调试。一般使用"单步执行宏"来查找宏中的问题。所谓"单步执行宏"，就是一次只执行一个宏操作。

使用"单步执行宏"，可以通过"单步执行宏"对话框来了解宏的流程以及每一个操作的结果，以便发现非预期结果的操作或错误。若宏操作有误，则会显示"操作失败"对话框。

【例 7-2】调试例 7-1 建立的"宏 1"宏。

操作步骤如下。

① 在设计视图下打开要调试的"宏 1"宏。

② 在"设计"选项卡中单击"工具"组中的"单步"按钮。

③ 在"设计"选项卡中单击"工具"组中的"运行"按钮，弹出如图 7-5 所示的"单步执行宏"对话框。"单步执行宏"对话框中，如果"错误号"为"0"，则表示没有发生错误。

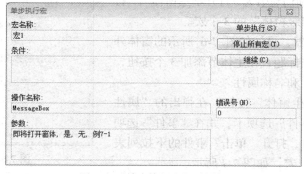

图 7-5　"单步执行宏"对话框

④ 在"单步执行宏对话框"中执行下述操作之一。

- 如果单击"单步执行"按钮，将执行"单步执行宏"对话框中所显示的操作，对于图 7-5 来说，将执行"MessageBox"宏操作。
- 如果单击"继续"按钮，则关闭"单步执行宏"对话框，执行宏的未执行的部分。
- 如果单击"停止所有宏"按钮，则停止宏的运行，并关闭"单步执行宏"对话框。

需要说明的是，在运行宏时，可按住组合键【Ctrl+Break】或【Ctrl+Pause】进入单步调试状态。

7.4　宏　与　事　件

在实际的 Access 应用系统中，宏更多地是通过窗体、报表或查询产生的"事件"来触发并投入运用。

7.4.1　什么是事件

事件（Event）是在数据库中执行的一种特殊操作，是对象所能辨识和检测的动作。当此动作发生于某一个对象上时，其对应的事件便会被触发。例如单击鼠标、打开窗体或者打印报表。可以创建某一特定事件发生时运行的宏，如果事先已经给这个事件编写了宏或事件程序，此时就会执行宏或事件过程。例如，当使用鼠标单击窗体中的一个按钮时，会引起"单击"（Click）事件，此时事先指派给"单击"事件的宏或事件程序也就被投入运行。

有关事件的详细介绍请参见 8.2.3 小节。

7.4.2　通过事件触发宏

可以在窗体、报表或查询设计的过程中，为对象的事件设置对应的宏或事件过程，下面通过一个具体示例来进行说明。

【例 7-3】新建一个简单的主界面窗体，添加 3 个命令按钮，具体如图 7-6 所示，单击各按钮打开相应的窗体。

具体操作步骤如下。

① 参考例 7-1 分别创建名为"打开学生窗体"、"打开课程窗体"、"打开班级窗体"的 3 个宏。

② 利用窗体设计器，设计如图 7-6 所示的窗体外观。在窗体页眉中添加标题，在主体节添加 3 个按钮，并更改相应的标题属性和名称属性。

③ 双击"打开学生窗体"按钮，在弹出的"属性表"对话框中选择"事件"选项卡，并在"事件"选项卡中找到"单击"事件，打开"单击"事件的下拉列表选择"打开学生窗体"宏，如图 7-7 所示。

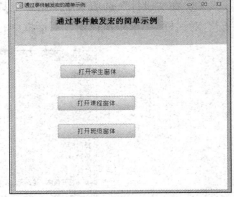

图 7-6　主界面窗体

④ 单击快速访问工具栏中的"保存"按钮，重复步骤③为"打开课程窗体"、"打开班级窗体"按钮设置通过"单击"事件触发相应宏。

⑤ 保存窗体，在窗体视图单击各个按钮查看其结果。

图 7-7 通过"单击"事件触发"打开学生窗体"宏的设置

如在本例中要求用添加嵌入式宏的方法将各个按钮的单击事件和与之对应的窗体结合起来，其具体操作步骤如下。

① 参考例 7-3 步骤②。

② 双击"打开学生窗体"按钮，在弹出的"属性表"对话框中选择"事件"选项卡，并在"事件"选项卡中找到"单击"事件，单击其对应的"生成"按钮 ▣。

③ 弹出"选择生成器"对话框，如图 7-8 所示，选择"宏生成器"，弹出宏设计器窗口，添加"OpenForm"操作，将窗体名称设置为"学生"即可，如图 7-9 所示。

图 7-8 "选择生成器"对话框

图 7-9 为"打开学生窗体"按钮添加操作

④ 单击快速访问工具栏中的"保存"按钮，重复步骤②、③为"打开课程窗体"、"打开班级窗体"按钮设置通过"单击"事件触发相应宏。

⑤ 保存窗体，在窗体视图单击各个按钮查看其结果。

7.5 宏 组

随着 Access 的不断发展，人们逐渐使用 Access 来完成越来越多、越来越复杂的数据库管理，所以宏的结构也变得越来越复杂。可以依据宏操作目的的相关性把宏的若干操作进行分块，一个分块就是一个宏组，这样使宏的结构变得十分清晰，用户阅读起来更加方便。

7.5.1　什么是宏组

宏组是共同存储在一个宏名下的相关宏的集合。一个宏组可以包含若干个宏，而每一个宏又可以包含若干个宏操作。宏组不会影响操作的执行方式，也不能单独调用或运行。当直接运行宏组时，系统执行的是宏组中的第一个宏。保存宏组时，指定的名字是宏组的名字。调用宏组中宏的格式为：宏组名.宏名。

7.5.2　创建宏组

在宏组中将相关操作分为一组，并给每组指定一个标示性的名称，其主要目的是标示一组操作，帮助用户一目了然地了解宏的功能。此外，在编辑大型宏时，也可将每个宏组块向下折叠为单行，从而减少必须进行的滚动操作。

【例 7-4】创建一个名为"创建宏组示例"的宏组，该宏组包含两个宏，第一个宏名叫"打开班级窗体"，其包含弹出消息框和打开班级窗体两个宏操作，第二个宏名叫"关闭班级窗体"，其包含弹出消息框和关闭班级窗体两个宏操作。

具体操作步骤如下。

① 在"创建"选项卡的"宏与代码"组中，单击"宏"按钮，打开"宏设计器"窗口。

② 单击"添加新操作"的下拉按钮，选择"SubMacro"操作，或者从"操作目录"面板中双击"SubMacro"操作。

③ 将子宏的名称由默认的"Sub1"改成"打开班级窗体"，并添加新的操作"MessageBox"和"OpenForm"，并如图 7-10 所示设置好参数。

④ 按照同样的方法再添加一个子宏，将子宏的名称改成"关闭班级窗体"，同时如图 7-11 所示添加新操作"MessageBox"和"CloseWindow"，并设置好相应的操作参数。

图 7-10　宏组中的第 1 个宏

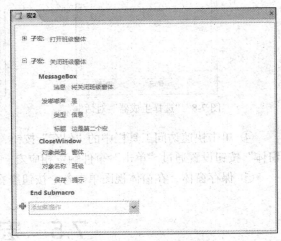

图 7-11　宏组中的第 2 个宏

⑤ 单击快速工具栏中的"保存"按钮，或直接关闭该宏组，在弹出的对话框中输入该宏组的名称"创建宏组示例"。

⑥ 此时在导航窗格中出现名为"创建宏组示例"的宏，它是一个独立的宏，当双击它的时候，

将直接打开该宏组中的第一个宏，即以"只读"的方式打开班级窗体。

⑦ 如果想运行该宏组中的第二个宏，可以通过在某个控件的某个事件属性中选择"创建宏组示例.关闭班级窗体"来运行。

7.6 条 件 宏

在数据处理过程中，宏可以决定如何运行，即有时候需要在特定条件下执行宏的一个或多个操作，这就需要使用条件来控制宏的流程。

7.6.1 什么是条件宏

条件宏是指定在执行宏操作前须满足某些标准或限制，可以使用"If"操作来进行对程序流程的控制，其计算结果等于 True/False 或其他的逻辑表达式（表达式中包括算术、逻辑、常数、函数、控件、字段名以及属性的值）。如果表达式计算结果为真就执行该操作，反之不执行该操作。使用 If 操作，使得宏具有了逻辑判断能力。

7.6.2 创建条件宏

在宏中添加"If"操作的步骤如下。

① 打开宏设计器，在"添加新操作"下拉列表中选择"If"操作，或者直接从"操作目录"面板里将"If"操作拖动到宏设计器中。

② 在"If"操作的"条件表达式"框内键入一个决定何时执行该块的布尔表达式。

在键入一个布尔型的条件表达式，引用窗体、报表及相关控件时，可以参考如下格式。

- 引用窗体：Forms! [窗体名]。
- 引用窗体属性：Forms! [窗体名] .属性。
- 引用窗体中的控件：Forms! [窗体名] ! [控件名]。
- 引用窗体中的控件属性：Forms! [窗体名] ! [控件名] .属性。
- 引用报表：Reports! [报表名]。
- 引用报表属性：Reports! [报表名] .属性。
- 引用报表中的控件：Reports! [报表名] ! [控件名]。
- 引用报表中的控件属性：Reports! [报表名] ! [控件名] .属性。

向"If"操作中添加新操作的方法是：从显示该操作中的"添加新操作"下拉列表中选择操作，或将操作从"操作目录"面板直接拖动到"If"操作中。

【例 7-5】当计算机系统日期大于 2013 年 1 月 1 日时弹出消息"条件宏的使用"，然后打开"学生"窗体。操作步骤如下。

① 打开"教学管理"数据库。

② 在"创建"选项卡的"宏与代码"组中，单击"宏"按钮，打开"宏设计器"窗口。

③ 在"添加新操作"组合框中选择"If"操作，并在"If"操作后的条件表达式框中输入表达式"Date()>#2013/1/1#"，如图 7-12 所示。

④ 在 If 操作条件框下添加新操作"MessageBox"，在"消息"中输入"条件宏使用示例"，如图 7-13 所示。

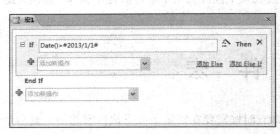

图 7-12 "If" 操作的使用

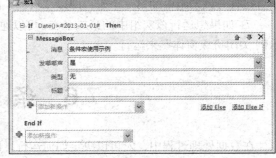

图 7-13 "MessageBox" 操作的参数设置

⑤ 在 "MessageBox" 操作后继续添加新操作 "OpenForm", 在 "窗体名称" 中选择 "学生",
如图 7-14 所示。

⑥ 单击快捷工具栏的 "保存" 按钮, 在弹出的 "另存为" 对话框中输入宏名称 "条件宏的使
用", 然后单击 "确定" 按钮。

⑦ 单击设计视图 "工具" 组中的 "运行" 按钮, 查看该宏的运行结果。

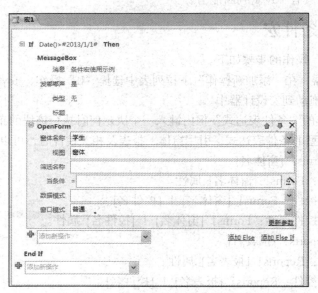

图 7-14 "OpenForm" 操作的参数设置

7.7 宏 的 应 用

本节通过两个比较综合的例子来进一步巩固宏在实际生活中的应用。

【例 7-6】在 "教学管理" 数据库中, 创建一个登录窗体, 对用户所输入的密码进行验证, 只
有输入的登录密码是 "aaa" 时才能打开 "教师" 窗体, 查看教师的信息, 否则弹出消息框, 提示
输入密码有误。

具体操作步骤如下。

① 打开窗体设计器，设计如图 7-15 所示的登录窗体。添加"登录密码"文本框，并将其"输入掩码"属性设置为"密码"。

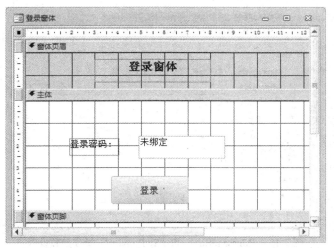

图 7-15　登录窗体界面图

② 打开"登录"按钮对应的"属性表"对话框，在"事件"选项卡中找到"单击"事件对应的"生成"按钮，选择"宏生成器"，确定后弹出宏设计窗口。

③ 选择"If"操作，在条件表达式框中输入条件：[Text1]='aaa'，并添加"MessageBox"操作，具体参数如下图 7-16 所示。

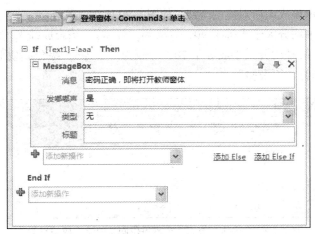

图 7-16　"If"操作和"MessageBox"操作参数设置

④ 在"MessageBox"后继续添加新的操作"OpenForm"，将窗体名称设置为"教师"。

⑤ 单击"添加 Else"，并添加"MessageBox"，参数设置具体如图 7-17 所示。在"MessageBox"操作后继续添加"SetProperty"操作，具体参数设置如图 7-17 所示。

⑥ 保存窗体，在窗体视图中分别输入正确密码和错误密码，查看结果。

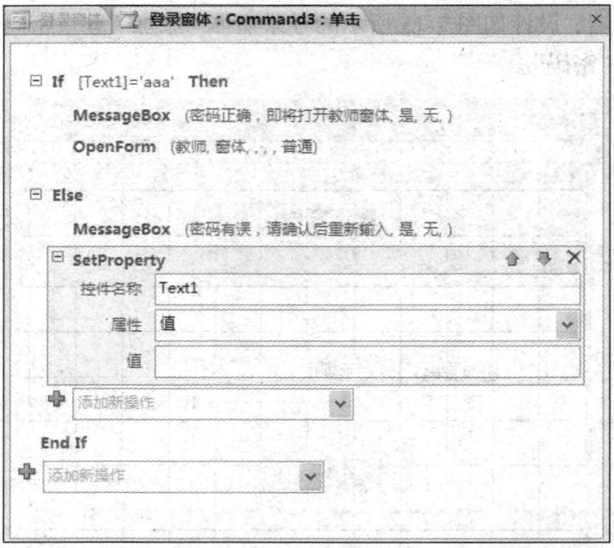

图 7-17 "MessageBox"和"SetProperty"操作参数设置

【例 7-7】在"教学管理"数据库中，创建一个窗体，窗体的名称为"按班级查询每位同学的平均综合成绩及等级"。该窗体在运行时首先弹出一个要求输入班级的对话框，如图 7-18 所示，当在输入框里输入班级名称后，能查询该班级每个同学的综合成绩的平均分，如图 7-19 所示。而且当用户单击"综合成绩平均分"文本框时，在弹出的信息框中能显示该成绩所对应的等级，如图 7-20 所示。等级规定如下：综合成绩平均分大于或等于 90，等级为"优秀"；综合成绩平均分大于或等于 80，等级为"良好"；综合成绩平均分大于或等于 70，等级为"中等"；综合成绩平均分大于或等于 60，等级为"及格"；否则为"不及格"。

图 7-18 输入班级对话框

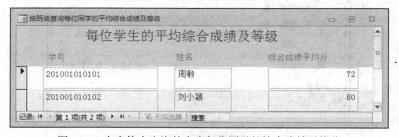

图 7-19 在窗体中查询某个班每位同学的综合成绩平均分

图 7-20 显示某个同学的综合成绩平均分的等级

具体操作步骤如下。

① 创建一个名为"按班级查询每位同学的平均综合成绩"的查询。查询的设计视图如图 7-21 所示。

图 7-21　"按班级查询每位同学的平均综合成绩"查询的设计视图

② 以"按班级查询每位同学的平均综合成绩"的查询为记录源，创建一个"多个项目"的窗体。在导航窗格中选择"按班级查询每位同学的平均综合成绩"的查询，选择"创建"选项卡，在"窗体"组中单击"其他窗体"按钮，在下拉列表中选择"多个项目"。将窗体保存并命名为"按班级查询每位同学的平均综合成绩及等级"。打开该窗体的设计视图，修改窗体页眉的标题，调整各控件的大小。

③ 创建名称为"按综合成绩评定等级"的宏对象。该宏对象的设计视图如图 7-22 所示。

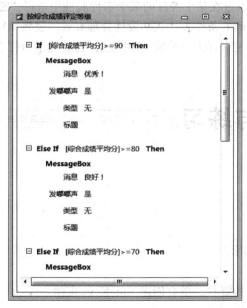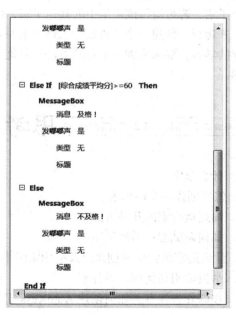

图 7-22　"按综合成绩评定等级"的宏设计视图

④ 将"综合成绩平均分"文本框的单击事件和"按综合成绩评定等级"的宏绑定。在窗体"按班级查询每位同学的平均综合成绩及等级"的设计视图下，将鼠标定位在窗体主体部分的"综合成绩平均分"文本框中，在"属性表"对话框中进行如图 7-23 所示的设置。

图 7-23 将"综合成绩平均分"文本框的单击事件和"按综合成绩评定等级"的宏绑定

⑤ 保存并运行窗体。

本章小结

　　宏是 Access 数据库中一个重要的对象，它是由一个或多个宏操作组成，每个操作都用来完成特定的功能，Access 2010 提供了几十种宏操作，用户通过对宏操作的组合，能自动完成各种数据库操作。宏可以分为独立宏和嵌入式宏。独立宏位于导航窗格，既能独立运行又可以通过触发与其绑定的事件来运行。嵌入式宏依附在窗体或报表中，只有当与该宏绑定的事件触发时才能运行。可以采用多种方式来运行宏。对于宏组，如果运行时直接指定该宏组名，只运行该宏组中的第一个子宏，若想运行该宏组中的其他子宏，可通过在某个控件的某个事件属性中选择"宏组名.宏名"来运行。创建一个条件宏的关键是书写正确的条件表达式并设计合理有效的逻辑结构。通过本章的学习，要求掌握宏的创建方法，并能利用宏解决简单的应用问题，为后续学习打下良好的基础。

思考与练习

1. 什么是宏？
2. 怎样创建一个简单宏？
3. 简述运行宏的几种方法？
4. 如何调试宏？举例说明。
5. 什么是宏组？如何创建以及引用宏组中的宏？
6. 举例说明如何创建条件宏。
7. 在课外查找有关如何创建 AutoKeys 宏组的资料，学会创建 AutoKeys 宏组。

第8章
VBA 编程

VBA（Visual Basic Applicationg）是内置在 Access 中的编程语言，通过 VBA 编程语言，能实现宏无法实现的任务，完成复杂的功能，开发健壮的数据库应用系统。本章主要介绍 VBA 编程的基础知识、VBA 的控制结构以及数据库编程基础。

本章学习目标：

- 了解模块的概念以及程序的调试方法；
- 掌握面向对象程序设计的基本概念；
- 熟悉 VBA 编程的控制结构，并能灵活运用 3 种控制结构解决简单的应用问题；
- 掌握子过程和函数的定义和使用方法；
- 掌握数据库编程的基本方法。

8.1　VBA 的编程环境

在 Access 中进行 VBA 编程有特定的 VBA 编辑器 VBE，也就是 VBA 的编程环境，熟悉 VBA 的编程环境是进行 VBA 编程的基础。

8.1.1　什么是 VBA

VBA 是 Visual Basic for Application 的缩写，是微软公司将 VB（Visual Basic）引入到 Office 套件中，并将其集成在 Office 应用程序中的 Visual Basic 版本，通过 VBA，能在 Offcie 套件中进行应用程序开发。

由于 VBA 程序的运行只能由 Office 解释执行，而不能编译成可执行文件，故在 Access 中，使用 VBA 编写的应用程序不能脱离 Access 环境独立运行，只能保存在 Access 数据库文件中。

VBA 是一种面向对象的编程语言。有关面向对象的基础知识，将在本章第 2 节介绍。

8.1.2　VBA 编程环境

1．进入 VBA 编程环境的方式

VBA 的编程环境称为 VBE（Visual Basic Editor），也称为 VBA 编辑器。在 Access 中进入 VBA 的编程环境有多种方式，以下是常见的几种。

① 在某个数据库窗口下，在"数据库工具"选项卡中，单击"宏"组中的"Visual Basic"工具按钮。

② 在某个数据库窗口下，双击导航窗格中的某个模块对象。

③ 在某个窗体或报表的设计视图下，在"设计"选项卡中，单击"工具"组中的"查看代码"按钮。

④ 在某个窗体或报表的设计视图下，在"属性"对话框中单击"事件"选项卡，再单击某个事件右侧的生成器按钮，选择"代码生成器"。

⑤ 在某个窗体或报表的设计视图下，右击窗体、报表或某个控件，选择"事件生成器"菜单，再在弹出的"选择生成器"对话框里选择"代码生成器"。需要注意的是，右击某些控件（比如标签控件）看不到"事件生成器"菜单。此外，当窗体、报表或某个控件的某个事件过程生成后，只要选择"事件生成器"菜单即可。

2. VBA 编程环境介绍

（1）VBE 窗口的组成

和其他应用程序窗口一样，VBE 窗口除了有标题栏、菜单栏、工具栏这些常用的对象外，还有自己独有的窗口，包括工程资源管理窗口、属性窗口、代码窗口、立即窗口、对象窗口、对象浏览器窗口、本地窗口和监视窗口等，如图 8-1 所示。通过视图菜单可以打开上述窗口。其中，最常用的是上述前 4 个窗口。

图 8-1 VBE 窗口

（2）工程资源管理器窗口

工程资源管理器窗口类似于计算机的资源管理器窗口，该窗口以树形目录的形式列出了当前工程中所包含的所有模块。所谓当前工程是指以当前打开的数据库为基础数据的数据库应用程序，在默认情况下，该工程的名称和当前数据库的名称相同。例如，图 8-1 所示的工程名称为"教学管理"。

在工程资源管理器窗口的上部分有以下 3 个按钮：查看代码按钮、查看对象按钮和切换文件夹按钮。

① 查看代码按钮：打开所选模块的代码窗口。

② 查看对象按钮：打开所选模块对应的对象窗口或所选模块对应的文档。例如，当我们在代码窗口中完成某个窗体模块的某个命令按钮的单击事件过程编写后，如果要看到单击效果，就要

切换到该窗体对象的设计视图，再通过窗体视图来实现。

③ 切换文件夹按钮：显示或隐藏工程窗口中的对象分类文件夹。

（3）属性窗口

属性窗口列出了当前对象的各种属性，可以编辑这些属性。如果想要在该窗口中显示某个窗体的某个控件对象的属性，需要单击工程资源管理器里的"查看对象"按钮，在窗体的设计视图下选中该控件对象。

（4）代码窗口

代码窗口是用来进行 VBA 编程的编辑代码的窗口。该窗口的上部分有两个组合框："对象"组合框和"过程"组合框。当要生成某个对象的某个事件过程的首行代码和末行代码时，可以在左边的"对象"组合框下拉列表中选择某个对象，在右侧的"过程"组合框中选择所需的事件名称。图 8-2 是在后面要介绍的"第一个例子"窗体模块对应的代码窗口的左侧选择名为"cmd_add"的命令按钮对象，右侧选择"click"事件名后，在代码窗口里自动生成的两行代码。为了后续描述方便，我们将系统自动生成的事件过程首行和末行代码称为事件过程框架。事件过程的概念在下一节介绍。

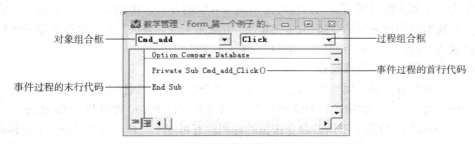

图 8-2　系统自动生成的命令按钮单击事件过程代码

（5）立即窗口

立即窗口是用来测试表达式的运算结果以及用来进行程序测试的窗口。

要测试某个表达式的运算结果，可以在立即窗口中进行。在立即窗口中测试某个表达式的输入方法有以下 3 种。

- ? 表达式
- print　表达式
- debug.print　表达式

按回车键后，系统会自动在下一行显示出表达式的运算结果。图 8-3 显示了在立即窗口中利用上述 3 种方法计算出了当前系统日期的第 2 天的日期。

图 8-3　用立即窗口计算表达式的结果

8.2　面向对象程序设计概述

对象是面向对象程序设计中的重要概念，用 VBA 设计与开发各类应用程序，实际上是与一组标准对象进行交互的过程，因此，离开了对象，VBA 的程序设计将无从谈起。

8.2.1　类和对象

类是面向对象可视化编程中最基本的概念之一，它是具有共同抽象的对象的集合。类定义了一个抽象模型。类实例化后就称为对象。换言之，将对象的共同特征抽取出来就是类，类是模板，而对象是以类为模板创建出来的具体的实例，类与对象就像模具与成品的关系。比如，某个学校的每一个学生就是一个对象，将这个学校的所有学生抽象化，就形成学生类，而每个学生就是学生类的实例。

在 Access 中，一个窗体是一个对象，它是 Form 类的实例；一个报表是一个对象，它是 Report 类的实例；一个文本框是一个对象，它是 TextBox 类的实例，等等。事实上，放在窗体上的一个具体的控件就是其控件类所对应的实例。

8.2.2　属性和方法

每个对象都有一组特征，它们是描述对象的数据，这组特征称为属性。属性用来描述和规定对象应具有的性质和状态。属性是对对象的静态描述，是对象的状态，用数据值来描述。

对象为了达到某种目的所必须执行的操作就是对象的方法，比如命令按钮要从一个位置移到另外一个位置就是通过调用命令按钮的"Move"方法来完成。方法其实就是该对象类内部定义的一个子过程或函数，可以有返回值，也可以没有。

属性保存数据，方法完成操作。

同一类对象具有相同的属性和方法，但同类的不同的对象的属性取值以及所对应的行为结果不一定一样。比如，命令按钮控件对象都有名称、标题（Caption）、背景色（BackColor）、前景色（ForeColor）等属性，但两个不同的命令按钮的标题就有可能不一样，比如其中一个的标题是"退出"，另一个的标题是"计算"。类似的，命令按钮有移动（Move）方法，但可以将两个不同的命令按钮移动到不同的位置。

可以通过属性对话框来设置某个控件对象的属性，也可以通过代码来设置。通过代码来设置某个对象的属性值的格式为：对象名.属性名=属性值。

比如，下面是将名为 Cmd_add 的命令按钮的标题属性设置为"求和"的 VBA 代码：

```
Cmd_add.Caption = "求和"
```

对象的方法一般通过代码来实现，应用某个对象的方法的格式为：

对象名.方法　[参数 1][,参数 2][,…][,参数 n]

比如，以下代码是将名为 Cmd_add 的命令按钮通过"Move"方法移动到与窗体的左边距为 2000 缇，与窗体的上边距为 3000 缇的位置，并且宽度为 4000 缇，高度为 800 缇。其中：1cm=567 缇。

```
Cmd_add.Move 2000, 3000, 4000, 800
```

需要说明的是，在 Access 中，引用一个对象时，一般要指明它的上一级是哪个，最前面的就是根对象。

比如：[Forms]![窗体 1]![text0]="111"。

其中，Forms 就是窗体对象的根。此外，报表的根对象为 Reports，屏幕对象的根对象为 Screen，立即窗口的根对象为 Debug，应用程序的根对象为 Application，而 DBEngine 为数据库管理系统、表对象、查询对象、记录对象、字段对象的根。

8.2.3　事件和事件过程

事件是窗体、报表或控件等对象可以识别的动作，比如单击（Click）、双击（Dbclick）事件等。

系统为每个对象预先定义好了一系列的事件，当在对象上发生了事件后，应用程序就要处理这个事件，而处理步骤的集合就构成了事件过程。换言之，响应某个事件所执行的程序代码称之为事件过程。事件过程附加在窗体、报表和控件上，事件不能由用户任意定义，而是由系统指定。

控件事件过程的一般格式为：

{Private|Public}　Sub　控件名_事件名(参数表)

语句组

End Sub

窗体事件过程的一般格式为：

{Private|Public}　Sub　Form_事件名(参数表)

语句组

End Sub

在 VBA 中，每一个窗体和控件都有一个预定义的事件集。如果其中有一个事件发生，而且，在关联的事件过程中存在代码，则 VBA 调用该代码。换言之，若某个对象的事件过程里没有代码，则该事件起不到任何作用，所以，要想该事件有作用，则需要将代码写进该事件对应的事件过程中。写进去的代码就是为了实现某个功能的。

VBA 编程的一个重要任务就是在这些事件过程里写代码。在下一小节会介绍如何用 VBA 来编写程序。

对象所识别的事件类型多种多样，但多数类型为大多数控件所共有。例如，大多数对象都能识别 Click 事件：如果单击窗体，则执行窗体的 Click 事件过程中的代码；如果单击命令按钮，则执行命令按钮的 Click 事件过程中的代码。

要了解不同类对象有哪些事件，可以在窗体或报表的设计视图下打开属性对话框，在属性对话框的对象组合框中选择某个对象，再选择事件选项卡，就能看到该对象的事件名称，当把鼠标定位在某个事件右侧的输入框时，在数据库窗口的状态栏会显示该事件在什么时候发生，也可以在此时按 F1 帮助键来进一步熟悉。图 8-4 显示了窗体对象所具有的事件。如果要看到窗体事件的英文名称，可以在 VBE 环境下打开代码窗口，在对象组合框中选择"Form"，在右侧的过程组合框的下拉列表中就能找到。比如窗体的加载事件对应的英文名就为"Load"。

图 8-4　通过属性对话框认识窗体的事件

8.2.4 利用 VBA 编写程序的一个例子

下面通过一个例子来讲述在 Access 中如何来进行 VBA 编程。

【例 8-1】在 Access 中实现如下功能，求 9 和 2 的和，如图 8-5 所示。当单击"求和"按钮时，在文本框里显示求和结果，如图 8-6 所示。

操作步骤如下。

① 在"教学管理"数据库中新建一个空白窗体。

② 放置控件，设置窗体和各控件对象的属性。在窗体上放一个文本框，一个命令按钮。各对象的属性设置如表 8-1 所示。

③ 打开 VBA 编辑器。右击命令按钮，选择"事件生成器"，在弹出的"选择生成器"对话框中选择"代码生成器"打开 VBA 编辑器，在编辑器窗口中会出现代码窗口。

表 8-1　　　　　　　　　　　　　　控件的主要属性设置

控件名	属 性 名	属 性 值	控件名	属 性 名	属 性 值
标签	名称	lbl_add		名称	cmd_add
	标题	计算结果		标题	计算
文本框	名称	text0	命令按钮	字体	黑体
	字体	黑体		字号	16
	字号	16			

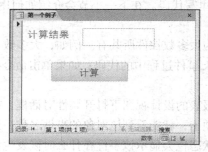

图 8-5　例 8-1 运行界面　　　　　　　　　　图 8-6　计算结果

④ 在命令按钮的单击事件过程中编写代码。通过步骤③，我们会发现代码窗口里会自动生成如图 8-2 所示的代码。

这时，我们只要在闪烁的光标处输入代码即可，如图 8-7 所示。

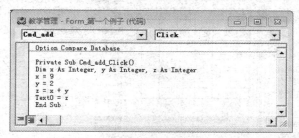

图 8-7　在事件过程中编写的代码

⑤ 保存窗体。单击工具栏中的"保存"按钮，在弹出的"另存为"对话框里输入"第一个例子"。

⑥ 运行窗体，单击命令按钮显示计算结果。

当然，上述步骤的顺序是可以改变的，比如可以在步骤①之后进行步骤⑤。此外，如果采用其他打开 VBA 编辑器的方法时，代码窗口里可能不会出现事件过程框架，在这种情况下，可以在代码窗口上方左侧的对象组合框内选择对象名，比如 cmd_add，在右侧的事件组合框内选择事件名称，比如 click，就可以生成某个对象的某个事件过程框架。另外，在单击命令按钮后不一定能看到希望的结果，或者根本就运行不了，此时还需要进行程序调试，相关方法会在本章后续部分介绍。

8.3　VBA 模块

在 Access 中，程序的实现是通过模块来实现的。VBA 模块分为类模块和标准模块，而宏也可以转换为模块。

8.3.1　类模块

类模块包括窗体类模块、报表类模块和用户自定义类模块。

上一节我们介绍了如何在 Access 进行 VBA 编程的例子，该例使用事件过程来控制命令按钮控件对用户操作的响应。事实上，当我们为窗体、报表或控件创建第一个事件过程时，Access 会自动生成与之关联的窗体模块或报表模块。

窗体模块和报表模块都属于类模块，这两个类模块依附于所在的窗体和报表，而不会出现在导航窗格的"模块"对象中。

可以通过打开窗体或报表的设计视图，然后在"设计"选项卡中的"工具"组中，单击"查看代码"按钮查看窗体模块或报表模块。显然，无论是窗体模块还是报表模块，都是由代码组成的。

用户自定义模块也称为独立的类模块，它不依附于任何窗体和报表。通过用户自定义模块可以定义一个类，包括成员变量和成员方法的定义，然后在过程中将该类实例化，也就是定义该类的对象。可以在"创建"选项卡中的"宏与代码"组中，单击"类模块"按钮来创建一个用户自定义类模块，当保存该模块后，在导航窗格的"模块"对象中就能看到创建的类模块。本书不再详细介绍用户自定义类模块。

8.3.2　标准模块

在导航窗格的"模块"对象中，除了显示创建的类模块外，还可以显示创建的标准模块。标准模块是指存放通用过程的模块，和类模块一样，独立于窗体和报表。如果用户要定义一个在所有模块中都能发生作用的函数或子过程，可以将其放在一个标准模块中。标准模块中的公共变量和公共过程具有的作用范围是整个应用程序，也就是说能作用到所在的数据库应用程序中的所有模块中。有关标准模块的定义会在本章后续节中介绍。

8.3.3　将宏转换为模块

可以将宏对象转换为模块。转换分为两种情况。

1. 转换附加到窗体或报表的宏

此过程将窗体或报表（或者其中的任意控件）引用（或嵌入在其中）的任意宏转换为 VBA，并向窗体或报表的类模块中添加 VBA 代码。该类模块将成为窗体或报表的组成部分，并且如果窗体或报表被移动或复制，它也随之移动。

转换步骤如下。

① 在导航窗格中，右键单击窗体或报表，选择"设计视图"命令。

② 在"设计"选项卡上的"工具"组中，单击"将窗体的宏转换为 Visual Basic 代码"或"将报表的宏转换为 Visual Basic 代码"按钮。

③ 在弹出的"转换窗体宏"或"转换报表宏"对话框中，选择是否希望 Access 向它生成的函数中添加错误处理代码。此外，如果宏内有任何注释，选择是否希望将它们作为注释包括在函数中，单击"转换"按钮即可。

如果该窗体或报表没有相应的类模块，Access 将创建一个类模块，并为与该窗体或报表关联的每个宏向该模块中添加一个过程。Access 还会更改该窗体或报表的事件属性，以便它们运行新的 VBA 过程，而不是宏。

2. 转换未附加到窗体或报表的宏

要转换一个没有和窗体或报表关联的宏，可以将其转换为标准模块。转换方法为：在导航窗格的"宏"对象中右击一个已定义好的宏对象，然后单击"设计视图"，在"设计"选项卡上的"工具"组中，单击"将宏转换为 Visual Basic 代码"。

8.4　VBA 编程基础

VBA 的编程涉及到程序设计基础知识，包括数据类型、常量、变量、常用函数、运算符、表达式等内容。本教材在"3.1.4 查询条件"中介绍过常量、常用函数、运算符与表达式，在此不再赘述。

8.4.1　变量

变量是指在程序运行期间其值可以发生变化的量。计算机处理数据在内存中进行，变量就是内存中一段有名字的连续存储空间，是程序中数据的临时存放场所。在 VBA 代码中，通过声明变量来申请并命名内存中的一段存储空间，并通过变量名来使用这段存储空间。

1. 变量的命名规则

给变量的命名应遵循以下规则。

① 变量名必须以字母（或汉字）开头，由字母（或汉字）、数字或下划线等组成。

② 变量名中不能包含标点符号或空格。

③ 变量名最长为 255 个字符。

④ 变量的名字不能是 VBA 的关键字（如 for，if，end，as，select 等）。

⑤ 变量名不区分字母大小写。如"Abc"和"abc"代表的是同一个变量。

例如："a"、"b1"、"c_2"、"dE3_4f"是合法的变量名；但"1a"、"b.1"、"c-2"、"d?E"、"f　g"、"for"是非法的变量名。

2. 变量的声明

变量一般应先声明再使用。变量声明有两个作用：一是指定变量的数据类型，二是指定变量的适用范围。

变量声明的格式是：

```
Dim 变量名 [As 类型关键字] [,变量名 [As 类型关键字] ] […]
```

该语句的功能是：变量声明，并为其分配存储空间。Dim 是关键字，As 用以指明变量的数据类型。如果省略"As 类型关键字"部分，则默认该变量为变体类型"Variant"。

例如：

```
Dim a As Integer
Dim b As Long, c as String, d
```

以上语句的功能是声明变量 a 是整型，b 是长整型，c 是字符串型，d 是 Variant 型。

此外，也可以用类型符（类型符请参见教材"4.1.4　查询的条件"）代替类型关键字来声明变量，即以上语句可以改为：

```
Dim a%, b&, c$, d
```

注意　VBA 允许用户在编写程序时，不声明变量而直接使用，系统会临时为新变量分配存储空间并使用，这就是所谓的隐式声明。所有隐式声明的变量都是 Variant 型。

变量先声明后使用是良好的程序设计习惯，采用显式声明变量，可以使程序更加简洁易读，有效避免出现一些不易查找的错误。在 VBE 中，也可设置强制显式声明，操作方法如下。

① 在 VBE 窗口中，选择"工具"|"选项"命令，打开"选项"对话框。

② 选择"编辑器"选项卡，然后勾选"代码设置"选项中的"要求变量声明"复选框，单击"确定"按钮，如图 8-8 所示。

当设置强制显式声明后，所有新建模块的通用声明段将自动添加 Option Explicit 语句。

当然，也可以直接在代码窗口的通用声明段加上 Option Explicit 语句。

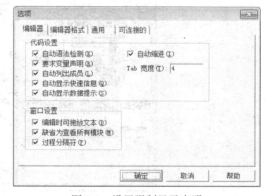

图 8-8　设置强制显示声明

8.4.2　变量的作用域与生存期

在 VBA 程序中，变量声明的位置不同，则变量的有效范围和存在的时间也会不同，这就是变量的作用域与生存期。

1. 变量的作用域

变量可以被访问的范围称为变量的作用范围，即变量的作用域。除了可以使用 Dim 语句进行变量声明外，还可以用 Static、Private 或 Public 语句声明变量。根据声明语句和声明变量的位置不同，可将变量的作用域分为 3 个层次：局部变量、模块级变量和全局变量。

（1）局部变量

在模块的过程内部声明的变量称为过程级变量，即局部变量。其作用域是局部的，仅在声明变量的过程范围中有效。在子过程或函数过程中用 Dim 或 Static 语句进行变量声明或未经声明直接使用的变量都属于局部变量。

Dim y1 As Integer 和 Static y2 As Integer 两条语句分别声明变量 y1 和 y2 为整型局部变量，如图 8-9 所示。

（2）模块级变量

在模块的所有过程之外的起始位置声明的变量称为模块级变量。其作用域是在定义该变量的模块中的所有子过程和函数过程，但其他模块不能使用。在模块的通用声明部分用 Dim 或 Private 语句声明的变量都属于模块级变量。

Private x1 As Integer 语句声明变量 x1 为整型模块级变量，如图 8-9 所示。为使程序代码更容易理解，加强可读性，模块级变量声明一般采用 Private 关键字。

（3）全局变量

在标准模块的所有过程之外的起始位置声明的变量称为全局变量。其作用域为整个应用程序，所有标准模块和类模块的所有过程中都能使用。在标准模块的通用声明部分用 Public 语句声明全局变量。

Public x2 As Integer 语句声明变量 x2 为整型全局变量，如图 8-9 所示。

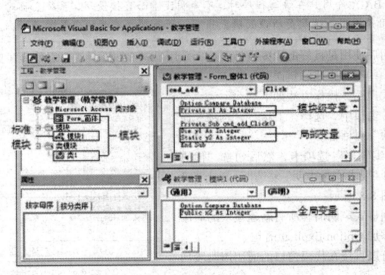

图 8-9　VBE 代码编辑窗口

2. 变量的生存期

变量的生存期是指变量在运行时的持续时间，即从变量的声明开始，变量分配到内存单元，直到代码执行完毕，变量释放占用的内存单元。我们按变量的生存期可将变量分为动态变量和静态变量。

（1）动态变量

在过程中用 Dim 语句声明的局部变量属于动态变量，它的生存期是从进入过程（Sub）开始，到退出过程（End Sub）时结束。

每次过程被调用时，以 Dim 语句声明的局部变量会被设定默认值，数值型变量的默认值为"0"，字符串型变量的默认值是空字符串"""，布尔型变量的默认值是"False"。

（2）静态变量

在过程中用 Static 语句声明的局部变量属于静态变量，它的生存期是整个模块执行的时间。

每次过程被调用时，以 Static 语句声明的变量会保持上一次调用后的值。

下面我们通过一个例子来看动态变量和静态变量的区别。

【例 8-2】在窗体中设计两个命令按钮，分别演示动态变量和静态变量的值的变化。

操作步骤如下。

① 在"教学管理"数据库中新建一个空白窗体。

② 放置控件，并设置控件属性，如图 8-10 所示。在窗体上放 2 个命令按钮，属性设置如表 8-2 所示。

表 8-2　　　　　　　　　　　　　　　　控件的主要属性设置

控件名	属 性 名	属 性 值	控件名	属 性 名	属 性 值
命令按钮	名称	cmd_add1	命令按钮	名称	cmd_add2
	标题	计算_动态变量		标题	计算_静态变量

③ 打开 VBA 编辑器。右击命令按钮"cmd_add1"，选择"事件生成器"，在弹出的"选择生成器"对话框中选择"代码生成器"打开 VBA 编辑器，在编辑器窗口中会出现代码窗口。

④ 在命令按钮"cmd_add1"的单击事件过程中编写代码。代码如下。

```
Private Sub cmd_add1_Click()
    Dim a As Integer          '声明 a 是整型动态变量
    a = a + 1
    Debug.Print a & ",";
End Sub
```

⑤ 同第 3-4 步操作，在命令按钮"cmd_add2"的单击事件过程中编写如下代码。

```
Private Sub cmd_add2_Click()
    Static b As Integer       '声明 b 是整型静态变量
    b = b + 1
    Debug.Print b & ",";
End Sub
```

⑥ 运行窗体，连续单击"cmd_add1"按钮或"cmd_add2"按钮，在立即窗口中查看结果，如图 8-11 所示。

图 8-10　放置控件图

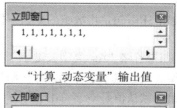

"计算_动态变量"输出值

"计算_静态变量"输出值

图 8-11　立即窗口查看结果

分析运行结果，我们可以发现：a 是动态变量，每次执行 cmd_add1_Click() 都是新创建的变量 a，变量默认值是 0，所以每次执行的结果都是 1；b 是静态变量，值是保留的，每次执行 cmd_add2_Click() 都是在上一次的值基础上加 1，所以每次执行的结果是递增的。

8.4.3　常量的补充说明

在本书第 4 章 "4.1.4　查询的条件" 中简单介绍过常量。下面补充一些内容。

1.　符号常量

符号常量是需要声明的常量。对于模块中经常出现的常量，使用符号常量可使代码易于维护。用 Const 语句来声明符号常量并设置其值。比如：

```
Const PI=3.14
```

2.　系统定义的常量

系统定义的常量有 3 个：True，False，Null。

3.　固有常量

固有常量是 Access 自动定义的常量。可以使用对象浏览器来查看对象库中的固有常量列表。

固有常量的前两个字母用来指明该常量的对象库。来自 Access 的常量以 "ac" 开头，来自 VBA 库的常量以 "vb" 开头，比如 vbRed 用来表示红色。

8.4.4　数组

数组是相同数据类型的元素按一定顺序排列的集合，即把有限个类型相同的变量用一个名字命名，然后用编号区分他们的变量的集合，这个名字成为数组名，编号成为下标。一般使用 Dim 语句来声明数组。

1.　一维数组

声明一维数组的语句格式是：

```
Dim 数组名（[下标下界 to] 下标上界) [As 类型关键字]
```

说明：

① "数组名" 的命名规则与 "变量名" 的命名规则相同。

② "下标下界" 与 "下标上界" 必须是常量，不能是表达式或变量。如果省略了 "下标下界 to" 部分，则默认该数组的下标下界为 "0"。

可以在模块的通用声明部分使用 "Option Base n" 语句来指定数组的默认下标下界。其中 n 为整数。

比如下述语句是将数组的默认下标指定为 "1"。

```
Option Base 1
```

③ 如果省略 "As 类型关键字" 部分，则默认数组为变体类型（Variant）。如果声明了数组的数据类型，则数组中全部元素都初始化为该数据类型默认值（数值型变量的默认值为 "0"，字符串型变量的默认值是空字符串（""），布尔型变量的默认值是 "False"）。

例如：

```
Dim A(1 to 3) As Integer
```

声明一个一维数组 A，类型为整型，数组下标为 1~3，包含了 3 个数组元素，即 A（1）、A（2）和 A（3），初始值是 "0"。

例如：

```
Dim B(3) As Single
```

声明一个一维数组 B，类型为单精度型，数组下标为 0~3，包含了 4 个数组元素，即 B（0）、B（1）、B（2）和 B（3），初始值是 "0"。

2．二维数组

声明二维数组的语句格式是：

```
Dim 数组名 ([下标下界 i to] 下标上界 i, [下标下界 j to] 下标上界 j) [As 类型关键字]
```

说明：

下标下界 i 表示该二维数组的行下标，下标下界 j 表示该二维数组的列下标。

例如：

```
Dim C(1 To 2, 1 To 3) As Integer
```

定义了一个 2 行 3 列的二维数组，数组名是 C，类型是整型，一共包含 6 个元素，并按照先行后列的顺序排列，如表 8-3 所示。

表 8-3　　　　　　　　　　　　　　二维数组 C 的元素排列

	第 1 列	第 2 列	第 3 列
第 1 行	C(1,1)	C(1,2)	C(1,3)
第 2 行	C(2,1)	C(2,2)	C(2,3)

3．多维数组

多维数组的声明语句与二维数组的声明语句类似，只是在数组的下标中加入更多数值，以逗号（"，"）分隔开，最多可以声明 60 维。

例如：

```
Dim D(3, 2, 4) As Integer
```

定义了一个三维数组，数组名是 D，类型是整型，一共包含 60 个元素。此处省略了下标下界，即下界取默认值 "0"，则数组元素个数为 $4 \times 3 \times 5 = 60$ 个。

4．动态数组

动态数组的声明和使用方法是：先用 Dim 声明数组，但不指明数组的元素数目，之后再用 ReDim 语句来决定数组元素数目，以建立动态数组。

例如：

```
Dim E( ) As Integer     '声明动态数组 E
ReDim E(3, 4, 5)        '分配数组空间大小
```

8.4.5　VBA 语句的书写规则

在编写 VBA 程序代码时，要遵循其语法规则，具体如下：

①　VBA 代码中所有的符号均为英文输入状态下的半角符号。

②　通常将一个语句写在一行。如果语句较长，一行写不下时，可使用续行符（空格后接下划线 "_"）将语句接续到下一行。

③　如果需要在一行内写多个语句，则每个语句之间用冒号 "："分隔。

④　在 VBA 代码中，字母不区分大小写。如：Dim 和 dim 是等同的。

⑤　当输入完一个语句按回车键【Enter】换行，该行代码以红色文本显示（有时会弹出错误消息框）时，则表示该行语句存在语法错误，必须找出错误并更正它。

8.4.6　注释语句与赋值语句

1．注释语句

注释语句是对程序或语句的功能进行解释和说明，用以增加程序代码的可读性，便于程序的维护。

在 VBA 程序中，注释内容一般以绿色文本显示，可以通过以下两种方式添加。

① 使用 Rem 语句，格式如下：

```
Rem 注释内容
```

② 使用单引号（'），格式如下：

```
'注释内容
```

注释语句可以单独占据一行，也可以写在某个语句后面。但 Rem 注释语句写在某个语句后面时，必须在 Rem 之前加冒号（:）与前面的语句隔开。

例如：

```
Dim a As Integer      '声明 a 是整型动态变量
Dim a As Integer      : Rem 声明 a 是整型动态变量
```

Rem 以上两句是把注释语句写在某个语句后面的方式。

2．赋值语句

赋值语句是将一个表达式或值指定给一个变量，通常使用等号（＝）连接。

① Let 语句格式是：

```
[Let] 变量名 = 表达式或值
```

功能是：计算 "=" 右侧的表达式，将计算结果（值）赋给左侧的变量。通常 "Let" 可以省略。

例如：

```
Let x = 11        '将数值 11 赋给变量 x
z = x + 12        '将右侧表达式的计算结果 23（11+12）赋给变量 z
```

② Set 语句

格式是：

```
Set 对象变量名 =对象
```

Set 语句是用来指定一个对象给已声明成对象的变量。"Set" 是不可以省略的。

需要说明的是，对用户自定义数据类型的变量赋值，形式如下：

```
变量名.分量=表达式或值
```

比如，对于在本书第 4 章 "4.1.4　查询的条件" 中定义的名为 "NewStudent" 数据类型，可以进行如下的变量声明。

```
Dim stu1 as NewStudent
```

然后再赋值如下。

```
stu1.Sno= "0123456"
stu1.Sname= "王红"
stu1.Ssex= "男"
stu1.Sage=18
```

上述赋值也可以简写为如下形式。

```
With  stu1
.Sno= "0123456"
```

```
.Sname= "王红"
.Ssex= "男"
.Sage=18
End With
```

8.4.7　输入与输出

在 VBA 程序中，有时需要接收用户的数据输入，有时需要将运行结果输出告知用户，这两种功能可以用 InputBox 函数和 MsgBox 函数来实现。

1．输入框（InputBox）

输入框用于在一个对话框中显示提示，等待用户输入文本并按下"确定"按钮，然后返回文本框内输入的值，返回的值是字符串型。

InputBox 函数格式为：

```
Inputbox(Prompt [, Title] [, Default] [, XPos] [, YPos] [, Helpfile, Context])
```

参数说明如表 8-4 所示。

表 8-4　　　　　　　　　　　　　InputBox 函数参数说明

参　　数	说　　明
Prompt	必需。作为提示字符串，最大长度为 1024 个字符。如果包含多行，则可在各行之间用回车符"Chr(13)"、换行符"Chr(10)"或回车换行符组合"Chr(13) & Chr(10)"来分隔
Title	可选。作为对话框标题栏中的字符串。如果省略，则标题栏将显示应用程序名
Default	可选。作为对话框中文本框的默认字符串。如果省略，则文本框为空
XPos	可选。指定对话框的左边缘与屏幕左边的水平距离。如果省略，则对话框水平居中
YPos	可选。指定对话框的上边缘与屏幕上边的垂直距离。如果省略，则距上边三分之一处
Helpfile	可选。用以表示帮助文件，为对话框提供上下文相关的帮助
Context	可选。由帮助文件的作者指定给某个帮助主题的帮助上下文编号

例如：通过键盘输入学生的学号，如图 8-12 所示。部分代码如下。

```
Dim StuID$
StuID = InputBox("请输入学号：", "输入框演示")
```

图 8-12　InputBox 对话框

2．消息框（MsgBox）

消息框用于在对话框中显示消息，等待用户单击按钮，并返回一个整型值告诉用户单击了哪一个按钮。

MsgBox 函数格式为：

```
Msgbox(Prompt [, Buttons] [, Titles] [, Helpfile, Context])
```

参数 Prompt、Titles、Helpfile、Context 的使用与 InputBox 相同。

参数 Buttons 可选，用以指定按钮的数目及形式、使用的图标样式、消息框的默认值等。如果省略，则 Buttons 的默认值是 0。具体取值如表 8-5 所示。

Buttons 参数在组合取值时，每组只能使用其中的一个值，将这些数值（或对应的常量）用加号"+"连接起来生成 Buttons 参数的数值表达式，也可将各项值的总和作为 Buttons 参数的值。

表 8-5   Buttons 参数的设置

分　组	常　量	值	说　明
按钮数目及形式	vbOKOnly	0	只显示"确定"按钮
	vbOKCancel	1	显示"确定"和"取消"按钮
	vbAbortRetryIgnore	2	显示"终止"、"重试"和"忽略"按钮
	vbYesNoCancel	3	显示"是"、"否"和"取消"按钮
	vbYesNo	4	显示"是"和"否"按钮
	vbRetryCancel	5	显示"重试"和"取消"按钮
图标样式	vbCritical	16	显示重要消息（Critical Message）图标
	vbQuestion	32	显示警告询问（Warning Query）图标
	vbExclamation	48	显示警告消息（Warning Message）图标
	vbInformation	64	显示信息（Information Message）图标
按钮默认值	vbDefaultButton1	0	第一个按钮为默认值
	vbDefaultButton2	256	第二个按钮为默认值
	vbDefaultButton3	512	第三个按钮为默认值
消息框模式	vbApplicationModal	0	应用程序强制返回；应用程序被挂起，直到用户对消息框做出响应才继续工作
	vbSystemModal	4096	系统强制返回；全部应用程序都被挂起，直到用户对消息框做出响应才继续工作

例如：消息框显示"确定"和"取消"两个按钮及"警告消息"图标，并且第二个按钮为默认值，如图 8-13 所示。此时 Buttons 参数的取值为："1 + 48 + 256"或"vbOKCancel + vbExclamation + vbDefaultButton2"或"305"。

可以书写如下形式的编码。

图 8-13　MsgBox 消息框

```
msg = MsgBox("您确定要保存吗？", 1 + 48 + 256, "警告消息")
```

当用户单击消息框的按钮时，MsgBox 函数会返回值。返回值如表 8-6 所示。

表 8-6   MsgBox 函数的返回值

常　量	值	操作的按钮
vbOK	1	"确定"
vbCancel	2	"取消"
vbAbort	3	"终止"
vbRetry	4	"重试"
vbIgnore	5	"忽略"
vbYes	6	"是"
vbNo	7	"否"

8.4.8　内置对象 DoCmd

Access 提供了很多内置对象，包括表、查询、窗体、报表、宏和模块，还包括窗体和报表上的控件。在 VBA 编程过程中经常会用到一些操作，比如打开或关闭某个窗体和报表等操作，我们可以通过 DoCmd 对象调用系统内部的方法来实现这些操作。

1．打开窗体

打开窗体操作的命令格式是：

```
DoCmd.OpenForm FormName [, View] [, FilterName] [, WhereCondition] [, DataMode]
[,WindowMode]
```

有关参数说明如下。

① FormName：必选。字符串表达式，代表窗体的有效名称。

② View：可选。表示窗体的打开模式，具体取值如表 8-7 所示。

表 8-7　　　　　　　　　　　　　　　View 参数取值表

常　　量	值	说　　明
acNormal	0	默认值。以"窗体视图"打开
acDesign	1	以"设计视图"打开
acPreview	2	以"预览视图"打开
acFormDS	3	以"数据表视图"打开

③ FilterName：可选。字符串表达式，代表当前数据库中查询的有效名称。

④ WhereCondition：可选。字符串表达式，使用不含 Where 关键字的有效 SQL Where 子句对数据进行筛选。

⑤ DataMode：可选。表示窗体的数据输入模式，具体取值如表 8-8 所示。

表 8-8　　　　　　　　　　　　　　DataMode 参数取值表

常　　量	值	说　　明
acFormAdd	0	可以添加新记录，但不能编辑现有记录
acFormEdit	1	可以添加新记录和编辑现有记录
acFormReadOnly	2	只能查看记录，不能编辑或添加
acFormPropertySettings	−1	默认值。按窗体属性设置的数据模式操作

⑥ WindowMode：可选。表示打开窗体采用的窗口模式，具体取值如表 8-9 所示。

表 8-9　　　　　　　　　　　　　　WindowMode 参数取值表

常　　量	值	说　　明
acWindowNormal	0	默认值。按窗体属性设置的模式打开窗体
acHidden	1	隐藏窗体
acIcon	2	以最小化窗口打开窗体
acDialog	3	以对话框模式打开窗体

　　　　FilterName 和 WhereCondition 这两个参数用于对窗体的数据源数据进行过滤和筛选；WindowMode 参数规定窗体的打开模式。

例如，在窗体视图中打开"学生"窗体，并只显示"刘琳"的记录。代码如下：

```
DoCmd.OpenForm "学生", , , , "姓名 like '刘琳'" '部分参数省略，但分隔符"，"不能省。
```

2. 打开报表

打开报表操作的命令格式是：

```
DoCmd.OpenReport ReportName [,View] [,FilterName] [,WhereCondition] [,WindowMode]
```

有关参数说明如下。

① ReportName：必选。字符串表达式，代表报表的有效名称。

② View：可选。表示报表的打开模式，具体取值如表 8-10 所示。

表 8-10　　　　　　　　　　　　　　View 参数取值表

常　　量	值	说　　明
acViewNormal	0	默认值。立即打印报表
acViewDesign	1	以"设计视图"打开报表
acViewPreview	2	以"打印预览视图"打开报表

③ FilterName、WhereCondition、WindowMode 三个参数与打开窗体 OpenForm 操作基本相同。

例如，预览"学生信息表"报表。代码如下：

```
DoCmd. OpenReport "学生信息表", acViewPreview
```

3. 关闭

关闭操作的命令格式是：

```
DoCmd.Close [ObjectType] [, ObjectName] [, Save]
```

有关参数说明如下。

① ObjectType：可选。表示关闭对象的类型，具体取值如表 8-11 所示。

表 8-11　　　　　　　　　　　　　ObjectType 参数取值表

常　　量	值	说　　明
acDefault	-1	默认值
acTable	0	表
acQuery	1	查询
acForm	2	窗体
acReport	3	报表
acMacro	4	宏
acModule	5	模块
acDataAccessPage	6	数据访问页
acServerView	7	视图
acDiagram	8	图表
acStoredProcedure	9	存储过程
acFunction	10	函数

② ObjectName：可选。字符串表达式，代表对象的有效名称。

③ Save：可选。表示对象关闭时的保存性质，具体取值如表 8-12 所示。

表 8-12　　　　　　　　　　　　　　　Save 参数取值表

常 量	值	说 明
acSavePrompt	0	默认值，提示保存
acSaveYes	1	关闭时保存
acSaveNo	2	关闭时不保存

DoCmd.Close 命令省略所有参数时即关闭当前窗体。

例如，关闭"学生"窗体。代码如下：

```
DoCmd.Close acForm, "学生"
```

如果"学生"窗体就是当前窗体，则可以只输入：

```
DoCmd.Close
```

8.5　程序控制结构

程序在运行时，一般是按照程序中语句的书写顺序依次执行的，这种结构称为顺序结构。但在实际应用中，只按顺序依次执行是不能完成复杂问题的。为解决实际问题的需要，就需要多种程序控制结构相结合使用。结构化程序设计所规定的 3 种基本控制结构为：顺序结构、选择结构、循环结构。

8.5.1　选择结构

选择结构又称为分支结构，是根据条件来选择执行哪些语句。就如走路走到一个分岔路口，向左走是去教室，向右走是去图书馆，条件就是我们判断走哪条路的依据。

1. If 语句

If 语句是常用的选择结构语句，有 3 种结构：

（1）单分支结构

语法格式为：

```
If 条件表达式 Then 语句
```

或

```
If 条件表达式 Then
    语句序列
End If
```

程序运行时先计算条件表达式，如果值为真（Ture）时，执行"语句序列"，如果值为假（False）时，程序将跳过语句序列，执行 End If 后面的语句，结构如图 8-14 所示。

本书中提到的"语句序列"可以是 1 条或多条语句，以后皆同。

【例8-3】判断变量 a 的值，如果 a 大于 0，则弹出消息框"正数"。

① 单行语句结构

```
If a > 0 Then MsgBox("正数")
```

② 语句块结构

```
If a > 0 Then
    MsgBox("正数")
End If
```

（2）双分支结构

语法格式为：

```
If 条件表达式 Then
    语句序列 1
Else
    语句序列 2
End If
```

程序运行时先计算条件表达式，如果值为真（Ture）时，执行"语句序列 1"，如果值为假（False）时，执行"语句序列 2"，结构如图 8-15 所示。

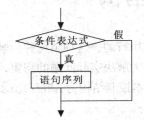

图 8-14　单分支结构流程图

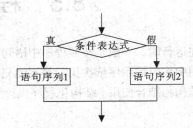

图 8-15　双分支结构流程图

【例8-4】判断变量 b 的值，如果 b 大于 0，弹出消息框"正数"，否则弹出消息框"不是正数"。

```
If b > 0 Then
    MsgBox("正数")
Else
    MsgBox("不是正数")
End If
```

（3）多分支结构

语法格式为：

```
If 条件表达式 1 Then
    语句序列 1
ElseIf 条件表达式 2 Then
    语句序列 2
......
ElseIf 条件表达式 n Then
    语句序列 n
[Else
    语句序列 n+1]
End If
```

程序运行时先计算条件表达式 1，如果值为真（Ture）时，执行"语句序列 1"，如果值为假（False）时，计算条件表达式 2，如果值为真（Ture）时，执行"语句序列 2"，……依次类推，直到最后所有条件都为假（False）时，执行"语句序列 n+1"，结构如图 8-16 所示。

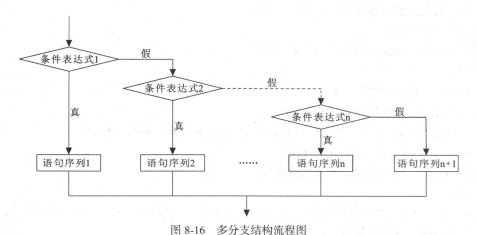

图 8-16　多分支结构流程图

【例 8-5】判断变量 c 的值，如果 c 大于 0，弹出消息框"正数"，如果 c 小于 0，弹出消息框"负数"，如果 c 等于 0，弹出消息框"零"。

```
If c > 0 Then
    MsgBox("正数")
ElseIf c = 0 Then
    MsgBox("零")
Else
    MsgBox("负数")
End If
```

2. Select Case 语句

当条件选项多，分支比较多时，使用 If 语句就会使得程序变得复杂，因为使用 If 结构就必须运用多层嵌套，使得程序变得不易阅读。而 Select Case 语句能很好地解决这类问题，并且程序结构清晰。

语法格式为：

```
Select Case 表达式
    Case 表达式列表 1
        [语句块 1]
    [Case 表达式列表 2]
        [语句块 2]
    ……
    [Case 表达式列表 n]
        [语句块 n]
    [Case Else]
        [语句块 n+1]
End Select
```

程序运行时先计算表达式的值，然后依次测试表达式列表 1 至表达式列表 n 的值，直到值匹配成功，否则执行语句块 n+1。

上述语句中，Select case 后的表达式一般是一个变量，该变量为数值型或字符型。比如：

```
Select case x
```

表达式列表 1 至表达式列表 n 是与表达式同类型的下面 4 种形式之一。

① 单一数值型数据或字符型数据。比如：

```
Case 1   '表达式的值为: 1
```

此时，Select case 后的表达式为数值型。

又比如：

```
Case "A"   '表达式的值为: "A"
```

此时，Select case 后的表达式为字符型。

② 一行并列的数值型数据或字符型数据，多个数据用逗号隔开。比如：

```
Case 1,3,5   '表达式的值为: 1、3 或者 5
```

此时，Select case 后的表达式为数值型。

又比如：

```
Case "A", "F", "T"   '表达式的值为: "A"、"F"或者"T"
```

此时，Select case 后的表达式为字符型。

③ 由关键字 To 分隔开的两个数值型数据或两个字符型数据。前一个值必须比后一个值小，字符串的比较是从它们的第一个字符的 ASCII 码值开始比较的，直到分出大小为止。比如：

```
Case 10 to 20   '表达式的值在 10 至 20 之间
```

此时，Select case 后的表达式为数值型。

又比如：

```
Case "A" to "Z"   '表达式的值在"A" to "Z"之间
```

此时，Select case 后的表达式为字符型。

④ 由关键字 Is 接关系运算符（>、<、=、>=、<=或<>），后面再接数值型数据或字符型数据。如：

```
Case Is > 20   '表达式的值大于 20
```

此时，Select case 后的表达式为数值型。

又比如：

```
Case Is >"m"   '表达式的值大于"m"
```

此时，Select case 后的表达式为字符型。

【例 8-6】根据学生的成绩，评定其等级。90 分以上为"优秀"，80~89 分为"良好"，70~79 分为"中等"，60~69 分为"及格"，60 分以下为"不及格"。

主要代码如下：

```
Select Case cj
     Case Is >= 90
          MsgBox("优秀")
     Case Is >=80
          MsgBox("良好")
     Case Is >=70
          MsgBox("中等")
     Case Is >=60
          MsgBox("及格")
     Case Else
```

```
        MsgBox("不及格")
End Select
```

3. 条件函数

除了上述条件语句外，VBA 还有 3 个函数具有选择功能，他们是 IIf 函数、Switch 函数和 Choose 函数。由于 IIf 函数在本书第 4 章 "4.1.4　查询的条件" 中介绍过，下面只介绍后面两个函数。

（1）Switch 函数

```
Switch(条件式1, 表达式1 [, 条件式2, 表达式2 … [, 条件式n, 表达式n] ] )
```

该函数是根据不同条件式的值来决定函数的返回值。函数依次判断条件式 1、条件式 2……条件式 n，直到出现值为真（Ture）时，返回对应的表达式值。如果其中有部分不成对，则会产生一个运行错误。例如：

```
y = Switch(x > 0, 1, x = 0, 0, x < 0, -1)
```

以上语句的功能是：当 x 值为正数时，给变量 y 赋值 1；当 x 值为零时，给变量 y 赋值 0；当 x 值为负数时，给变量 y 赋值 -1。

（2）Choose 函数

```
Choose(索引式, 选项1 [, 选项2,…[, 选项n] ] )
```

该函数是根据 "索引式" 的值来返回选项列表中的某个值。如："索引式" 的值为 1，函数返回 "选项 1" 的值；"索引式" 的值为 2，函数返回 "选项 2" 的值；依次类推。如果 "索引式" 的值为小于 1 或大于列表项的数目时，函数返回无效值(Null)。例如：

```
m = 3 : n = 6                    '给变量m和n赋值
y = Choose(x, 5, m + 1, n)
```

以上语句的功能是：当 x 的值是 1 时，给变量 y 赋值 5；当 x 的值是 2 时，给变量 y 赋值 4（m 值是 3，3+1=4）；当 x 的值是 3 时，给变量 y 赋值 6（n 值是 6）。

8.5.2　循环结构

循环结构是重复执行某些语句，以达到大量计算的要求。在循环语句的执行过程中，每次执行的语句是相同的，但变量的值是在变化的，而且循环进行到一定次数或满足一定条件后能够结束循环。VBA 提供了多种循环结构语句。

1. For … Next 语句

For 循环语句是将一段代码重复执行指定的次数，属于计数型循环。语法格式为：

```
For 循环变量 = 初值 To 终值 [Step 步长]
    循环体
    [条件语句序列
        Exit For
    结束条件语句序列]
Next [循环变量]
```

有关参数说明如下。

① 循环变量必须是数值型变量。

② 步长一般是正数，也可以为负数。如果步长为 1 时，可以省略。

③ 根据初值、终值和步长，可以确定循环的次数。一般可以用公式 "循环次数=（终值-初值+1）/ 步长" 来计算循环次数，但如果循环变量的值在循环体内被更改，则不能使用公式来计算。

④ Exit For 语句用来提前退出循环，一般与选择结构结合使用。

程序的执行步骤如下。

① 先将"循环变量"赋初值。

② 判断循环变量的值是否在初值与终值之间，如果"是"则执行循环体语句，否则退出循环。

③ 循环变量增加步长（循环变量=循环变量+步长），然后回到第 2 步，循环进行。

For 循环的结构如图 8-17 所示。

【例 8-7】编写程序，求 1+2+3+…+100 的值。

代码如下：

```
Dim s%, i%
s = 0
For i = 1 To 100          '步长为1，省略了 Step 1
    s = s + i             '将 s 的值加上 i 重新赋给 s
Next i
MsgBox "1 到 100 的和为: " & s
```

运行结果如图 8-18 所示。

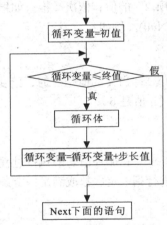

图 8-17　For 循环结构流程图

图 8-18　输出结果

【例 8-8】分析下列程序段的循环结构，思考最终 n 的值是多少。

```
For n = 1 To 10 Step 2
    n = n * 3
Next n
```

根据初值、终值和步长，按公式计算循环的次数为：(10-1+1)/2=5 次，但实际上只有 2 次，具体运行过程是：循环变量取初值 1，执行循环体，n 的值更改为 3（n=1×3），n 增加步长值更改为 5（n=3+2），判断 n 的值在 1 至 10 之间，因此第二次执行循环体，n 的值更改为 15（n=5×3），n 增加步长值更改为 17（n=15+2），判断 n 的值大于 10，循环结束，退出 For 循环，执行 Next n 后面的语句。最终 n 的值是 17。

2. Do … Loop 语句

Do 循环语句是根据某个条件是否成立来决定能否执行循环体，循环的次数是不确定的，循环体中必须要有使循环条件趋于结束的语句，否则将会造成死循环。

（1）Do While ... Loop 语句

语法格式为：

```
Do While 条件表达式
    循环体
    [条件语句序列
        Exit Do
    结束条件语句序列]
Loop
```

程序的执行步骤是：判断条件表达式的值，如果为真则执行循环体，并持续到条件表达式的值为假或 Exit Do 语句才退出循环。Do While ... Loop 循环的结构如图 8-19 所示。

（2）Do Until ... Loop 语句

语法格式为：

```
Do Until 条件表达式
    循环体
    [条件语句序列
        Exit Do
    结束条件语句序列]
Loop
```

程序的执行步骤是：判断条件表达式的值，如果为假则执行循环体，并持续到条件表达式的值为真或 Exit Do 语句才退出循环。Do Until ... Loop 循环的结构如图 8-20 所示。

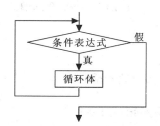
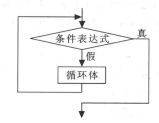

图 8-19　Do While ... Loop 循环结构流程图　　　图 8-20　Do Until ... Loop 循环结构流程图

（3）Do ... Loop While 语句

语法格式为：

```
Do
    循环体
    [条件语句序列
        Exit Do
    结束条件语句序列]
Loop While 条件表达式
```

程序的执行步骤是：先执行一次循环体，然后判断条件表达式的值，如果为真则回到 Do 语句执行循环体，并持续到条件表达式的值为假或 Exit Do 语句才退出循环。Do ... Loop While 循环的结构如图 8-21 所示。

（4）Do ... Loop Until 语句

语法格式为：

```
Do
    循环体
```

```
    [条件语句序列
        Exit Do
    结束条件语句序列]
Loop Until 条件表达式
```

程序的执行步骤是：先执行一次循环体，然后判断条件表达式的值，如果为假则回到 Do 语句执行循环体，并持续到条件表达式的值为真或 Exit Do 语句才退出循环。Do ... Loop until 循环的结构如图 8-22 所示。

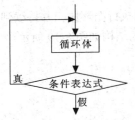

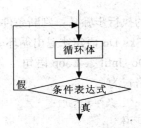

图 8-21　Do ... Loop While 循环结构流程图　　　　图 8-22　Do ... Loop until 循环结构流程图

比较上述 4 种 Do ... Loop 循环结构语句，我们可以看出，While/Until 在前面时是先进行条件判断才决定是否执行循环体语句，如果一开始条件就不成立时则不会执行循环体；而 While/Until 在后面时是先执行循环体再进行条件判断的，如果一开始条件不成立时仍然会先执行一次循环体语句。

【例 8-9】运用 4 种 Do ... Loop 循环结构，编写程序，求 1+2+3+…+100 的值。

（1）Do While ... Loop 语句

```
Dim s%, n%
s = 0 : n = 1                    '给变量赋初始值
Do While n <= 100               'n 的值小于等于 100 则执行循环体
    s = s + n
    n = n + 1                   'n 的值增加 1，循环条件趋于结束
Loop
MsgBox "1 到 100 的和为：" & s    '输出计算结果
```

（2）Do Until ... Loop 语句

```
Dim s%, n%
s = 0 : n = 1
Do Until n > 100                'n 的值大于 100 则退出循环
    s = s + n
    n = n + 1
Loop
MsgBox "1 到 100 的和为：" & s
```

（3）Do ... Loop While 语句

```
Dim s%, n%
s = 0 : n = 1
Do
    s = s + n
    n = n + 1
Loop While n <= 100             'n 的值小于等于 100 则执行循环体
MsgBox "1 到 100 的和为：" & s
```

（4）Do … Loop Until 语句

```
Dim s%, n%
s = 0 : n = 1
Do
    s = s + n
    n = n + 1
Loop Until n > 100                    'n 的值大于 100 则退出循环
MsgBox "1 到 100 的和为: " & s
```

3. While … Weed 语句

While 语句与 Do While … Loop 语句的结构类似，但是不能在 While … Weed 语句中间使用 Exit Do 语句。语法格式为：

```
While 条件表达式
    循环体
Wend
```

在 VBA 中，一般使用 Do While … Loop 语句而较少使用 While … Weed 语句。

8.5.3　Goto 型控制结构

Goto 语句用来实现无条件转移，语法格式为：

```
Goto 标号
```

程序运行到此语句，会无条件转移到其后的"标号"位置，并从那里继续执行。Goto 语句使用时，"标号"位置必须先在程序中定义好，否则跳转无法实现。

1. 使用 Goto 跳过代码块

例如：

```
Goto Error_E1         '跳转到标号"Error_E1"的位置执行
……                   '跳过的代码块
Error_E1:             '定义标号"Error_E1"的位置
……                   '执行的代码块
```

定义标号时，标号名字必须从最左列（第 1 列）开始书写，以冒号（":"）结束。标号命名规则同变量命名规则一致。

2. 避免使用 Goto 语句

Goto 语句的使用，尤其是过量使用，会导致程序运行跳转频繁，程序控制和调试的难度加大，因此，在 VBA 程序设计中应尽量避免使用 Goto 语句，而代之以结构化程序语句。

在 VBA 中，Goto 语句主要应用于错误处理"On Error Goto 标号"结构。

8.6　VBA 过程

模块是 VBA 过程的集合，而过程是实现某个具体功能的 VBA 代码的集合。

8.6.1　Sub 子过程的创建和调用

Sub 子过程是一系列有 Sub 和 End Sub 语句所包含起来的 VBA 语句。使用 Sub 子过程可以执行动作、计算数值和更新修改对象属性的设置，但没有返回值。

1. Sub 子过程的定义

定义格式如下：

```
[Public | Private] [Static] Sub 子过程名([形参])
      [语句序列]
      [Exit Sub]
      [语句序列]
End Sub
```

说明：

① 过程名的命名规则与变量命名规则一致。

② 形参即形式参数。如果有形参，则要在定义过程时指明形参的名称和类型。如果省略类型则默认为变体类型（Variant）。

③ 语句"Exit Sub"的作用是结束过程运行。

④ 使用 Public 关键字可以使这个过程适用于所有模块中的所有其他过程；用 Private 关键字则使该过程只适用于同一模块中的其他过程。如果省略[Public | Private]，则表示其为 Public。

2. Sub 子过程的创建

在 VBE 工程窗口双击某个模块名打开该模块，选择"插入|过程"命令，打开"添加过程"对话框，输入子过程名称，如图 8-23 所示。

也可以在代码窗口直接创建过程。

【例 8-10】创建一个 swap 过程，功能是将给定的两个参数 x 和 y 值互换。

```
Public Sub swap(x As Integer, y As Integer)
      Dim t As Integer
      t = x
      x = y
      y = t
End Sub
```

3. Sub 子过程的调用

在 VBA 中，子过程的调用形式有以下两种：

```
Call 子过程名([实参])
```

或

```
子过程名 [实参]
```

这里过程名后的参数是实际参数，调用时要注意与形参的顺序、类型和数量保持一致。

在程序运行时，执行到调用某过程的语句后，系统会将控制转移到被调用的过程，在被调用的过程中，从第一条 Sub 语句开始，依次执行其中的所有语句，直到执行 End Sub 语句后，返回调用程序，并从调用处继续程序的执行。调用 Sub 过程的流程如图 8-24 所示。

图 8-23 "添加过程"对话框

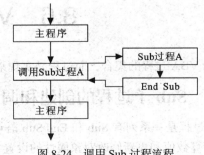

图 8-24 调用 Sub 过程流程

【例 8-11】使用输入框输入两个数，通过调用前例创建的 swap 过程将两个数互换，并在立即窗口中输出。

操作步骤如下。

① 在"教学管理"数据库中新建一个空白窗体。

② 在窗体上放 1 个命令按钮，设置属性名称为"cmd_swap"，标题为"两数互换"。

③ 打开 VBA 编辑器。右击命令按钮"两数互换"，选择"事件生成器"，在弹出的"选择生成器"对话框中选择"代码生成器"打开 VBA 编辑器，在编辑器窗口中会出现代码窗口。

④ 在命令按钮"两数互换"的单击事件过程中编写代码。代码如下：

```
Private Sub cmd_swap_Click()
    Dim x%, y%
    x = InputBox("请输入 x")
    y = InputBox("请输入 y")
    Debug.Print x, y                    '在立即窗口输出 x 和 y 的值
    Call swap(x, y)                     '也可以使用 swap x,y 调用过程
    Debug.Print x, y                    '在立即窗口输出互换后的 x 和 y 的值
End Sub
```

⑤ 运行窗体，单击"两数互换"按钮，在弹出的第 1 个输入框中输入 x 的值，在弹出的第 2 个输入框中输入 y 的值，点击确定按钮后在立即窗口中查看结果，如图 8-25 所示。

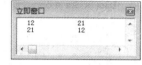

图 8-25　swap 过程调用前后 x 和 y 的值

8.6.2　Function 子过程的创建和调用

Function 子过程又称为函数。Function 子过程有返回值。

1. Function 子过程的定义

定义格式如下：

```
[Public | Private] [Static] Function 函数名([形参]) [As 数据类型]
    [语句序列]
    [函数名 = 表达式]
    [Exit Function]
    [语句序列]
    [函数名 = 表达式]
End Function
```

说明：

① 函数名的命名规则与形参的定义方法与 Sub 过程相同。

② 在函数名末尾用关键字"As 数据类型"来声明该函数返回值的数据类型。如果省略则自动赋给该返回值一个最合适的数据类型。

③ 函数名在过程体内至少被赋值一次。如果过程体内没有对函数名赋值，则该函数过程将返回一个默认值，即数值型返回 0，字符串型返回空字符串（""）。

④ 语句"Exit Function"的作用是中途提前退出函数。

⑤ 使用 Public 关键字可以使这个过程适用于所有模块中的所有其他过程；用 Private 关键字则使该过程只适用于同一模块中的其他过程。当把一个函数过程说明为模块对象的私有函数过程时，就不能从查询、宏或另外模块中的函数过程调用该函数。

2. Function 子过程的创建

Function 子过程的创建方法同 Sub 子过程的创建方法相似，只是在图 8-22 添加过程对话框中选择"函数"。也可以在代码窗口直接创建函数过程。

3. Function 子过程的调用

在 VBA 中，函数过程的调用形式只有一种：

函数名([实参])

由于函数过程会返回一个值，实际应用中，一般将函数返回值作为赋值成分赋予某个变量，如：变量 = 函数名([实参])；或将函数返回值作为某个过程的实参使用。

【例 8-12】在标准模块中创建函数 jc，函数的功能是返回一个数的阶乘。另外创建一个窗体，单击窗体上的按钮，用键盘输入两个数，通过调用函数 jc 求这两个数的阶乘的和。

操作步骤如下。

① 打开 VBE 工程窗口，选择"创建|模块"命令，新建一标准模块，在其中创建函数 jc。代码如下：

```
Public Function jc(n As Long) As Long      '用 Public 关键字，使函数可在其他模块中调用
    Dim s As Long, i As Long
    s = 1
    For i = 1 To n                         '用 For 循环计算 n!
        s = s * i
    Next i
    jc = s                                 '给函数赋值
End Function
```

② 在"教学管理"数据库中新建一个空白窗体。

③ 在窗体上放 1 个命令按钮，设置属性名称为"cmd_qjch"，标题为"求阶乘和"。

④ 打开 VBA 编辑器。右击标题为"求阶乘和"的命令按钮，选择"事件生成器"，在弹出的"选择生成器"对话框中选择"代码生成器"打开 VBA 编辑器，在编辑器窗口中会出现代码窗口。

⑤ 在命令按钮"求阶乘和"的单击事件过程中编写代码。代码如下：

```
Private Sub cmd_qjch_Click()
    Dim x As Long, y As Long, z As Long
    x = InputBox("请输入第一个数：")
    y = InputBox("请输入第二个数：")
    z = jc(x) + jc(y)
    MsgBox x & "! +" & y & "! =" & z
End Sub
```

⑥ 运行窗体，单击"求阶乘和"按钮，在弹出的第 1 个输入框中输入 x 的值"3"，在弹出的第 2 个输入框中输入 y 的值"5"，单击确定按钮后弹出消息框显示计算结果，如图 8-26 所示。

图 8-26　运行结果

8.6.3　参数传递

从前面过程的定义式看到，过程定义时可以设置一个或多个形参（即形式参数），多个形参之间用逗号（，）分隔。其中，每个形参的完整定义格式为：

```
[Optional] [ByVal | ByRef] [ParamArray] varname [( )] [As Type] [= DefaultValue]
```

有关参数说明如下。

① varname：必选，形参名称。遵循变量命名规定。

② Type：可选，传递给该过程的参数的数据类型。

③ Optional：可选，表示参数不是必需。如果使用了 ParamArray，则任何参数都不能使用 Optional。

④ ByVal：可选，表示该参数按值传递。

⑤ ByRef：可选，表示该参数按地址传递。是 VBA 的默认选项。

⑥ ParamArray：可选，只用于形参的最后一个参数，指明最后这个参数是一个 Variant 元素的 Optional 数组。使用 ParamArray 关键字可以提供任意数目的参数。但 ParamArray 关键字不能与 ByVal、ByRef 或 Optional 一起使用。

⑦ DefaultValue：可选，常数或常数表达式。只对 Optional 参数合法。如果类型为 Object，则显式的默认值只能是 Nothing。

含参数的过程被调用时，主调过程中的调用式必须提供相应的实参（即实际参数），并通过实参向形参传递的方式完成过程操作。

关于实参的几点说明。

① 实参可以是常量、变量或表达式。

② 实参数目和类型应与形参数目和类型相匹配。除非形参定义含 Optional 和 ParamArray 选项，参数、类型可能不一致。

③ 传值调用（ByVal）是"单向"作用形式，传址调用（ByRef）是"双向"作用形式。过程定义时，如果形参被说明为传值（ByVal），则过程调用只是将相应位置的实参的值"单向"传送给形参处理，而被调用过程内部对形参的任何操作引起的值的变化均不会反馈、影响实参的值。反之，如果形参被说明为传址（ByRef），则过程调用是将相应位置的实参的地址传送给形参处理，而被调用过程内部对形参的任何操作引起的值的变化又会反向影响实参的值。

另外，实参可以是常量、变量或表达式 3 种方式之一。常量与表达式在传递时，形参即使是传址（ByRef）说明，实际传递的也只是常量或表达式的值，这样，过程参数传址调用的"双向"作用形式就不起作用。若实参是变量，形参是传址（ByRef）说明时，可以将实参变量的地址传递给形参，这时，过程参数传址调用的"双向"作用形式就会产生作用。

【例 8-13】参数传递实例。分析以下程序，写出运行结果。

事件过程代码如下：

```
Private Sub Command0_Click()
    Dim m As Integer, n As Integer
    m = 10
    n = 20
    Debug.Print "1: m="; m, "n="; n          '在立即窗口输出m,n的初始值
    Call changexy(m, n)
    Debug.Print "3: m="; m, "n="; n          '输出调用子过程changexy后m,n的值
End Sub
```

子过程代码如下：

```
Public Sub changexy(ByVal x As Integer, ByRef y As Integer)
    x = x + 5
    y = x * y
    Debug.Print "2: x="; x, "y="; y          '输出子过程changexy调用中后x,y的值
End Sub
```

分析程序运行过程如下。

声明两个整型变量 m 和 n，给变量 m 赋初值 10，n 赋初值 20，在立即窗口输出 m 和 n 的初值（"1：m=10　n=20"），调用过程 changexy，转到子过程执行代码。分析子过程执行 changexy，执行完子过程内部代码后，x 值为 15（x 初值是 10，10+5=15），y 值为 300（y 初值是 20，15×20=300），在立即窗口输出 x 和 y 的值（"2：x=15　y=300"），此时，m 的值是 10（实参 m 传递给形参 x 是按值"单向"传递，子过程调用后 m 仍然是原值），n 的值是 300（实参 n 传递给形参 y 是按址传递，传址的"双向"作用形式使得 n 的值更改为与 y 值一致）。子过程执行完毕，回到原调用处继续，在立即窗口输出调用子过程 changexy 后 m,n 的值（"3：m=10　n=300"）。运行结果如图 8-27 所示。

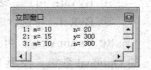

图 8-27　运行结果

8.7　VBA 程序运行错误处理

在程序设计过程中，无论怎样对程序代码进行测试与排错，都难避免出错。为避免在程序出错时停止程序的执行，可以在程序中加入专门用于错误处理的子程序，对可能出现的错误做出响应，快速准确地找到错误原因并加以处理，从而编写出"健壮"的程序代码来。

VBA 程序运行错误处理有以下几种方式。

1．On Error Goto 标号

在错误发生时，程序直接跳转到标号所指位置代码执行。一般标号之后都是安排错误处理程序代码的，错误处理代码一般置于程序的最后。

【例 8-14】利用 InputBox 函数输入数据时，在输入框中不输入数据或直接按"取消"按钮，将会产生程序运行错误。要求使用错误处理代码提示用户，显示错误提示对话框。

操作步骤如下。

① 在"教学管理"数据库中新建一个空白窗体。

② 在窗体上放 1 个命令按钮，设置属性名称为"cmd_ErrorTest"，标题为"错误处理测试"。

③ 打开 VBA 编辑器。右击标题为"错误处理测试"的命令按钮，选择"事件生成器"，在弹出的"选择生成器"对话框中选择"代码生成器"打开 VBA 编辑器，在编辑器窗口中会出现代码窗口。

④ 在标题为"错误处理测试"的命令按钮的单击事件过程中编写代码。代码如下：

```
Private Sub cmd_ErrorTest_Click()
    On Error GoTo Err1                    '当错误发生时，转到标号"Err1:"位置执行
    Dim a As Integer
    a = InputBox("请输入数据")
    MsgBox a
    Exit Sub
Err1:                                      '标号
    MsgBox "没有输入数据或按"取消"按钮！"   '错误处理代码
End Sub
```

⑤ 运行窗体，单击标题为"错误处理测试"的命令按钮，在弹出的输入框中不输入任何值，直接点击"确定"按钮或"取消"按钮时，执行错误处理代码，如图 8-28 所示。

图 8-28 错误处理测试效果

2. On Error Resume Next

在遇到错误发生时，忽略错误，继续执行下面的语句，不会停止代码的执行。

3. On Error Goto 0

在遇到错误发生时，关闭错误处理，不使用错误处理程序块。

如果没有使用"On Error Goto 标号"语句捕捉错误，或用"On Error Goto 0"语句关闭了错误处理，则在错误发生后会出现一个对话框，显示相应的出错信息。

4. 其他错误处理方式

在 VBA 编程语言中，除使用"On Error …"语句结构来处理错误外，还提供了一个对象"Err"、一个函数"Error$( )"和一个语句"Error"来帮助了解错误信息。其中"Err"对象的 number 属性返回错误代码；"Error$( )"函数则可以根据错误代码返回错误名称；"Error"语句的作用是模拟产生错误，以检查错误处理语句的正确性。

【例 8-15】修改例 8-14 代码，使之能够求输入数值的倒数。如果出现错误，要求使用错误处理代码提示用户，显示错误代码和错误名称。

在命令按钮"错误处理测试"的单击事件过程中编写代码。代码如下：

```
Private Sub ErrorTest _Click()
    On Error GoTo Err1                        '当错误发生时，转到标号"Err1:"位置执行
    Dim a As Single, b As Single
    a = InputBox("请输入数据")
    b = 1 / a
    MsgBox a & "的倒数是: " & b                '无错误发生时，输出计算结果
    Exit Sub
Err1:
    If Err.Number = 13 Then
        MsgBox "错误代码是" & Err.Number & ",错误名称是" & Error$(Err.Number) _
        & ",原因是没有输入数据或按"取消"按钮! "
    Else
        MsgBox "错误代码是" & Err.Number & ",错误名称是" & Error$(Err.Number)
    End If
End Sub
```

运行程序，在输入框中不输入任何值，直接单击"确定"按钮或"取消"按钮时，错误处理代码是 13，弹出错误提示消息框，如图 8-29 所示；如果输入 0，再单击"确定"按钮，错误处理代码是 11，弹出错误提示消息框，如图 8-30 所示。

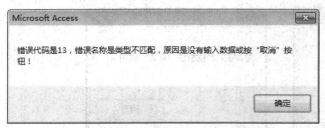

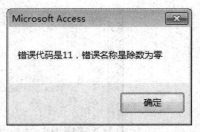

图 8-29　错误代码为 13 时显示的消息框图　　　　图 8-30　错误代码为 11 时显示的消息框

8.8　VBA 数据库编程

前面介绍了 Access 的编程基础，要有效地管理数据，开发 Access 数据库应用系统，还必须要掌握 VBA 的数据库编程方法。

8.8.1　数据库引擎及其接口

VBA 一般是通过数据库引擎工具来支持对数据库的访问。所谓数据库引擎，实际上是一组动态链接库（Dynamic Link Library，DLL），当程序运行时被连接到 VBA 程序而实现对数据库的数据访问功能。数据库引擎是应用程序与物理数据库之间的桥梁，它以一种通用接口的方式，使各类物理数据库对用户而言都具有统一的形式和相同的数据访问与处理方法。

自 Access 2007 版本开始，VBA 使用集成和改进的 Microsoft Access 数据库引擎（Access Database Engine，ACE），之前使用的 Microsoft 连接性引擎技术（Joint Engine Technology，JET）已被弃用。

微软公司提供了多种方式使用 Access 数据库。主要接口技术如下。

1. ODBC API

开放数据库互联应用编程接口（Open Database Connectivity API，ODBC API）。目前 Windows 提供的 32 位和 64 位 ODBC 驱动程序对每一种客户机/服务器 RDBMS（Relational Database Management System，关系数据库系统）、最流行的索引顺序访问方法（Indexed Sequential Access Method，ISAM）数据库（Jet、dBase、FoxPro 和 Foxbase）、扩展表（Excel）和划界文件都可以操作。

在 Access 应用中，直接使用 ODBC API 需要大量 VBA 函数原型声明（Declare）和一些繁琐的编程。因此，在实际编程中很少直接进行 ODBC API 的访问。

2. DAO

数据访问对象（Data Access Object，DAO）。它提供了一个访问数据库的对象模型。利用其中定义的一系列数据访问对象，如 Database、QueryDef、RecordSet 等对象，可以实现对数据库的各种操作。这是 Office 早期版本提供的编程模型，最初为 Access 开发人员的专用数据访问方法，允许开发者通过 ODBC 与直接连接到其他数据库一样，连接到 Access 数据。

DAO 最适用于单系统应用程序或在小范围本地分布使用，其内部已经对数据库的访问进行了加速优化，而且使用起来也很方便。因此，如果数据库是 Access 数据库并且是本地使用，可以使用这种访问方式。

3. ADO

ActiveX 数据对象（ActiveX Data Object，ADO）。它是基于组件的数据库编程接口，是一个和编程语言无关的 COM（Component Object Model，组件对象模型）组件系统。使用它可以很方便地连接任何符合 ODBC 标准的数据库。

ADO 是 DAO 的后继产物，它扩展了 DAO 所使用的层次对象模型，用的对象较少，更多是用属性、方法（和参数）以及事件来处理各种操作，简单易用，成为了当前数据库开发的主流技术。

VBA 可访问的数据库有以下 3 种。

① JET 数据库，即 Microsoft Access。

② ISAM 数据库，如：dBase、FoxPro 等。ISAM（索引顺序访问方法）是一种索引机制，用于高效访问文件中的数据行。

③ ODBC 数据库，所有遵循 ODBC 标准的客户/服务器数据库，如 Microsoft SQL Server、Oracle 等。

8.8.2　ADO 对象模型

ADO 对象模型图如图 8-31 所示，它提供一系列数据对象供使用。ADO 接口与 DAO 不同，ADO 对象不需派生，大多数对象（Field 和 Error 除外）都可以直接创建，没有对象的分级结构。使用时，只需在程序中创建对象变量，并通过对象变量来调用访问对象方法、设置访问对象属性，这样就可以实现对数据库的各项访问操作。ADO 只需要 9 个对象和 4 个集合就能提供整个功能。

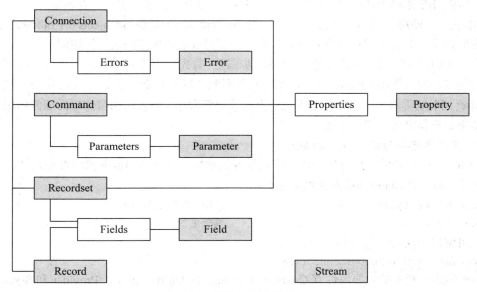

图 8-31　ADO 对象模型图

ADO 的对象功能说明如表 8-13 所示。其中，Connection、Command 和 Recordset 这 3 个对象是 ADO 对象模型的核心对象。

表 8-13   ADO 对象说明

对 象 名 称	功 能 说 明
Connection	用于建立与数据库的连接。通过连接可以从应用程序访问数据源，它保存诸如指针类型、连接字符串、查询超时、连接超时和缺省数据库等连接信息
Command	在建立数据库连接后，可以发出命令操作数据源。一般情况下，Command 对象可以在数据库中添加、删除或更新数据，或者在表中进行数据查询
Recordset	表示数据操作返回的记录集。这个记录集是一个连接的数据库中的表，或者是 Command 对象的执行结果返回的记录集
Record	表示来自 RecordSet 或提供者的一行数据。例如电子邮件、文件或目录等
Error	表示数据提供程序出错时的扩展信息
Parameter	表示与基于参数化查询或存储过程的 Command 对象相关联的参数
Property	表示由提供者定义的 ADO 对象的动态特性
Field	表示记录集中的字段数据信息
Stream	用来读取或写入二进制数据的数据流

8.8.3　利用 ADO 访问数据库

要想在 VBA 程序设计中使用 ADO 的各个组件对象，则必须首先添加对 ADO 库的引用。Access2010 的可选 ADO 引用库有 2.0、2.1、2.5、2.6、2.7、2.8 及 6.1 等版本，其引用设置方法如下。

① 进入 VBA 编程环境 VBE。

② 在 VBE 菜单中选择"工具"|"引用(R)…"命令，打开"引用"对话框。

③ 从"可使用的引用"列表框中选中"Microsoft ActiveX Data Objects 6.1 Library"选项或其他版本的选项（有前置"√"符号且各版本无法同时选）并按"确定"按钮即可。

在 VBA 中利用 ADO 访问数据库的基本步骤是：首先使用 Connection 对象建立应用程序与数据源的连接，然后使用 Command 对象执行对数据源的操作命令，通常用 SQL 命令。接下来使用 Recordset、Field 等对象对获取的数据进行查询或更新操作。最后使用窗体中的控件向用户显示操作的结果，操作完成后关闭连接。

1. 数据库连接对象（Connection）

Connection 对象的作用是用于建立于数据源的连接，这是访问数据源的首要条件。

定义 ADO 的 connection 对象的方法是：

```
Dim cnn As ADODB.Connection          '声明一个对象变量 cnn
Set cnn = New ADODB.Connection       '实例化 Connection 对象变量 cnn
```

也可将以上两行语句合并，如下：

```
Dim cnn As New ADODB.Connection
```

Connection 对象的主要属性有 ConnectionString、DefaultDatabase、Provider 和 State。

① ConnectionString 属性用来指定用于设置连接到数据源的信息。例如：

```
cnn.ConnectionString = "Data Source = D:\教学管理.accdb"
```

② DefaultDatabase 属性用来指定 Connection 对象的默认数据库。例如：

```
cnn.DefaultDatabase = "教学管理.accdb"     '连接"教学管理"数据库
```

③ Provider 属性指定 Connection 对象的提供者的名称。例如：

```
cnn.Provider = "Microsoft.ACE.OLEDB.12.0"
```

④ State 属性用于返回当前 Connection 对象打开数据库的状态，如果 Connection 对象已经打开数据库，则该属性值为 adStateOpen（值为 1），否则为 adStateClosed（值为 0）。

Connection 对象的主要方法有 Open、Execute 和 Close。

① Open 方法可以创建与数据库的连接。

语法格式为：

对象名.Open [ConnectionString] [,UserID] [,PassWord] [,OpenOptions]

有关参数说明如下：

- ConnectionString：可选，包含连接的数据库信息，其中最重要的是体现 OLE DB 主要环节的数据提供者（Provider）信息。各种类型的数据源连接需要使用规定的数据提供者。
- UserID：可选，包含建立连接的用户名。
- PassWord：可选，包含建立的用户密码。
- OpenOptions：可选，如果设置为 adConnectAsync，则连接将异步打开。

利用 Connection 对象打开连接之前，一般还要考虑记录集游标位置。它是通过 CursorLocation 属性设置的，其语法格式为：

```
cnn.CursorLocation = Location
```

Location 指明记录集存放的位置，具体取值如表 8-14 所示。

表 8-14　　　　　　　　　　　　　Location 参数取值表

常　　量	值	说　　明
adUseServer	2	默认值，使用数据提供者或驱动程序提供的服务器端游标
adUseClient	3	使用本地游标库提供的客户端游标

CursorLocation 属性是记录集保存的位置。对于客户端游标，记录集将会被下载到本地缓冲区，这样对于大数据量查询会严重占用网络资源；而服务器端游标直接将记录集保存在服务器缓冲区上，可以大大提高页面的处理速度。

服务器端游标对数据的变化有很强的敏感性，客户端游标在处理记录集的速度上有优势。如果取到记录集后，有人修改了数据库里的数据，那么使用服务器端游标加上动态游标就可以得到最新的数据；而客户端游标就无法察觉到数据的变化，要根据实际情况来使用。

使用服务器端游标可以调用存储过程，但无法返回记录条数（RecordCount）。

② Execute 方法用于执行指定的 SQL 语句。

语法格式为：

对象名.Execute [CommandText] [,RecordsAffected] [,Options]

有关参数说明如下：

- CommandText：可选，用于指定将执行的 SQL 命令。
- RecordsAffected：可选，用于返回操作影响的记录数。
- Options：可选，用于指定 CommandText 参数的运算方式。

③ Close 方法可以关闭已经打开的数据库。

语法格式为：

对象名.Close

【例 8-16】用 Connection 对象显示建立与 Access 数据库"教学管理"的连接。

代码如下：

```
Public Sub CnnToDB()
    Dim cnn As New ADODB.Connection               '定义并实例化 Connection 对象 cnn
    cnn.Provider = "Microsoft.ACE.OLEDB.12.0"     '指定数据提供者名称
    cnn.ConnectionString = "Data Source = D:\教学管理.accdb"      '指定数据源
    cnn.Open
End Sub
```

2. 记录集对象（Recordset）

Recordset 对象是一个记录集，也称作数据集。简单地说就相当于临时表，当把查询到的数据放入这个记录集后就可以使用记录指针来随心所欲读取想要的数据了。在任何时候，打开的 Recordset 对象所指定的当前记录均为整个记录集中的单个记录。

定义 ADO 的 Recordset 对象的方法是：

```
Dim rs As ADODB.Recordset              '声明一个对象变量 rs
Set rs = New ADODB.Recordset           '实例化 Recordset 对象变量 rs
```

也可将以上两行语句合并，如下：

```
Dim rs As New ADODB.Recordset
```

Recordset 对象的主要属性有 BOF、EOF、EditMode、Filter、State 和 RecordCount。

① BOF（Begin Of File）属性用来检查记录指针是否在第 1 条记录前，即记录集的开端。如果是，则返回 Ture，否则返回 False。

② EOF（End Of File）属性用来检查记录指针是否在最后 1 条记录后，即记录集的末尾。如果是，则返回 Ture，否则返回 False。

③ EditMode 属性用来指示当前记录的编辑状态，返回值的具体含义如表 8-15 所示。

表 8-15　　　　　　　　　　　　　　　　EditMode 返回值的含义

常　　量	说　　明
AdEditNone	当前没有编辑操作
AdEditInProgress	当前记录中的数据已经被修改但未保存
AdEditAdd	AddNew 方法已被调用，且复制缓冲区中的当前记录是尚未保存到数据库中的新记录
AdEditDelete	当前记录已被删除

④ Filter 属性用来指定记录集的过滤条件，只有满足条件的记录才会显示出来。例如：

```
rs.Filter = "性别 = '女' "        '只显示性别为"女"的学生信息
```

注意

字符串"女"在双引号内，在这里就要用单引号（'）。

⑤ State 属性用来返回当前记录集的操作状态，返回值的具体含义如表 8-16 所示。

表 8-16　　　　　　　　　　　　　　　　State 返回值的含义

常　　量	说　　明
AdStateClosed	指示对象是关闭的。默认值
AdStateOpen	指示对象是打开的

续表

常　　量	说　　明
AdStateConnecting	指示 Recordset 对象正在连接
AdStateExecuting	指示 Recordset 对象正在执行命令
AdStateFetching	指示 Recordset 对象的行正在被读取

⑥ RecordCount 属性用来返回记录集的记录个数。

Recordset 对象的主要方法如表 8-17 所示。

表 8-17　　　　　　　　　　　　　　　Recordset 对象的主要方法

方　法　名	说　　明
MoveFirst	把记录指针移到第一个记录
MoveLast	把记录指针移到最后一个记录
MovePrevious	把记录指针移到前一个记录
MoveNext	把记录指针移到后一个记录
Move	把记录指针移到指定位置
Open	打开一个 Recordset 对象
Close	关闭一个 Recordset 对象
AddNew	在 Recordset 对象中添加一个新记录
Delete	删除 Recordset 对象中的一个或多个记录
Update	保存当前 Recordset 对象中的数据
CancelUpdate	撤销对 Recordset 对象的更新操作
Find	在 Recordset 对象中查找满足条件的记录

（1）使用 Open 方法打开记录集

语法格式为：

对象名.open [Source] [,ActiveConnection] [,CursorType] [,LockType] [,Options]

有关参数说明如下。

① Source：可选，指明所打开的记录源信息，可以是合法的 SQL 语句、表名、存储过程调用或保存记录集的文件名。

② ActiveConnection：可选，合法的已打开的 Connection 对象变量名，或者是包含 ConnectionString 参数的字符串。

③ CursorType：可选，确定打开记录集对象使用的游标类型。游标类型对打开的记录集操作有很大的影响，决定了记录集对象支持和使用的属性和方法。具体取值如表 8-18 所示。

表 8-18　　　　　　　　　　　　　　　CursorType 参数取值表

常　　量	值	说　　明
adOpenForwardOnly	0	默认值，除在记录中只能向前滚动外，与静态游标相同
adOpenKeyset	1	键集游标。尽管不能访问其他用户删除的记录，但除无法查看其他用户添加的记录外，它和动态游标相似

续表

常　量	值	说　明
adOpenDynamic	2	动态游标。其他用户所做的添加、更改或删除均可见，而且允许 Recordset 中的所有移动类型
adOpenStatic	3	静态游标。可用于查找数据，其他用户的操作不可见
adOpenUnspecified	−1	不指定游标类型

④ LockType：可选，确定打开记录集对象使用的锁定类型。具体取值如表 8-19 所示。

表 8-19　　　　　　　　　　　　　　　　LockType 参数取值表

常　量	值	说　明
adLockReadOnly	1	只读记录。无法改变数据，速度最快的锁定类型
adLockPessimistic	2	逐个记录保守式锁定。提供者要确保记录编辑成功，通常在编辑之前立即在数据源锁定记录。又称悲观锁定
adLockOptimistic	3	开放式锁定。仅在调用 Update 方法时锁定记录。又称乐观锁定
adLockBathOptimistic	4	开放式批更新。需要批更新模式。又称批量乐观锁定
adLockUnspecified	−1	未指定锁定类型

⑤ Options：可选，指示提供者计算 Source 参数的方式。具体取值如表 8-20 所示。

表 8-20　　　　　　　　　　　　　　　　Options 参数取值表

常　量	值	说　明
adCmdText	1	按命令或存储过程调用的文本定义计算 CommandText
adCmdTable	2	按表名计算 CommandText
adCmdStoredProc	4	按存储过程名计算 CommandText
adCmdUnknown	8	默认值。指示 CommandText 属性中命令的类型未知
adCmdFile	256	按持久存储的 Recordset 的文件名计算 CommandText。只与 Recordset.Open 或 Requery 一起使用
adCmdTableDirect	512	按表名计算 CommandText，该表的列全部返回。只与 Recordset.Open 或 Requery 一起使用。若要使用 Seek 方法，则必须通过 adCmdTableDirect 打开 Recordset
adCmdUnspecified	−1	不指定命令类型的参数

（2）使用 Move 方法和 MoveXXX 方法定位和移动记录指针

语法格式分别为：

对象名.Move NumRecords [,Start]

和

对象名.[MoveFirst | MoveLast | MovePrevious | MoveNext]

有关参数说明如下。

① NumRecords：带符号的 Long 表达式，指定当前记录位置移动的记录数。

② Start：可选，String 值或 Variant 值，用于计算书签。

（3）使用 Find 方法在记录集中查找满足条件的记录

语法格式为：

对象名.Find Criteria [,SkipRows] [,SearchDirection] [,Start]]

有关参数说明如下。

① Criteria：为 String 值，包含指定用于搜索的列名、比较操作符和值的语句。Criteria 中只能指定单列名称，不支持多列搜索。字符串值要用单引号（'）或 "#" 号分隔，日期值用 "#" 号分隔。如："性别 ='女'" 或 "性别 ＝#女#"

② SkipRows：可选，Long 值，默认值是 0，它指定当前行或 Start 书签的行偏移量开始搜索。默认情况下，搜索从当前行开始。

③ SearchDirection：可选，SearchDirectionEnum 值，指定搜索应从当前行开始，还是从搜索方向的下一个有效行开始。如果该值为 adSearchForward（值 1），则不成功的搜索将在 Recordset 的结尾处停止；如果该值为 adSearchBackward（值-1），则不成功的搜索将在 Recordset 的开始处停止。

④ Start：可选，Variant 书签，用于标记搜索的开始位置。

例如：查找记录集 rs 中姓 "张" 的记录信息，语句为：

rs.Find "姓名 LIKE '张*' "　　　　　　'搜索成功后记录指针会定位到第一条张姓记录

（4）使用 AddNew 方法在记录集中添加新记录

语法格式为：

对象名.AddNew [FieldList] [,Values]

有关参数说明如下。

① FieldList：可选，为一个字段名或一个字段数组。

② Values：可选，为给要加信息的字段赋的值。

　　　　AddNew 方法为记录集添加新记录后，应使用 Update 方法将所添加的记录数据存储在数据库中。

（5）使用 Delete 方法删除记录集中的数据

语法格式为：

对象名.Delete [AffectRecords]

有关参数说明如下。

AffectRecords：可选，记录删除的效果。如果该值为 adAffectCurrent（值 1），默认值，则只删除当前的记录；如果该值为 adAffectGroup（值 2），则删除符合 Filter 属性设置的一组记录。

【例 8-17】在 "教学管理" 数据库中用 Recordset 对象创建 "学生" 记录集，向后移动记录，显示所有女学生的学号和姓名，并计算记录数。

代码如下：

```
Public Sub rs817()
    Dim cnn As New ADODB.Connection        '定义并实例化 Connection 对象 cnn
    Dim rs As New ADODB.Recordset          '定义并实例化 Recordset 对象 rs
    Set cnn = CurrentProject.Connection    '连接到当前数据库
    cnn.CursorLocation = adUseClient       '要返回记录条数，须使用客户端游标
    rs.Open "学生", cnn                     '此处用表名作记录源。
' 若用 "SQL 语句" 作记录源则为：rs.Open "SELECT * FROM 学生", cnn
```

```
    Debug.Print "学生共" & rs.RecordCount & "人"          '显示全部学生记录条数
    rs.Filter = "性别 = '女' "                             '过滤女学生
    Do While Not rs.EOF                                   '也可作 Do Until rs.EOF
        Debug.Print rs("学号"), rs("姓名")               '输出学号和姓名
        rs.MoveNext                                       '指针移到下个记录
    Loop
    Debug.Print "女学生有" & rs.RecordCount & "人"         '显示女学生记录条数
    rs.Close                                              '关闭记录集
    cnn.Close                                             '关闭数据库连接
    Set rs = Nothing                                      '回收记录集对象变量，释放内存
    Set cnn = Nothing                                     '回收数据库连接对象变量，释放内存
End Sub
```

运行结果如图 8-32 所示。

3. 命令对象（Command）

Command 对象用来定义并执行针对数据源运行的具体命令，如 SQL 查询，并可以通过 Recordset 对象返回一个满足条件的记录集。

定义 ADO 的 Command 对象的方法是：

```
Dim cmd As ADODB. Command         '声明一个对象变量 cmd
Set cmd = New ADODB. Command      '实例化 Command 对象变
量 cmd
```

也可将以上两行语句合并，如下：

图 8-32　立即窗口显示例 8-17 运行结果

```
Dim cmd As New ADODB. Command
```

Recordset 对象的主要属性有 ActiveConnection、CommandText 和 State。

① ActiveConnection 属性用来指明当前命令所属的 Connection 对象。例如：

```
cmd. ActiveConnection = cnn              '设置所使用的连接
```

② CommandText 属性用来指明查询命令的文本内容，通常是 SQL 语句。例如：

```
cmd.CommandText = "SELECT * FROM 学生"
```

③ State 属性用来返回 Command 对象的运行状态。如果 Command 对象已经打开，则该属性值为 adStateOpen（值为 1），否则为 adStateClosed（值为 0）。

Command 对象的常用方法是 Execute，此方法用来执行 CommandText 属性中指定的 SQL 语句或存储过程。语法格式如下。

对于返回记录集的 Command 对象：

```
Set rs = cmd.Execute([RecordsAffected] [,Parameters] [,Options])
```

对于不返回记录集的 Command 对象：

```
cmd.Execute [RecordsAffected] [,Parameters] [,Options]
```

有关参数说明如下。

① RecordsAffected：可选，长整型值，用于返回操作影响的记录数。

② Parameters：可选，数组，为 SQL 语句传送的参数值。

③ Options：可选，长整型值，用于指定 CommandText 参数的运算方式。

【例 8-18】在"教学管理"数据库中用 Command 对象获取"学生"记录集。

代码如下：

```
Public Sub cmd818()
    Dim rs As New ADODB.Recordset           '定义并实例化 Recordset 对象 rs
    Dim cmd As New ADODB.Command            '定义并实例化 Command 对象 cmd
    cmd.CommandText = "SELECT * FROM 学生"   '使用 SQL 语句设置数据源
    cmd.ActiveConnection = CurrentProject.Connection    '连接当前数据库
    Set rs = cmd.Execute                    '使用 Execute 方法执行 SQL 语句，返回记录集
    Debug.Print rs.GetString                '在立即窗口输出记录集
    rs.Close                                '关闭记录集
    Set rs = Nothing                        '回收记录集对象变量，释放内存
    Set cmd = Nothing                       '回收命令对象变量，释放内存
End Sub
```

运行结果如图 8-33 所示。

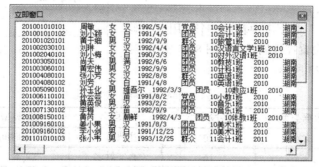

图 8-33　立即窗口显示例 8-18 运行结果

4．字段对象（Field）

ADO 的 Field 对象包含有关于 Recordset 对象中某一列的信息。Recordset 对象的每一列对应一个 Field 对象。

Field 对象的常用属性有 Name 和 Value。

① Name 属性用来返回字段名。

② Value 属性用来查看或更改字段中的值。

【例 8-19】在"教学管理"数据库中用 Field 对象输出"学生"记录集中第一条记录"姓名"的列值。

代码如下：

```
Public Sub fd819()
    Dim rs As New ADODB.Recordset               '定义并实例化 Recordset 对象 rs
    Dim fd As ADODB.Field                       '声明 Fieldd 对象 fd
    rs.ActiveConnection = CurrentProject.Connection    '连接当前数据库
    rs.Open "SELECT * FROM 学生"                 '用 Open 方法打开记录集
    Set fd = rs("姓名")                          '将 Field 对象指向"姓名"列
    Debug.Print fd.Value                        '在立即窗口输出第一条记录值
    rs.Close
    Set rs = Nothing
End Sub
```

运行结果如图 8-34 所示。

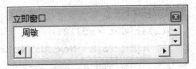

图 8-34　立即窗口显示例 8-19 运行结果

8.8.4　数据库编程实例

本章前面内容已详细介绍了 VBA 编程的知识，接下来我们以"教学管理"数据库基础，用以下几个实例来进一步熟悉数据库编程技术。

1．用户注册

【例 8-20】在"教学管理"数据库中实现新用户注册的功能。

操作步骤如下。

① 在"教学管理"数据库中新建表"用户"和"用户组"，用来存放用户信息和分组情况。表结构如表 8-21、表 8-22 所示。

② 在"教学管理"数据库中新建一个"用户注册"窗体。放置控件，并设置控件属性，如图 8-35 所示。各控件属性设置如表 8-23 所示。

图 8-35　用户注册窗体

表 8-21　　　　　　　　　　　　　　　　　　　"用户"表结构

字段名	数据类型	字段大小	字段名	数据类型	字段大小
用户 ID	文本	20	注册日期	日期/时间	yyyy/m/d
用户密码	文本	16	真实姓名	文本	20
用户身份	文本	10			

表 8-22　　　　　　　　　　　　　　　　　　　"用户组"表结构

字段名	数据类型	字段大小	字段名	数据类型	字段大小
用户身份 ID	文本	10	用户身份类型	文本	20

表 8-23　　　　　　　　　　　　　　　　　窗体控件的主要属性设置

控件名	属性名	属性值	控件名	属性名	属性值
标签	标题	新用户注册	组合框	名称	com 身份
	字体名称	隶书		背景色	窗体背景
	前景色	黑色文本		行来源	用户组.用户身份类型
文本框	名称	txt 用户名	按钮	名称	cmd 确定
文本框	名称	txt 姓名		标题	确定
文本框	名称	txt 密码	按钮	名称	cmd 退出
文本框	名称	txt 重复密码		标题	退出

③ 编写"确定"按钮单击事件程序代码。

单击"确定"按钮时，首先判断用户名是否符合规范，然后判断用户身份和密码是否符合规范，如果输入内容符合规范要求并且用户名没有重复，保存用户注册信息，否则弹出相应提示对话框。详细程序代码如下。

```
Private Sub cmd确定_Click()
    Dim cnn As New ADODB.Connection
```

```
        Dim rs As New ADODB.Recordset
        Dim strSQL As String                    '声明查询语句变量
        Dim sflx As String                      '声明身份类型变量

        Set cnn = CurrentProject.Connection     '连接到当前数据库
        rs.Open "用户组", cnn                    '打开"用户组"表
        rs.Filter = "用户身份类型 like ' " & Me!Com身份 & " ' "        '筛选身份类型符合的记录

        If not rs.EOF Then
            sflx = rs("用户身份id")              '将用户身份 ID 值赋给变量 sflx
        End If
'以下部分程序功能是错误信息提示
        If IsNull(Me!txt用户名) Or Me!txt用户名 = "" Then
            MsgBox "用户名不能为空! ", vbCritical, "警告消息"
        ElseIf Len(Nz(Me!txt用户名)) < 6 Then
            MsgBox "用户名不能小于 6 个字符! ", vbCritical, "警告消息"
        ElseIf Len(Nz(Me!txt用户名)) > 20 Then
            MsgBox "用户名不能大于 20 个字符! ", vbCritical, "警告消息"
        ElseIf Not IsNull(DLookup("[用户ID]", "用户", "[用户ID] = ' " & Me!txt用户名 _
            & " ' ")) Then
            MsgBox "用户名已存在! ", vbCritical, "警告消息"
        ElseIf IsNull(Me!Com身份) Then
            MsgBox "请选择用户身份类型! ", vbCritical, "警告消息"
        ElseIf IsNull(Me!txt密码) Or Me!txt密码 = "" Then
            MsgBox "请输入密码! ", vbCritical, "警告消息"
        ElseIf IsNull(Me!txt重复密码) Or Me!txt重复密码 = "" Then
            MsgBox "请输入重复密码! ", vbCritical, "警告消息"
        ElseIf Me!txt密码 <> Me!txt重复密码 Then
            MsgBox "两次输入的密码不同! ", vbCritical, "警告消息"
'以下部分程序功能是将注册信息保存到"用户"表中
        Else
            strSQL = "INSERT INTO 用户(用户ID,用户密码,用户身份,注册日期, 真实姓名)"
            strSQL = strSQL & "values('" & Me!txt用户名 & "','" & Me!txt密码 & "','" _
            & sflx & "','" & Date & "','" & Me!txt姓名 & "')"
            cnn.Execute strSQL
            MsgBox "您已成功注册! 用户名是: " & Me!txt用户名 & ",密码是: " & Me!txt_密码,
            vbOKOnly, "注册成功"                 '弹窗提示用户注册成功
            rs.Close
            cnn.Close
        End If
End Sub
```

④ 编写"退出"按钮单击事件程序代码。

```
Private Sub cmd退出_Click()
    DoCmd.Close                          '关闭窗体
End Sub
```

2. 用户登录

【例 8-21】在"教学管理"数据库中实现用户登录的功能。

本例使用"教学管理"数据库中"用户"表的数据进行登录。

操作步骤如下。

① 在"教学管理"数据库中新建一个"用户登录"窗体。放置控件，并设置控件属性，如图 8-36 所示。各控件属性设置如表 8-24 所示。

图 8-36 用户登录窗体

表 8-24　　　　　　　　　　　　　　　"用户登录"窗体控件的主要属性设置

控件名	属 性 名	属 性 值	控件名	属 性 名	属 性 值
标签	标题	教学管理系统登录	标签	名称	lb 用户名
	字体名称	隶书		标题	×请输入用户名
	前景色	黑色文本		前景色	突出显示
	名称	lb 密码	按钮	名称	cmd 确定
	标题	×请输入密码		标题	确定
	前景色	突出显示		名称	cmd 退出
文本框	名称	txt 用户名		退出	
	名称	txt 姓名			

② 编写"确定"按钮单击事件程序代码。

单击"确定"按钮时，先判断用户名和密码是否为空，如果为空则弹出提示对话框，并在相应文本框后显示提示文本；正确输入内容后进行判断用户名和密码是否与"用户"表中一致，用户登录信息正确则弹出"欢迎"对话框，并打开相应窗体，否则弹出"错误"提示对话框。详细程序代码如下。

```
Private Sub cmd 确定_Click()
    Dim cnn As New ADODB.Connection
    Dim rs As New ADODB.Recordset
    Dim strSQL As String                       '声明查询语句变量
    Dim name As String, passwd As String        '声明用户名和密码变量
    Set cnn = CurrentProject.Connection
'以下部分判断用户名和密码是否为空，并弹窗提示
    If IsNull(Me!txt 用户名) Or Me!txt 用户名 = "" Then
        MsgBox "用户名不能为空！", vbCritical, "警告消息"
        lb 用户名.Visible = True               '用户名为空时显示提示文本
        Me!txt 用户名.SetFocus                 '将光标定位到用户名输入框
    ElseIf IsNull(Me!txt 密码) Or Me!txt 密码 = "" Then
        lb 用户名.Visible = False              '用户名不为空时隐藏提示文本
        MsgBox "请输入密码！", vbCritical, "警告消息"
        lb 密码.Visible = True
        Me!txt 密码.SetFocus                   '将光标定位到密码输入框
    Else
```

```
        lb 用户名.Visible = False
        lb 密码.Visible = False
        name = Me!txt 用户名
        passwd = Me!txt 密码
        strSQL = "SELECT * FROM 用户 WHERE 用户 ID = '" & name & "'and 用户密码 = _
'" & passwd & "'"
        rs.Open strSQL, cnn, adOpenKeyset
        If rs.EOF Then
            MsgBox "您输入到用户名和密码有误, 请重新输入! ", vbCritical, "警告消息"
            Me!txt 用户名 = ""                        '输入信息错误时重置用户名输入框
            Me!txt 密码 = ""                          '输入信息错误时重置密码输入框
            Me!txt 用户名.SetFocus                     '将光标定位到用户名输入框
        Else
            MsgBox "欢迎进入教学管理系统! ", vbOKOnly, "欢迎"
            DoCmd.Close                              '关闭 "用户登录" 窗体
            DoCmd.openform "main"                    '打开 "教学管理系统" 主窗体
        End If
        rs.Close
    End If
    cnn.Close
End Sub
```

③ 编写 "退出" 按钮单击事件程序代码。

```
Private Sub cmd 退出_Click()
    DoCmd.Close
End Sub
```

3. 录入数据

【例 8-22】在 "教学管理" 数据库中, 编程实现录入院系信息的功能。

在 "教学管理" 数据库中已有 "院系" 表, 表结构如表 8-25所示。本例通过使用窗体输入数据, 添加信息到 "院系" 表中。在添加信息的时候需对系编号的值进行判断, 系编号不能为空并且不能有重复。

操作步骤如下。

① 在 "教学管理" 数据库中新建一个 "院系信息录入"窗体。放置控件, 并设置控件属性, 如图 8-37 所示。各控件属性设置如表 8-26 所示。

图 8-37　院系信息录入窗体

表 8-25　　　　　　　　　　　　　　　　　　"院系" 表结构

字段名	数据类型	字段大小	字段名	数据类型	字段大小
系编号	文本	2	系网址	超链接	
系名称	文本	30	系办电话	文本	13
系主任	文本	10			

表 8-26 "院系信息录入"窗体控件的主要属性设置

控件名	属 性 名	属 性 值	控件名	属 性 名	属 性 值
标签	标题	院系信息录入	按钮	名称	cmd 确定
	字体名称	隶书		标题	确定录入
	前景色	黑色文本		名称	cmd 清除
文本框	名称	txt 编号		标题	清除
	名称	txt 名称		名称	cmd 退出
	名称	txt 主任		标题	退出
	名称	txt 网址	文本框	名称	txt 电话

② 编写"确定录入"按钮单击事件程序代码。

单击"确定录入"按钮时，先判断系编号的输入值，如果为空或已存在则弹出相应错误提示对话框；输入的系编号符合要求则将所填数据全部保存到"院系"表中，完成数据的录入。详细程序代码如下。

```
Private Sub cmd确定_Click()
    Dim strSQL As String
    If IsNull(Me!txt 编号) Or Me!txt 编号 = "" Then          '编号为空的情况
        MsgBox "系编号不能为空！", vbCritical, "警告消息"
        Me!txt 编号.SetFocus
    ElseIf Not IsNull(DLookup("[系编号]", "院系", "[系编号] = '" & Me!txt 编号 & _
    "'")) Then                                              '编号已存在的情况
        MsgBox "此编号已存在，请重新输入！", vbCritical, "警告消息"
        Me!txt 编号.SetFocus
    Else                                                   '编号不重复的情况
'以下部分程序功能是追加新记录至"院系"表中
        strSQL = "INSERT INTO 院系(系编号,系名称,系主任,系网址,系办电话)"
        strSQL = strSQL & "values('" & Me!txt 编号 & "','" & Me!txt 名称 & "','" & _
        Me!txt 主任 & "','" & Me!txt 网址 & "','" & Me!txt 电话 & "')"
        DoCmd.RunSQL strSQL                                '执行 SQL 语句，追加记录
        MsgBox "已成功录入一个院系信息！", vbOKOnly, "成功"
    End If
End Sub
```

③ 编写"退出"按钮单击事件程序代码。

```
Private Sub cmd退出_Click()
    DoCmd.Close                                            '关闭窗体
End Sub
```

④ 编写"清除"按钮单击事件程序代码。

```
Private Sub cmd清除_Click()
    Me!txt 编号 = ""
    Me!txt 名称 = ""
    Me!txt 主任 = ""
```

```
        Me!txt 网址 = ""
        Me!txt 电话 = ""
        Me!txt 编号.SetFocus
End Sub
```

4.查询数据

【例 8-23】 在"教学管理"数据库中，编程实现学生信息查询的功能，并且能够根据各种检索条件的组合来进行检索。

在"教学管理"数据库中已有"学生"表，本例通过设置各种条件进行学生数据的检索，在窗体显示检索结果。

操作步骤如下。

① 在"教学管理"数据库中新建一个"学生信息查询"表格式窗体。放置控件，并设置控件属性，如图 8-38 所示。各控件属性设置如表 8-27 所示。

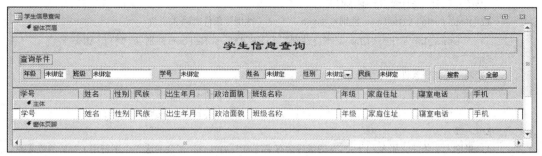

图 8-38　学生信息查询窗体设计视图

表 8-27　　　　　　　　　　"学生信息查询"窗体控件的主要属性设置

控　件　名	属　性　名	属　性　值	控　件　名	属　性　名	属　性　值
标签	标题	学生信息查询	按钮	名称	cmd 搜索
	字体名称	隶书		标题	搜索
	前景色	黑色文本	按钮	名称	cmd 全部
文本框	名称	txt 年级		标题	全部
文本框	名称	txt 班级	组合框	名称	com 性别
文本框	名称	txt 学号		行来源	"男";"女"
文本框	名称	txt 姓名		行来源类型	值列表
文本框	名称	txt 民族			

② 编写"搜索"按钮单击事件程序代码。

单击"搜索"按钮时，根据条件对数据进行搜索，并将搜索结果显示在窗体中。详细程序代码如下。

```
Private Sub cmd搜索_Click()
    Dim strSQLw As String          '定义条件字符串
    strSQLw = ""                   '设定初始值：空字符串
```

'以下程序代码用于判断"年级"、"班级名称"、"学号"、"姓名"、"性别"、"民族"条件是否有输入的值，如果有输入，则将条件语句添加到 strSQLw 变量中

```
        If Not IsNull(Me!txt 年级) Then          '"年级"条件有输入
            strSQLw = strSQLw & "([年级] like '*" & Me!txt 年级 & "*') AND "
        End If
        If Not IsNull(Me!txt 班级) Then          '"班级"条件有输入
            strSQLw = strSQLw & "([班级名称] like '*" & Me!txt 班级 & "*') AND "
        End If
        If Not IsNull(Me!txt 学号) Then          '"学号"条件有输入
            strSQLw = strSQLw & "([学号] like '*" & Me!txt 学号 & "*') AND "
        End If
        '判断"姓名"条件是否有输入的值
        If Not IsNull(Me!txt 姓名) Then          '"姓名"条件有输入
            strSQLw = strSQLw & "([姓名] like '*" & Me!txt 姓名 & "*') AND "
        End If
        '判断"性别"条件是否有输入的值
        If Not IsNull(Me!com 性别) Then          '"性别"条件有输入
            strSQLw = strSQLw & "([性别] like '*" & Me!com 性别 & "*') AND "
        End If
        '判断"民族"条件是否有输入的值
        If Not IsNull(Me!txt 民族) Then          '"民族"条件有输入
            strSQLw = strSQLw & "([民族] like '*" & Me!txt 民族 & "*') AND "
        End If
        '如果输入了条件，那么 strSQLw 的最后会有字符串" AND "，多余的这 5 个字符用 LEFT 函数截掉。
        If Len(strSQLw) > 0 Then                 '如果输入了条件，strSQLw 变量长度会大于 0
            strSQLw = Left(strSQLw, Len(strSQLw) - 5)
        End If
        Me.Filter = strSQLw                      '设置窗体显示数据的筛选条件
        Me.FilterOn = True                       '让窗体应用窗体查询
    End Sub
```

③ 编写"全部"按钮单击事件程序代码。

单击"全部"按钮时，去除所有筛选条件，将全体学生记录显示在窗体中。详细程序代码如下。

```
Private Sub cmd 全部_Click()
    Me!txt 年级 = ""
    Me!txt 班级 = ""
    Me!txt 学号 = ""
    Me!txt 姓名 = ""
    Me!com 性别 = ""
    Me!txt 民族 = ""
    Me.FilterOn = False                          '取消窗体筛选，显示全部数据
End Sub
```

④ 打开窗体，设置搜索条件进行学生信息查询，如图 8-39 所示。

图 8-39　学生信息查询窗体

本章小结

　　本章主要介绍了在 Access 中进行程序设计的基础知识，包括 VBA 的基本概念和编程环境、面向对象程序设计的基本概念、VBA 模块的基本概念及其编程基础、程序控制的 3 种结构、VBA 过程、VBA 数据库编程。通过本章的学习，要求熟悉 VBA 的编程环境；掌握 VBA 模块的基本概念以及面向对象程序设计的基本知识；熟练掌握利用选择结构和循环结构来解决实际问题；掌握 VBA 子过程的创建方法和应用；熟练掌握利用 ADO 进行数据库编程。为后续创建数据库应用系统打下良好的基础，培养学生具有利用数据库应用程序来处理和解决本专业问题的意识和能力。

思考与练习

1. 什么是 VBA?什么是 VBE?
2. 举例说明在立即窗口中测试表达式的方法。
3. 写出利用 VBA 计算两个数的乘积的编程过程。
4. 简述下面的概念：类、对象、属性、方法、事件过程。
5. 模块分为哪几类？窗体模块属于哪一类？
6. 简述将宏转换为 VBA 模块的步骤。
7. 什么是变量？如何定义变量？如何设置显式声明？
8. 举例说明变量的作用域。
9. 举例说明内置对象 DoCmd 的使用方法。
10. If 多分支结构和 select case 多分支结构有什么区别？举例说明。
11. 循环结构有几种？for 循环结构和 do...loop 循环结构在应用中有什么区别？举例说明。
12. Sub 子过程和 Function 子过程的区别？举例说明。
13. 传值调用和传址调用有什么区别？举例说明。
14. VBA 程序运行错误处理有几种方式？举例说明。
15. 简述在 VBA 中利用 ADO 访问数据库的基本步骤，并举例说明。
16. 在课外查找资料，举例说明嵌套循环的用法。
17. 在课外查找资料，试着利用 VBA 编码开发教学管理系统。

第9章
数据库应用系统开发实例——教学管理系统

在熟悉了 Access 2010 的各对象之后，我们就可以利用 Access 2010 设计出相应的管理系统软件了，Access 2010 提供的窗体、报表、模块以及 VBA 语言等功能，可方便地处理应用系统的逻辑和用户界面，高效地开发出实用的数据库应用系统。

本章主要介绍一个完整的数据库应用系统的开发过程，并以教学管理系统为例，基于 VBA+ADO+Access 2010 技术，详细介绍数据库应用系统的开发过程与思路。

本章学习目标：
- 了解数据库应用系统的开发过程；
- 熟悉系统设计的方法；
- 掌握各功能模块的设计与实现；
- 熟练掌握利用 Access 2010 设计简单实用的数据库应用系统软件。

数据库应用系统的开发过程一般包括需求分析、系统设计、系统实现、系统测试和系统交付等几个阶段，每个阶段都要提供相应的报告；但根据应用系统的规模和复杂程度不同，在实际开发过程中往往有一些相应的灵活处理，有时候把两个甚至三个过程合并进行，不一定完全刻板地遵守上述的过程。

不管所开发的应用系统的复杂程度如何，这个过程中的需求分析、系统设计、系统测试是不可缺少的。

9.1 需 求 分 析

教学管理系统是指一个学校的教学管理者、教师以及学生都可以利用此系统进行相关的计算机操作，以达到方便、快速实现各自意图的目的。

通过对用户应用环境、教学现场管理以及各个有关环节的分析，系统的需求可归纳为两点：
① 数据需求：数据库数据要完整、同步、全面地反映一个学校教师与学生的全部信息。
② 功能需求：具有基础数据管理、教师授课及成绩管理、学生选课及成绩查询功能。

本系统的登录部分要求具有利用合法身份登录的功能；基础数据管理部分要求具有院系信息管理、专业信息管理、课程信息管理、教师信息管理、班级信息管理和学生信息管理的功能；教师授课及成绩管理部分要求具有授课信息管理和成绩录入功能；学生选课及成绩查询部分要求具有选课信息管理和成绩查询的功能。

有关需求分析的详细介绍请参见第 1 章。

9.2　系　统　设　计

9.2.1　系统设计概述

在明确了现状与目标后，还不能马上就进入程序设计（编码）阶段，而先要对系统的一些问题进行规划和设计，这些问题如下。

① 设计工具和系统支撑环境的选择：选择哪种数据库、哪几种开发工具、支撑目标系统运行的软硬件及网络环境等。

② 怎样组织数据：也就是数据模型的设计，即设计表的结构、字段约束关系、字段间的约束关系、表间约束关系、表的索引等。

③ 系统界面的设计：菜单、表单等。

④ 系统功能模块的设计：对一些较为复杂的功能，还应该借助程序设计流程图、N-S 图进行算法设计。

系统设计完成后，要撰写系统设计报告。在报告中，要以表格的形式详细列出目标系统的数据模型，并列出系统功能模块图、系统主要界面图，以及相应的算法说明。系统设计报告既作为系统开发人员的工作指导，也是为了使项目委托方在系统尚未开发出来时即能认识目标系统，从而及早地发现问题，减少或防止项目委托方与项目开发方因对问题认识上的差别而导致的返工。

下面主要介绍教学管理系统的功能设计和数据库设计。

9.2.2　系统功能设计

教学管理系统主要实现基础数据管理、教师授课与成绩管理、学生选课与成绩查询功能，该系统主要由 3 个功能模块构成，功能模块图如图 9-1 所示。

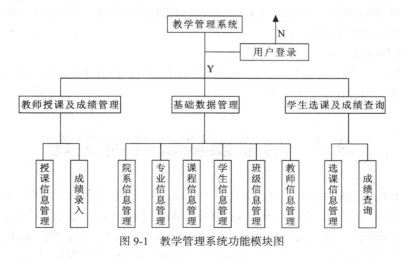

图 9-1　教学管理系统功能模块图

1. 用户登录

用户登录功能：利用数据库用户表中已有的合法用户登录。

2. 基础数据管理

① 院系信息管理：可实现对院系主要负责人的信息进行修改。

② 专业信息管理：可实现调整专业所属院系。

③ 课程信息管理：可实现按课程编号或课程名查询并修改相关课程信息。

④ 教师信息管理：可实现按教师姓名查询并修改教师信息。

⑤ 班级信息管理：可实现班级相关信息的修改。

⑥ 学生信息管理：可实现输入学生姓名查找并修改对应学生信息。

3. 教师授课及成绩管理

① 授课信息管理：可实现按教师姓名、授课班级或讲授课程名查询、修改及插入教师授课信息。

② 成绩录入：可实现按班级或课程名查询、编辑及录入成绩。

4. 学生选课及成绩查询

① 选课信息管理：可实现按课程名、开课院系、授课教师或课程类型查询开设课程的相关信息并选课。

② 成绩查询：可实现按输入的学生姓名查询所选课程的成绩并打印。

9.2.3　数据库设计

数据库设计也就是数据模型的设计。下面主要介绍教学管理系统数据库数据结构的设计与实现。

1. 数据库概念结构设计

教学管理所涉及的数据有教师基本信息、学生基本信息等实体，在本书第 1 章中已做介绍，这里不再赘述。

2. 数据库逻辑结构设计

将上面的数据概念结构的关系模式转化为 Access 2010 数据库系统所支持的实际数据模型，也就是数据库的逻辑结构。在实体的基础上，设计成数据库中的表，这一过程同样在本书第 1 章中已做详细介绍，这里不再赘述。

3. 数据库的创建

Access 2010 创建空白数据库、建立各表以及各表之间关系的过程及操作方法在本书第 2 章和第 3 章中已做介绍，这里不再赘述。

9.3　功能模块设计与实现

在确定系统的功能模块之后，就要设计并实现每一个功能模块内部的功能。对于数据库应用程序的开发，VBA 程序设计方法以及 VBA 中访问 ADO 数据库的技术非常重要。本节介绍教学管理系统各功能模块在 Access 2010 中的设计与实现，同时也有 VBA 编程的应用。

需要说明的是，以下各功能模块仅适应教学，目的在于让学生熟悉和了解一个完整的数据库系统的设计过程与概念，因此，各功能模块并不能完全体现实际教学管理中要实现的操作。

9.3.1　用户登录窗体

用户登录窗体实现系统的安全保护功能，用户需要使用正确的用户名和密码才能进入系统主界面操作。

1. 窗体界面设计

① 窗体设计视图与窗体视图如图 9-2 与图 9-3 所示。

图 9-2　设计视图　　　　　　　　　　　　图 9-3　窗体视图

② 登录窗体中的控件及其属性如表 9-1 所示。

表 9-1　　　　　　　　　　　登录窗体中的主要控件及其属性

控件类型	标　题	控件来源	名　　称
命令按钮	确定	/	cmdok
	退出	/	cmdexit
文本框	/	无（用户名）	username
	/	无（密码）	password

说明：不参与程序编写的控件不列入此表，如红色字体显示的用户登录、用户名及密码均为标签，方框为插入的矩形。

2. 按钮事件过程

在窗体中输入用户名和密码后，单击"确定"按钮，触发 cmdok_Click()事件。该事件通过 ADO 的 RecordSet 对象的 Open 方法查看数据库用户表中是否有与输入的用户名和密码相匹配的记录；如果输入的用户名和密码正确，则进入主窗体。单击退出，直接退出系统。

实现代码如下（虚线为模拟 VBA 代码编写环境，后面同样，不再解释）。

```
Option Compare Database
--------------------------------------------------------------------------------
Private Sub cmdexit_Click()
    Quit
End Sub
--------------------------------------------------------------------------------
Private Sub cmdok_Click()
'判断用户名与密码是否为空
  If username.Value = "" Or IsNull(username.Value) Then
      MsgBox "请输入用户名", vbOKOnly, "错误"
```

```
            Exit Sub
        End If
    If password.Value = "" Or IsNull(password.Value) Then
            MsgBox "请输入密码", vbOKOnly, "错误"
            Exit Sub
        End If
    Dim strusername As String
    Dim strpassword As String
    Dim flag As Integer
    Dim sqlstr As String
    Dim rst As New ADODB.Recordset
    Set rst = New ADODB.Recordset
    flag = 0
    sqlstr = "select * from 用户 where 用户ID='" & username.Value & "'"
    '从用户表中读取数据
    rst.Open sqlstr, CurrentProject.Connection
    '判断用户名是否存在，密码是否正确
    'rst.MoveFirst
    Do While Not rst.EOF
        strusername = rst("用户ID")
        strpassword = rst("用户密码")
        If strusername <> username.Value Then
            rst.MoveNext
        Else
            flag = 1
            Exit Do
        End If
    Loop
    'flag=0 表示该用户名不存在,flag=1 表示该用户名存在,需要进一步比较密码
If flag = 0 Then
    MsgBox "无此用户名", vbOKOnly, "错误"
    username.Value = ""
    password.Value = ""
    username.SetFocus
    Exit Sub
Else
    If password.Value <> strpassword Then
            MsgBox "密码错误，请重新输入!", vbOKOnly, "错误"
            password.Value = ""
            password.SetFocus
            Exit Sub
    End If
    DoCmd.Close
    DoCmd.OpenForm "教学管理系统"
    End If
End Sub
```

9.3.2　主界面窗体

教学管理系统包括的子功能有院系信息管理模块、专业信息管理模块、课程信息管理模块、教师信息管理模块、班级信息管理模块、学生信息管理模块、授课信息管理模块、成绩录入模块、选课信息管理模块以及成绩查询模块的功能。这些模块需要一个共同的主界面来管理，下面介绍

该窗体的设计。

1. 窗体界面设计

在主界面窗体中有许多功能按钮，用户只需单击窗体中的按钮，就会启动相应命令按钮的 Click 事件过程，运行过程中的代码，打开对应的窗体来实现各模块的功能。

① 窗体设计视图与窗体视图如图 9-4 与图 9-5 所示。

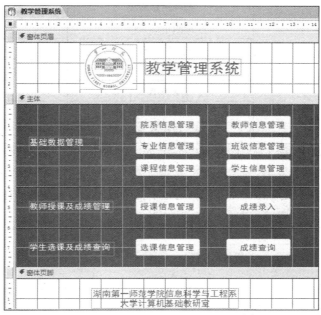

图 9-4　设计视图

图 9-5　窗体视图

② 主界面窗体中的控件及其属性如表 9-2 所示。

表 9-2 主界面窗体中的主要控件及其属性

控件类型	标题	名称
命令按钮	院系信息管理	Cmdyx
	专业信息管理	Cmdzy
	课程信息管理	Cmdkc
	教师信息管理	Cmdjs
	班级信息管理	Cmdbj
	学生信息管理	Cmdxs
	授课信息管理	Cmdsk
	成绩录入	Cmdcjlr
	选课信息管理	Cmdxk
	成绩查询	Cmdcjcx

说明：不参与程序编写的控件不列入此表，如红色与白色字体显示的文字均为标签内容，图片通过图像控件插入。

2. 按钮事件过程

在设计视图下分别右键单击命令按钮，通过事件生成器编写各命令按钮的事件代码如下：

```
Option Compare Database
--------------------------------------------------------------------------------
Private Sub Cmdbj_Click()
        DoCmd.OpenForm "班级信息管理"
End Sub
--------------------------------------------------------------------------------
Private Sub Cmdcjcx_Click()
     DoCmd.OpenForm "成绩查询"
End Sub
--------------------------------------------------------------------------------
Private Sub Cmdcjlr_Click()
     DoCmd.OpenForm "成绩录入"
End Sub
--------------------------------------------------------------------------------
Private Sub Cmdjs_Click()
        DoCmd.OpenForm "教师信息管理"
End Sub
--------------------------------------------------------------------------------
Private Sub Cmdkc_Click()
     DoCmd.OpenForm "课程信息管理"
End Sub
--------------------------------------------------------------------------------
Private Sub Cmdsk_Click()
     DoCmd.OpenForm "授课信息管理"
End Sub
--------------------------------------------------------------------------------
Private Sub Cmdxk_Click()
     DoCmd.OpenForm "选课信息管理"
End Sub
--------------------------------------------------------------------------------
Private Sub Cmdxs_Click()
     DoCmd.OpenForm "学生信息管理"
```

```
End Sub
--------------------------------------------------------------------------------
Private Sub Cmdyx_Click()
      DoCmd.OpenForm "院系信息管理"
End Sub
--------------------------------------------------------------------------------
Private Sub Cmdzy_Click()
      DoCmd.OpenForm "专业信息管理"
End Sub
```

9.3.3　院系信息管理窗体

院系信息管理模块主要实现对院系基本信息进行查询与修改的功能。

1．窗体界面设计

在院系信息管理窗体中，用户可逐条查看各院系的基本信息，并实时修改系主任姓名、系办电话以及系网址信息，且可更新主任相片。

① 窗体记录源："院系"表。

② 窗体设计视图与窗体视图如图 9-6 与图 9-7 所示。

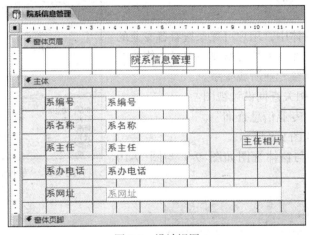

图 9-6　设计视图

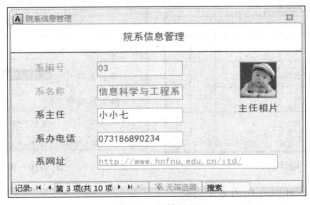

图 9-7　窗体视图

③ 窗体中的控件及其属性如表 9-3 所示。

表 9-3   "院系信息管理"窗体中的主要控件及其属性

控 件 类 型	控 件 来 源	名 称
文本框	系编号	TxtYX_xbh
	系名称	TxtYX_xmc

2. 事件过程

```
Option Compare Database
----------------------------------------------------------------------
Private Sub Form_Load()
    TxtYX_xbh.Enabled = False
    TxtYX_xmc.Enabled = False
End Sub
```

9.3.4 专业信息管理窗体

专业信息管理模块主要实现对专业名称与所属院系信息进行查询与修改的功能。

1. 窗体界面设计

在专业信息管理窗体中，用户可逐条查看各专业的基本信息，并实时修改专业名称与所属系编号，修改所属系编号的目的在于调整专业所属院系。

① 窗体记录源及相关查询设计视图。

- 窗体记录源："专业信息查询"。
- 查询设计视图如图 9-8 所示。

② 窗体设计视图与窗体视图如图 9-9 与图 9-10 所示。

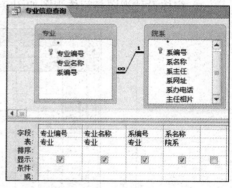

图 9-8 "专业信息查询"设计视图

图 9-9 设计视图

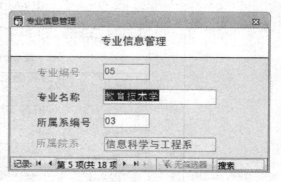

图 9-10 窗体视图

③ 窗体中的控件及其属性如表 9-4 所示。

控 件 类 型	控 件 来 源	名　称
文本框	专业编号	TxtZY_zybh
	系名称	TxtZY_xmc

表 9-4　　　　　　　　　　　　"专业信息管理"窗体中的主要控件及其属性

2. 事件过程

```
Option Compare Database
--------------------------------------------------------------------------
Private Sub Form_Load()
    TxtZY_zybh.Enabled = False
    TxtZY_xmc.Enabled = False
End Sub
```

9.3.5　课程信息管理窗体

课程信息管理模块主要实现对课程基本信息按不同的字段进行查询与修改的功能。

1. 窗体界面设计

在课程信息管理窗体中，用户既可按课程编号，也可按课程名称查询对应课程的基本信息，并实时修改查询到的信息。单击命令按钮"ALL"，可弹出所有课程的子窗体。

① 窗体记录源：主子窗体均为"课程"表。

② 窗体设计视图与窗体视图如图 9-11 与图 9-12 所示。

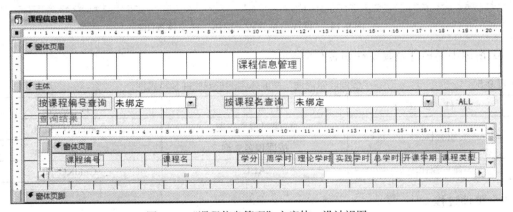

图 9-11　"课程信息管理"主窗体—设计视图

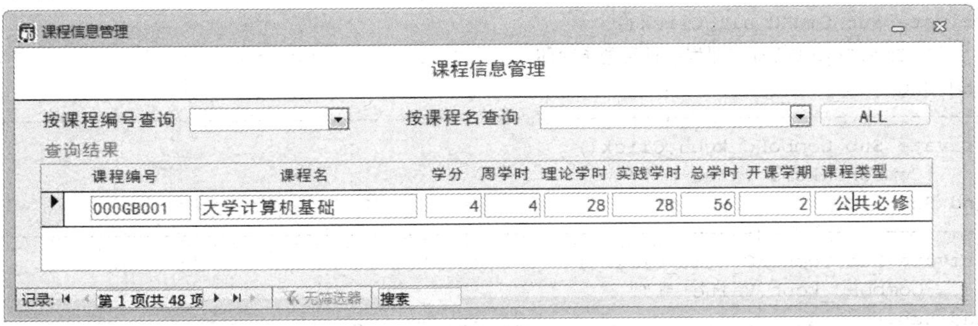

图 9-12　"课程信息管理"主窗体—窗体视图

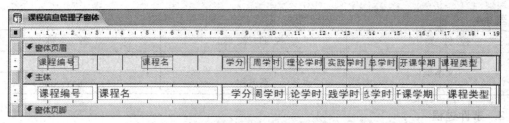

图 9-13 "课程信息管理子窗体"—设计视图

课程编号	课程名	学分	周学时	理论学时	实践学时	总学时	开课学期	课程类型
000GB002	Access数据库技术与应用	3	4	28	28	56	3	公共必修
000GB003	大学英语（一）	4	4	48	24	72	1	公共必修
000GB004	大学英语（二）	4	4	48	24	72	2	公共必修
000GB005	大学体育（一）	2	2	8	28	36	1	公共必修
000GB006	大学体育（二）	2	2	8	28	36	2	公共必修
000GB007	马克思主义基本原理	3	3	54	0	54	2	公共必修
000GB008	现代教育技术	2	2	18	18	36	2	公共必修
000GB010	法律基础	3	3	56	0	56	1	公共必修
0101ZB01	宏观经济学	3	3	54	0	54	2	专业必修
0101ZB02	线性代数	3	3	54	0	54	2	专业必修

图 9-14 "课程信息管理子窗体"—窗体视图

③ 窗体中的控件及其属性如表 9-5 所示。

表 9-5　　　　　　　　　"课程信息管理"主窗体中的主要控件及其属性

控 件 类 型	对 应 控 件	名 称
组合框	按课程编号查询	ComboKC_kcbh
	按课程名查询	ComboKC_kcmc
命令按钮	ALL	CmdKC_all

2. 事件过程

```
Option Compare Database
----------------------------------------------------------------
Private Sub CmdKC_all_Click()
    DoCmd.OpenForm "课程信息管理子窗体"
End Sub
----------------------------------------------------------------
Private Sub ComboKC_kcbh_Click()
    ComboKC_kcmc.Value = ""
End Sub
----------------------------------------------------------------
Private Sub ComboKC_kcmc_Click()
    ComboKC_kcbh.Value = ""
End Sub
```

9.3.6　教师信息管理窗体

教师信息管理模块主要实现对教师基本信息进行查询、修改及添加新教师记录的功能。

1. 窗体界面设计

在教师信息管理窗体中，用户可逐条或按教师姓名查找、编辑及插入教师信息。当单击"查询所有教师信息"命令按钮时，也可以以列表的形式一次显示所有教师的基本信息。

① 窗体记录源及相关查询设计视图。

- 窗体记录源：主窗体记录源为"教师"表，子窗体记录源为"查询所有教师信息"查询。
- 查询设计视图如图 9-15 所示。

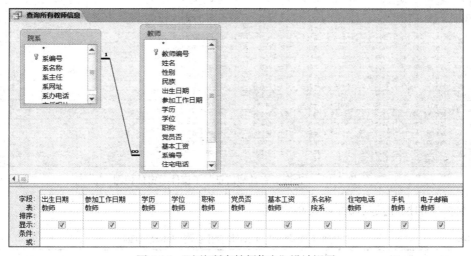

图 9-15　"查询所有教师信息"设计视图

② 窗体设计视图与窗体视图如图 9-16～图 9-19 所示。

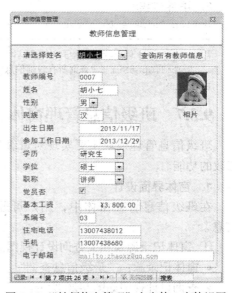

图 9-16　"教师信息管理"主窗体—设计视图　　　图 9-17　"教师信息管理"主窗体—窗体视图

图 9-18 "查询所有教师信息"子窗体—设计视图

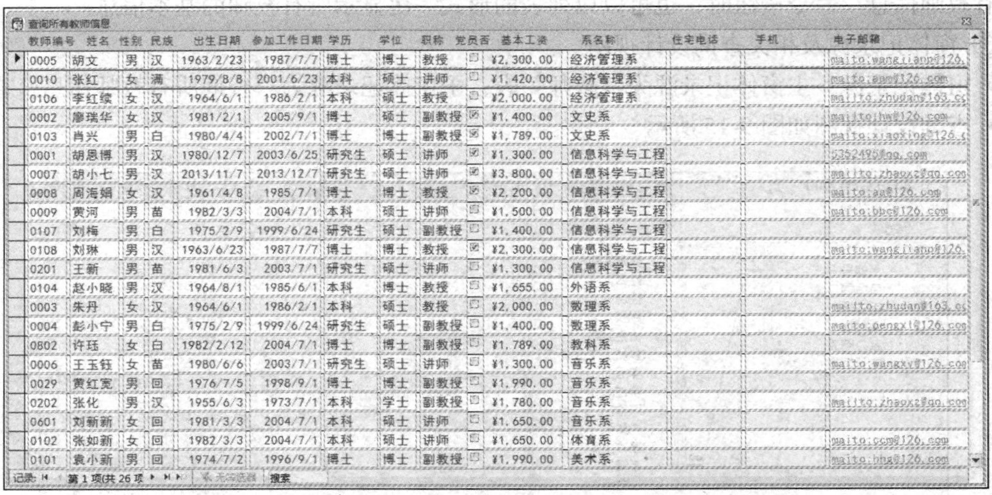

图 9-19 "查询所有教师信息"子窗体—窗体视图

② 窗体中的控件及其属性如表 9-6 所示。

表 9-6 "教师信息管理"主窗体中的主要控件及其属性

控 件 类 型	标 题	名 称
命令按钮	查询所有教师信息	CmdJS_cxsyjsxx

2. 事件过程

```
Option Compare Database
------------------------------------------------
Private Sub CmdJS_cxsyjsxx_Click()
    DoCmd.OpenForm "查询所有教师信息"
End Sub
```

9.3.7 班级信息管理窗体

班级信息管理模块主要实现对班级基本信息进行查询与修改的功能。

1. 窗体界面设计

在班级信息管理窗体中，用户可逐条查找并编辑班级信息。

① 窗体记录源及相关查询设计视图。

- 窗体记录源："班级信息查询"。
- 查询设计视图如图 9-20 所示。

② 窗体设计视图与窗体视图如图 9-21 与图 9-22 所示。

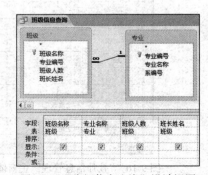

图 9-20 "班级信息查询"设计视图

图 9-21　设计视图

图 9-22　窗体视图

③ 窗体中的控件及其属性（略）。

2. 事件过程（无）

9.3.8　学生信息管理窗体

学生信息管理模块主要实现对学生基本信息进行查询与修改的功能。

1. 窗体界面设计

在学生信息管理窗体中，用户可输入学生姓名进行查询、修改学生信息，同时也可添加新的学生记录。

① 窗体记录源及相关查询设计视图。

- 窗体记录源：窗体初始记录源为"学生"表，单击列表命令按钮后设置为"学生信息按姓名查询"。

- 查询设计视图如图 9-23 所示（因字段太多，未列出所有字段）。

图 9-23　"学生信息按姓名查询"设计视图

② 窗体设计视图与窗体视图如图 9-24 与图 9-25 所示。

![学生信息管理设计视图]

图 9-24　设计视图

图 9-25　窗体视图

③ 窗体中的控件及其属性如表 9-7 所示。

表 9-7　　　　　　　　　　　　"学生信息管理窗体"中的主要控件及其属性

控 件 类 型	标　　题	控 件 来 源	名　　称
命令按钮	列表		CmdXS_lb
	确定		CmdXS_ok
文本框		无（姓名）	TxtXS_xm

2. 事件过程

```
Option Compare Database
-----------------------------------------------------------------------
Private Sub CmdXS_lb_Click()
    Me.RecordSource = "学生"
End Sub
-----------------------------------------------------------------------
Private Sub CmdXS_ok_Click()
    Me.RecordSource = "学生信息按姓名查询"
    TxtXS_xm.SetFocus
    If TxtXS_xm.Text = "" Then
        MsgBox "请输入姓名!", vbOKCancel, "错误"
    End If
End Sub
```

9.3.9　授课信息管理窗体

授课信息管理模块主要实现对教师授课基本信息进行查询与修改的功能。

1. 窗体界面设计

在授课信息管理窗体中，用户可按教师姓名、授课班级以及讲授课程查询，修改，插入教师授课的基本信息；当单击列表按钮时列出所有教师授课的基本信息，并进行查询、修改与插入操作。

① 窗体记录源及相关查询设计视图。

- 窗体记录源：初始记录源为"授课信息查询"；当使用组合框下拉选择时对应的记录源分别为"按教师姓名查询授课信息"、"按讲授课程查询授课信息"、"按授课班级查询授课信息"；当单击列表命令按钮时，记录源重新设置为"授课信息查询"。
- 查询设计视图如图 9-26 ~ 图 9-29 所示。

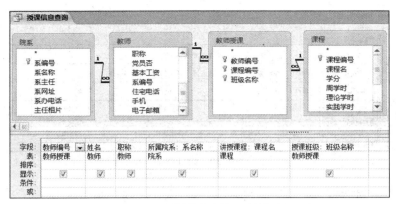

图 9-26 "授课信息查询"设计视图

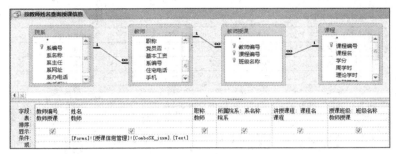

图 9-27 "按教师姓名查询授课信息"设计视图

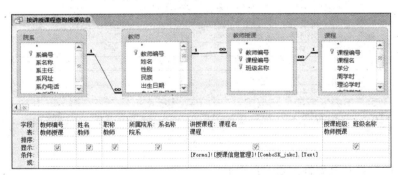

图 9-28 "按讲授课程查询授课信息"设计视图

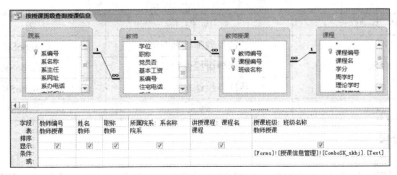

图 9-29 "按授课班级查询授课信息"设计视图

② 窗体设计视图与窗体视图如图 9-30 与图 9-31 所示。

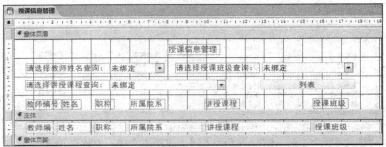

图 9-30　设计视图

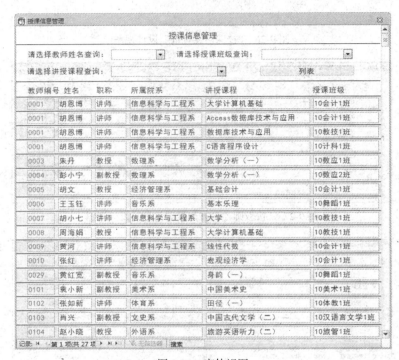

图 9-31　窗体视图

③ 窗体中的控件及其属性如表 9-8 所示。

表 9-8　　　　　　　　　　"授课信息管理"窗体中的主要控件及其属性

控 件 类 型	对 应 控 件	名　称
组合框	请选择教师姓名查询	ComboSK_jsxm
	请选择讲授课程查询	ComboSK_jskc
	请选择授课班级查询	ComboSK_skbj
命令按钮	列表	CmdSK_lb

2. 事件过程

```
Option Compare Database
----------------------------------------------------------------------------------
Private Sub ComboSK_jskc_AfterUpdate()
    Me.RecordSource = "按讲授课程查询授课信息"
    ComboSK_jsxm.SetFocus
```

```
        ComboSK_jsxm.DefaultValue = ""
        ComboSK_skbj.SetFocus
        ComboSK_skbj.DefaultValue = ""
        ComboSK_jskc.SetFocus
End Sub
-------------------------------------------------------------------------------
Private Sub ComboSK_jsxm_AfterUpdate()
        Me.RecordSource = "按教师姓名查询授课信息"
        ComboSK_jskc.SetFocus
        ComboSK_jskc.DefaultValue = ""
        ComboSK_skbj.SetFocus
        ComboSK_skbj.DefaultValue = ""
        ComboSK_jsxm.SetFocus
End Sub
-------------------------------------------------------------------------------
Private Sub ComboSK_skbj_Click()
        Me.RecordSource = "按授课班级查询授课信息"
        ComboSK_jskc.SetFocus
        ComboSK_jskc.DefaultValue = ""
        ComboSK_jsxm.SetFocus
        ComboSK_jsxm.DefaultValue = ""
        ComboSK_skbj.SetFocus
End Sub
-------------------------------------------------------------------------------
Private Sub CmdSK_lb_Click()
        Me.RecordSource = "授课信息查询"
End Sub
```

9.3.10　成绩录入窗体

成绩录入模块主要实现对学生选修的课程进行成绩录入、修改与保存的功能。

1. 窗体界面设计

在成绩录入窗体中，用户既可按班级名称，也可按课程名称录入、修改与保存学生成绩。

① 窗体记录源及相关查询设计视图：

- 窗体记录源：窗体初始记录源为"成绩录入"查询、当下拉对应组合框时记录源改变，分别设置成"成绩录入按班级"查询与"成绩录入按课程"查询。
- 查询设计视图如图 9-32 ~ 图 9-34 所示。

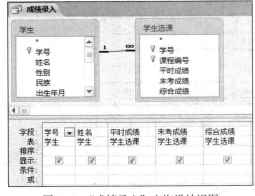

图 9-32　"成绩录入"查询设计视图

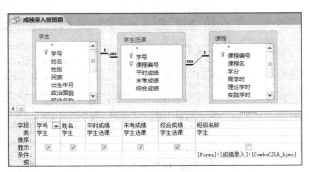

图 9-33　"成绩录入按班级"查询设计视图

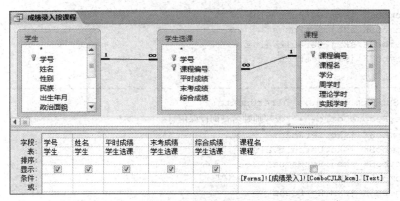

图 9-34 "成绩录入按课程"查询设计视图

② 窗体设计视图与窗体视图如图 9-35 与图 9-36 所示。

图 9-35 设计视图

图 9-36 窗体视图

③ 窗体中的控件及其属性如表 9-9 所示。

表 9-9　　　　　　　　　　　　"成绩录入"窗体中的主要控件及其属性

控 件 类 型	对 应 控 件	名　　称
组合框	按班级名称查询录入	ComboCJLR_bjmc
	按课程名查询录入	ComboCJLR_kcm
命令按钮	取消录入限制	CmdCJLR_qxlrxz
	保存	CmdCJLR_bc

2. 事件过程

```
Option Compare Database
--------------------------------------------------------------------------------
Private Sub CmdCJLR_bc_Click()
        平时成绩.Enabled = False
        末考成绩.Enabled = False
        综合成绩.Enabled = False
End Sub

Private Sub CmdCJLR_qxlrxz_Click()
        平时成绩.Enabled = True
        末考成绩.Enabled = True
        综合成绩.Enabled = True
End Sub
--------------------------------------------------------------------------------
Private Sub ComboCJLR_bjmc_AfterUpdate()
        Form.AllowEdits = True
        Me.RecordSource = "按班级录入成绩"
        ComboCJLR_kcm.SetFocus
        ComboCJLR_kcm.DefaultValue = ""
        ComboCJLR_bjmc.SetFocus
End Sub
--------------------------------------------------------------------------------
Private Sub ComboCJLR_kcm_AfterUpdate()
        Form.AllowEdits = True
        Me.RecordSource = "按课程录入成绩"
        ComboCJLR_bjmc.SetFocus
        ComboCJLR_bjmc.DefaultValue = ""
        ComboCJLR_kcm.SetFocus
End Sub
--------------------------------------------------------------------------------
Private Sub Form_Load()
        学号.Enabled = False
        姓名.Enabled = False
        平时成绩.Enabled = False
        末考成绩.Enabled = False
        综合成绩.Enabled = False
End Sub
```

9.3.11　选课信息管理窗体

选课信息管理模块主要实现学生对课程按不同类别进行选择、保存的功能。

1. 窗体界面设计

在选课信息管理窗体中，学生在输入自己的学号后，可分别通过课程类型、课程名、开课院系及授课教师进行对可选课程的详细信息的查询，并进行选择与保存。

① 窗体记录源及相关查询设计视图。

- 窗体记录源：初始记录源为"选课查询"，当通过组合框下拉选择或单击相应命令按钮时，重新将窗体记录源分别设置成"选课查询按所选课程"、"选课查询按课程类型"、"选课查询按课程名"、"选课查询按开课院系"及"选课查询按授课教师"5 个查询。

- 查询设计视图如图 9-37 ~ 图 9-42 所示。

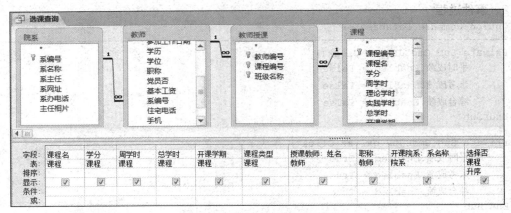

图 9-37 "选课查询"设计视图

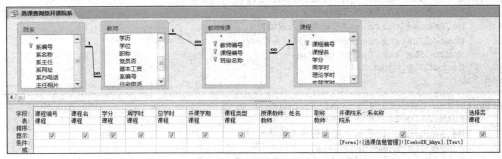

图 9-38 "选课查询按开课院系"设计视图

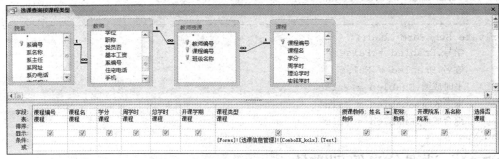

图 9-39 "选课查询按课程类型"设计视图

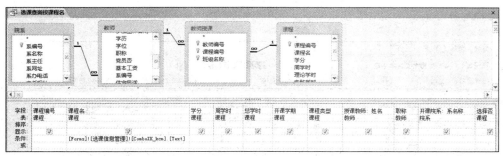

图 9-40 "选课查询按课程名"设计视图

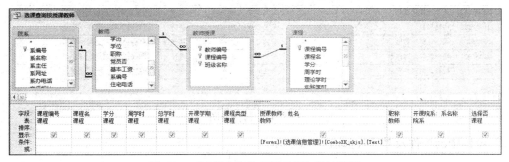

图 9-41 "选课查询按授课教师"设计视图

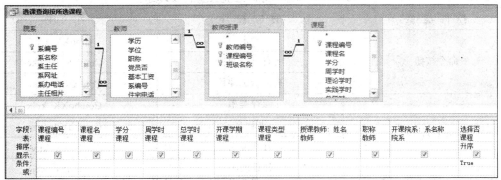

图 9-42 "选课查询按所选课程"设计视图

② 窗体设计视图与窗体视图如图 9-43 与图 9-44 所示。

图 9-42 设计视图

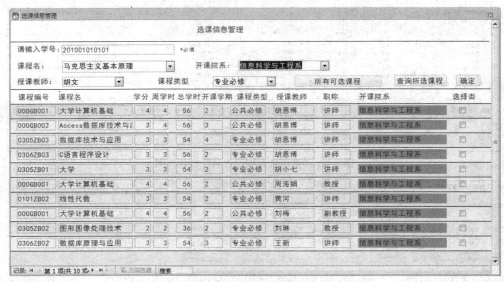

图 9-43　窗体视图

③ 窗体中的控件及其属性如表 9-10 所示。

表 9-10　　　　　　　　　　"选课信息管理"窗体中的主要控件及其属性

控 件 类 型	对 应 控 件	名　　称
命令按钮	确定	CmdXK_ok
	所有可选课程	CmdXK_sykxkc
	查询所选课程	CmdXK_cxsxkc
组合框	课程类型	ComboXK_kclx
	课程名	ComboXK_kcm
	开课院系	ComboXK_kkyx
	授课教师	ComboXK_skjs
文本框	请输入学号	TextXK_xh
复选框	选择否	选择否

2. 事件过程

```
Option Compare Database
--------------------------------------------------------------------------------
Private Sub CmdXK_ok_Click()
TextXK_xh.SetFocus
If TextXK_xh.Text = "" Then
        MsgBox "请输人学号！", vbOKOnly, "错误！！！"
Else
    MsgBox "选择后不可更改，请按确定选择！！！", vbYesNo, "选课提醒"
    If MsgBox("选择后不可更改，请按确定选择！！！", vbYesNo, "选课提醒") = vbYes Then
        选择否.Enabled = False
        TextXK_xh.Enabled = False
    End If
End If
End Sub
```

```
Private Sub CmdXK_sykxkc_Click()
      Me.RecordSource = "选课查询"
      课程名.BackColor = 周学时.BackColor
      开课院系.BackColor = 周学时.BackColor
      授课教师.BackColor = 周学时.BackColor
      课程类型.BackColor = 周学时.BackColor
End Sub
```

```
Private Sub CmdXK_cxsxkc_Click()
      Me.RecordSource = "选课查询按所选课程"
      课程名.BackColor = 周学时.BackColor
      开课院系.BackColor = 周学时.BackColor
      授课教师.BackColor = 周学时.BackColor
      课程类型.BackColor = 周学时.BackColor
End Sub
```

```
Private Sub ComboXK_kclx_AfterUpdate()
      Me.RecordSource = "选课查询按课程类型"
      课程类型.BackColor = RGB(0, 256, 0) '设置所有课程名背景颜色为绿色
      开课院系.BackColor = 周学时.BackColor '周学时的背景颜色为参照，还原
      授课教师.BackColor = 周学时.BackColor
      课程名.BackColor = 周学时.BackColor
      ComboXK_kclx.SetFocus
End Sub
```

```
Private Sub ComboXK_kcm_AfterUpdate()
      Me.RecordSource = "选课查询按课程名"
      课程名.BackColor = RGB(0, 256, 0)
      开课院系.BackColor = 周学时.BackColor
      授课教师.BackColor = 周学时.BackColor
      课程类型.BackColor = 周学时.BackColor
      ComboXK_kcm.SetFocus
End Sub
```

```
Private Sub ComboXK_kkyx_AfterUpdate()
      Me.RecordSource = "选课查询按开课院系"
      开课院系.BackColor = RGB(0, 256, 0)
      课程名.BackColor = 周学时.BackColor
      授课教师.BackColor = 周学时.BackColor
      课程类型.BackColor = 周学时.BackColor
      ComboXK_kkyx.SetFocus
End Sub
```

```
Private Sub ComboXK_skjs_Click()
      Me.RecordSource = "选课查询按授课教师"
      授课教师.BackColor = RGB(0, 256, 0)
      课程名.BackColor = 周学时.BackColor
```

```
        开课院系.BackColor = 周学时.BackColor
        课程类型.BackColor = 周学时.BackColor
        ComboXK_skjs.SetFocus
End Sub
------------------------------------------------------------------------
Private Sub Form_Load()
        TextXK_xh.Enabled = True
        选择否.Enabled = True
        TextXK_xh.SetFocus
End Sub
```

9.3.12　成绩查询窗体

成绩查询模块主要实现对学生成绩的查询与打印的功能。

1. 窗体界面设计

在成绩查询窗体中，学生可输入自己的姓名查询自己所修课程的成绩并打印。

① 窗体记录源及相关查询设计视图。

● 窗体记录源："查询"。

● 查询设计视图如图 9-44 所示。

② 窗体设计视图与窗体视图如图 9-45 与图 9-46 所示。

图 9-44　"按姓名查询学生成绩"设计视图

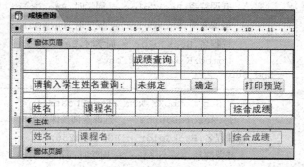

图 9-45　设计视图

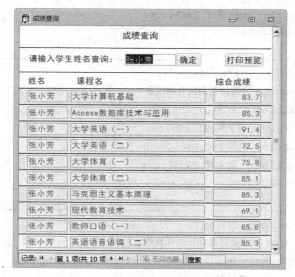

图 9-46　窗体视图

③ 报表设计视图与报表视图如图 9-47 与图 9-48 所示。

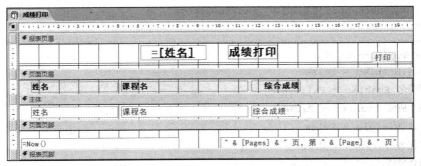

图 9-47　设计视图

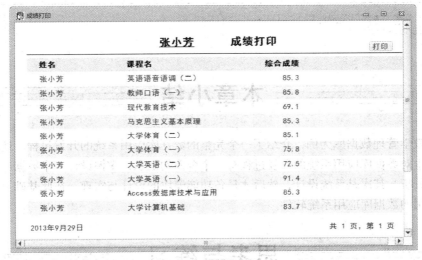

图 9-48　设计视图

④ 窗体、报表中的控件及其属性如表 9-11 所示。

表 9-11　　　　　　"成绩查询"窗体与"成绩打印"报表中的主要控件及其属性

控件类型	标题	名称
命令按钮	确定	CmdCJCX_ok
	打印预览	CmdCJCX_Print
	打印	CmdCJDY_dy

2. 事件过程

```
Option Compare Database
--------------------------------------------------------------------------------
Private Sub CmdCJCX_ok_Click()
    Me.RecordSource = "按姓名查询学生成绩"
    姓名.Visible = True
    课程名.Visible = True
    综合成绩.Visible = True
End Sub
```

```
---------------------------------------------------------------------
Private Sub CmdCJCX_Print_Click()
    DoCmd.OpenReport "成绩打印", acViewReport
End Sub
---------------------------------------------------------------------
Private Sub Form_Load()
    姓名.Enabled = False
    课程名.Enabled = False
    综合成绩.Enabled = False
    姓名.Visible = False
    课程名.Visible = False
    综合成绩.Visible = False
End Sub
---------------------------------------------------------------------
Private Sub CmdCJDY_dy_Click()
    DoCmd.PrintOut
End Sub
```

本章小结

　　本章以教学管理数据库为例，介绍了一个完整的数据库应用系统的开发过程。通过本章的学习，要求学生对数据库应用系统的开发过程有一个全面的认识，掌握设计一个数据库软件必须事先做好需求分析，其次是系统设计，然后才是各功能模块的设计与实现。在此基础上，才能够设计出简单实用的数据库应用系统软件。

思考与练习

1. 完善教学管理系统。
2. 开发一个学生管理系统。

参 考 文 献

[1] 廖瑞华. 数据库原理与应用（SQL Server 2005）[M]. 北京：机械工业出版社，2010.

[2] 全国计算机等级考试二级教程—Access 数据库程序设计（2013 年版）[M]. 北京：高等教育出版社，2013.

[3] 张玉洁，孟祥武. 数据库与数据处理（Access 2010 实现）[M]. 北京：机械工业出版社，2013.

[4] 潘晓南，王莉. Access 数据库应用技术（第二版）[M]. 北京：中国铁道出版社，2010.

[5] 李勇帆，廖瑞华. 大学计算机基础[M]. 北京：中国铁道出版社，2013.

[6] 陈薇薇，巫张英. Access 基础与应用教程（2010 版）[M]. 北京：人民邮电出版社，2013.

[7] 刘卫国，熊拥军. 数据库技术与应用—Access）[M]. 北京：清华大学出版社，2011.

[8] 郑小玲. Access 数据库实用教程（第 2 版）[M]. 北京：人民邮电出版社，2013.

[9] 付兵. 数据库基础与应用—Access 2010[M]. 北京：科学出版社，2012.